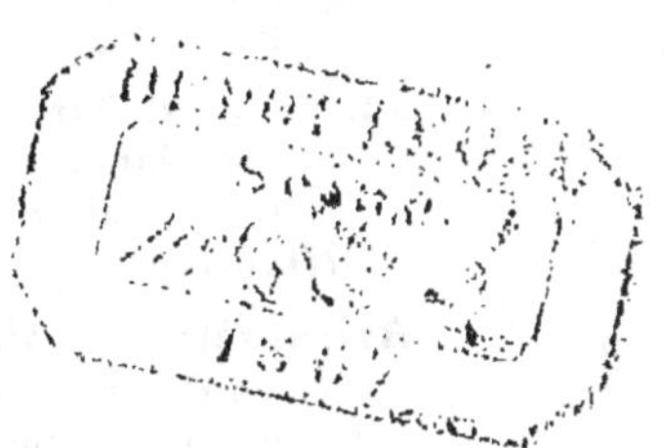

RECUEIL

DE

PROBLÈMES NUMÉRIQUES

RECUEIL

DE

PROBLÈMES NUMÉRIQUES

RENFERMANT

DANS 2140 EXERCICES ET PROBLÈMES DISTINCTS

PLUS DE 5000 QUESTIONS GRADUÉES

SUR TOUTES LES PARTIES DE L'ARITHMÉTIQUE

OUVRAGE DESTINÉ AUX ÉLÈVES DE TOUTES LES ÉCOLES

ET RÉDIGÉ POUR SERVIR

D'APPLICATION A TOUS LES TRAITÉS D'ARITHMÉTIQUE

PAR

J. GEORGE

Bachelier ès sciences et Licencié ès lettres

EXERCICES ET PROBLÈMES

PARTIE DE L'ÉLÈVE

NOUVELLE ÉDITION

REVUE ET CORRIGÉE AVEC LE PLUS GRAND SOIN

PARIS

LIBRAIRIE CLASSIQUE DE CH. FOURAUT

47, RUE SAINT-ANDRÉ-DES-ARTS, 47

1867

Un fait constant et qui chaque jour se vérifie,
c'est qu'un grand nombre de jeunes écoliers possédant parfaitement tous les principes fondamentaux des diverses opérations de l'arithmétique et
la manière d'effectuer séparément chacune d'elles,
se trouvent tout à coup embarrassés et incapables lorsqu'ils ont à résoudre le plus simple problème. Le manque d'habitude du calcul et le peu
de facilités et d'occasions qui leur sont offertes
pour s'exercer à la solution des problèmes sont
indubitablement la cause réelle de leur faiblesse
et de leur peu d'aptitude.

Déjà, pour obvier à cet inconvénient, on a tenté d'insérer dans plusieurs ouvrages d'Arithmétique récemment publiés un grand nombre d'exercices et de problèmes à résoudre; mais il est dans la nature de l'élève de ne point chercher dans le livre si difficile de la théorie, l'application qui doit changer une étude aride en une distraction à la fois utile et pleine d'intérêt. C'est un RECUEIL SPÉCIAL D'EXERCICES ET DE PROBLÈMES que réclament depuis longtemps les chefs d'établissements élémentaires de l'un et de l'autre sexe; c'est ce recueil que nous leur offrons aujourd'hui.

Notre but est donc uniquement de préparer aux élèves de nombreuses questions devant servir d'application aux principes développés dans les divers ouvrages que nous avons publiés, et dans la solution desquels ils puiseront l'habitude du calcul et une grande facilité de résoudre toutes celles qui pourraient se présenter.

Pour ôter à ce livre l'aridité attachée à son titre et procurer aux élèves un travail qui, en excitant leur intérêt, aboutisse sûrement et sans trop de difficultés au développement de leur intelligence, nous nous sommes attachés surtout à ce qu'un grand nombre de nos problèmes rappellent un enseignement quelconque, une *notion historique ou géographique*, par exemple, une *découverte*, une *date importante*, soit de *l'Histoire sainte*, soit de *l'Histoire de France*, etc...; enfin, nous n'avons rien négligé pour que toutes les questions qui se présentent le plus souvent dans la *vie usuelle* s'y trouvent reproduites sous des formes variées et instructives.

L'ouvrage est divisé en DEUX PARTIES, comprenant ensemble, dans une série de 2140 EXERCICES ET PROBLÈMES DISTINCTS, plus de 3000 QUESTIONS A RÉSOUDRE.

La PREMIÈRE PARTIE, la plus étendue, comprend toutes les questions susceptibles d'être résolues, soit d'après les *principes de la numération*, soit d'après les *rapports des mesures métriques entre elles* et avec l'*unité principale*, soit enfin au moyen des *quatre règles fondamentales* appliquées aux *nombres entiers* et *décimaux*, aux *fractions* et aux *nombres fractionnaires*.

La DEUXIÈME PARTIE est spécialement consacrée aux problèmes qui peuvent se résoudre à la fois au moyen des *quatre règles*, et en faisant usage des *proportions*. Elle embrasse en outre les questions relatives aux *règles d'alliage* et de *mélange*, aux *annuités*, aux *achats de rente sur l'État*, etc.

Enfin, dans une RÉCAPITULATION GÉNÉRALE qui termine le volume, ont été réunis des problèmes plus compliqués, dont les uns rentrent indistinctement dans chacune des deux premières parties. Les autres sont relatifs à l'extraction des racines carrées et cubiques, aux progressions, et enfin aux diverses parties qui n'ont pas été traitées séparément.

Afin de diriger plus sûrement les élèves dans les raisonnements à faire pour arriver promptement à la solution d'un problème, chaque espèce de ceux à résoudre est précédée des solutions raisonnées de quelques-uns d'entre eux.

TABLE DES MATIÈRES

SOUSTRACTION

MULTIPLICATION

DIVISION

DEUXIÈME PARTIE

RÈGLES DE TROIS

RÈGLES D'INTÉRÊTS.

RÈGLES D'ESCOMPTE ET DE CHANGE

RÈGLES DE SOCIÉTÉ ET DE PARTAGE

RÈGLES DE MÉLANGE OU D'ALLIAGE

RÉCAPITULATION GÉNÉRALE

RECUEIL

DE

PROBLÈMES NUMÉRIQUES

INTRODUCTION

DES PROBLÈMES ET DES EXERCICES

Des problèmes.

1. Un *problème* est une question plus ou moins compliquée dont la réponse doit satisfaire à certaines conditions exprimées dans son énoncé.

2. *Résoudre un problème*, c'est en donner la SOLUTION, ou faire la réponse demandée.

3. Pour résoudre un problème numérique ou d'arithmétique, deux choses sont nécessaires : il faut déterminer d'abord quelle opération l'on doit effectuer pour obtenir le résultat, c'est ce qu'on appelle *raisonner le problème* ou *poser la règle;* et savoir exécuter ensuite cette opération, ou *faire la règle.*

4. La difficulté de trouver la solution d'un problème consiste à bien déterminer celle des opérations qu'il faut effectuer. On ne peut en effet établir aucune méthode générale pour conduire à cette détermination, qui dépend uniquement de l'aptitude, et ne s'acquiert que par la pratique. Toutefois, pour se faciliter le travail d'intelligence qu'exige cette re-

cherche, il est indispensable que l'on ait toujours présent à l'esprit le but de chaque opération de l'arithmétique, et qu'on examine attentivement la question proposée, afin de voir, par le rapprochement qu'on en fait, quelle opération y convient. Cette connaissance une fois acquise, le problème est en quelque sorte résolu ; car il ne reste plus alors qu'à exécuter l'une ou l'autre des opérations que l'arithmétique enseigne.

Des exercices.

5. Il ne faut pas confondre le problème avec l'exercice ; on entend généralement, par *exercice*, une application directe d'un principe ou d'une règle quelconque.

Ainsi, pour répondre à l'exercice suivant :

Trouver la somme ou la différence de plusieurs nombres; déterminer le produit ou le quotient de deux nombres donnés,

il suffit de se rappeler les règles de *l'addition* ou de la *soustraction*, celles de la *multiplication* ou de la *division*, et de les appliquer immédiatement aux nombres proposés.

Si au contraire, la question est posée de la manière suivante :

Un négociant a acheté pour 17 francs de sel, pour 25 francs de sucre et 47 francs de café; combien a-t-il dépensé?

elle devient alors un problème; car il ne s'agit plus seulement de faire telle ou telle opération, mais d'examiner d'abord quelle opération il faut faire pour répondre à la question, et ensuite, d'effectuer cette opération une fois qu'elle a été déterminée par le raisonnement.

Nota. Nous avons cru ces explications préliminaires indispensables, pour que ceux qui feront usage de notre recueil pussent se rendre facilement compte des titres divers qui précèdent les applications qu'il renferme.

PREMIÈRE PARTIE

NUMÉRATION

6. Le but de la NUMÉRATION est de former d'abord tous les nombres possibles, d'après certaines conventions établies, et de les représenter ensuite, au moyen d'un nombre limité de caractères appelés *chiffres* (1).

II. Exercices

SUR LA FORMATION DES NOMBRES ENTIERS ET DÉCIMAUX
ET SUR LA MANIÈRE DE LES REPRÉSENTER.

Nombres entiers.

1. Former les nombres compris entre dix et dix-sept.

2. Former les nombres compris entre vingt-sept et trente-cinq.

3. Former les nombres compris entre soixante-neuf et quatre-vingt-trois.

4. Former les nombres compris entre quatre-vingt-dix-neuf et cent cinq.

5. Quel est le nombre qui suit immédiatement le nombre trente-neuf?

6. Quel est le nombre qui suit immédiatement le nombre quarante-neuf?

---

(1) Voir les numéros 10 à 39 inclus de notre *Arithmétique décimale*, in-18, et les numéros 6 à 13 inclus du *Cours d'Arithmétique théorique et pratique*, approuvé par l'Université, annoncés en tête du volume.

7. Quel est le nombre qui suit immédiatement le nombre cinquante-neuf?

8. Quel nombre vient immédiatement après neuf cent quatre-vingt-dix-neuf?

9. Quel nombre vient immédiatement après neuf cent quatre-vingt-dix-neuf mille, neuf cent quatre-vingt-dix-neuf?

10. Quel nombre vient immédiatement avant le nombre cent mille?

11. Quel nombre vient immédiatement avant un billion ou un milliard?

12. Quels nombres viennent immédiatement avant un trillion, un quatrillion?

13. Quelle est l'espèce d'unité immédiatement supérieure aux centaines?

14. Quelle est l'espèce d'unité immédiatement inférieure aux millions?

15. Entre quelles espèces d'unités les unités de mille sont-elles placées?

16. Quelle est l'espèce d'unité immédiatement supérieure aux dizaines?

17. Entre quelles espèces d'unités les unités de million sont-elles placées?

18. Combien faut-il de dizaines d'unités simples pour former un mille?

19. Combien faut-il de mille pour faire un million?

20. Quelle est l'espèce d'unité qui vaut à elle seule mille centaines?

21. Combien faut-il de dizaines de mille pour faire un million?

22. Quelle est l'espèce d'unité qui vaut à elle seule cent centaines de million?

23. Entre quelles espèces d'unités les centaines de million sont-elles placées?

24. Quel rang les dizaines de mille occupent-elles dans un nombre (1)?

25. Quel rang les unités de million occupent-elles dans un nombre?

26. Quel rang les dizaines de billion occupent-elles dans les nombres?

27. De quelles espèces d'unités est composé un nombre de quatre chiffres?

28. Un nombre est composé d'unités, de dizaines et de centaines; par combien de chiffres sera-t-il représenté?

29. Quelles sont les plus hautes unités d'un nombre de quatre chiffres?

30. Un nombre est composé de sept chiffres; quelles sont ses plus hautes unités?

31. Les plus hautes unités d'un nombre sont des dizaines de million; par combien de chiffres est-il représenté?

32. Les plus hautes unités d'un nombre sont des centaines de billion; de combien de chiffres est-il composé?

33. Le chiffre 3 occupe dans un nombre le 3e rang; dire l'espèce des unités qu'il représente.

34. Le chiffre 7 occupe dans un nombre le 5e rang; dire l'espèce des unités qu'il représente.

35. Le chiffre 5 doit représenter dans un nombre des dizaines de million; à quel rang sera-t-il placé?

36. Le chiffre 8 occupe le 6e rang dans un nombre; indiquer quelles unités il représente.

37. Un nombre est représenté par dix chiffres; quelles en sont les plus hautes unités?

---

(1) Toutes les fois que l'énoncé de l'exercice ne désignera pas le point de départ, pour marquer le rang d'une unité ou d'un chiffre dans un nombre, ce point de départ sera toujours censé fixé aux unités simples, c'est-à-dire à la droite du nombre.

38. Un nombre a pour plus hautes unités des centaines de million; par combien de chiffres sera-t-il représenté?

39. Un nombre de plusieurs chiffres manque de dizaines; comment y sont-elles remplacées?

40. Parmi les chiffres significatifs d'un nombre se trouve un zéro, qui occupe la cinquième place; quelles sont les unités qu'il remplace?

41. Dans un nombre composé de plusieurs chiffres dont un zéro, ce dernier représente des centaines de mille; à quel rang se trouve-t-il placé?

42. Si on représente dans un nombre les millions et les mille par des zéros, à quels rangs ces deux chiffres seront-ils placés?

43. Le chiffre 3 dans un nombre occupe le 4e rang, le chiffre 6 occupe le 8e; quelles unités chacun d'eux représente-t-il?

44. Un nombre de cinq chiffres manque d'unités, de centaines et de mille; quelles sont les unités qui y sont représentées par des chiffres significatifs?

45. Dans un nombre de six chiffres, les unités, les dizaines, les mille et les centaines de mille sont représentés par des chiffres significatifs; quelles sont les unités qui manquent?

46. Quel nombre représente l'unité suivie de quatre zéros?

47. De combien de zéros l'unité doit-elle être suivie pour représenter un million?

48. Un nombre de sept chiffres renferme trois zéros qui occupent le 6e, le 3e et le 2e rang; quelles sont les unités de ce nombre qui sont représentées par des chiffres significatifs?

49. Un nombre de neuf chiffres est composé de deux chiffres significatifs seulement, représentant, l'un les mille, l'autre les plus hautes unités; combien y a-t-il de zéros placés entre ces deux chiffres?

50. Un nombre de cinq chiffres manque de dizaines et d'unités; quelles sont ses plus hautes unités? combien contient-il de zéros? à quels rangs sont-ils placés?

51. Un nombre a pour plus hautes unités des centaines de mille qui sont seules avec les centaines représentées par un chiffre significatif; combien y a-t-il de zéros dans ce nombre? de quelles unités tiennent-ils la place? quels rangs occupent-ils?

52. Un nombre contient trois zéros placés l'un au 3e, l'autre au 5e, l'autre au 7e rang, et ses plus hautes unités sont des centaines de million; quelles unités sont remplacées par les zéros? combien ce nombre a-t-il de chiffres?

53. Un nombre a deux zéros placés, l'un au 4e rang à partir des plus hautes unités, l'autre au 4e rang à partir des unités simples, et il est formé de neuf chiffres; quelles sont ses plus hautes unités? quelles sont celles que remplacent les zéros?

54. Un nombre manque de dizaines de mille et de centaines, et le rang de ses plus hautes unités est le dixième; combien a-t-il de zéros? quels rangs occupent-ils? quelles sont ses plus hautes unités?

55. Un nombre composé de huit chiffres manque des unités qui occupent le 4e rang à partir des plus élevées, et le 5e à partir des unités simples; quelles sont les plus hautes unités de ce nombre? combien contient-il de zéros? quelles unités représentent-ils?

56. Un nombre dont les plus hautes unités sont des millions manque de dizaines de mille et de centaines; combien a-t-il de chiffres? combien y a-t-il de chiffres significatifs entre les deux zéros?

57. Un nombre dont les plus hautes unités sont

des dizaines de billion contient trois chiffres significatifs seulement dont l'un représente les plus hautes
unités, le deuxième les dizaines de mille, l'autre les
dizaines; quels rangs occupent ces chiffres dans le
nombre? combien y a-t-il de zéros?

58. Dans un nombre, le chiffre 7 représente des
dizaines de mille et le chiffre 4 occupe le 6ᵉ rang;
quelles unités représente ce dernier chiffre? à quel
rang le chiffre 7 est-il placé?

59. Le chiffre 9 occupe dans un nombre la 6ᵉ place,
la 3ᵉ est occupée par un zéro; quelles unités représente le chiffre 9? quelles sont celles que remplace
le zéro?

60. Dans un nombre, le chiffre 8 représente les
centaines de mille, le chiffre 5 occupe le 9ᵉ rang;
quel rang occupe le premier? quelles unités représente le deuxième?

61. L'unité suivie de six zéros représente un million; quel nombre représentera-t-elle, si l'on supprime deux zéros sur la droite?

62. Combien de zéros devra-t-on ajouter à l'unité
suivie de deux zéros, pour que le nombre nouveau
représente des centaines de mille?

63. Le nombre dix millions est représenté par
l'unité suivie de sept zéros; combien faudra-t-il sup-
primer de zéros sur la droite de ce nombre, pour qu'il
ne représente plus que des mille?

64. L'unité suivie de deux zéros représente le
nombre cent; quelles unités représentera ce nombre,
si l'on ajoute à sa droite deux nouveaux zéros?

65. Le chiffre 3 représente dans un nombre des
dizaines; quelles unités exprimera-t-il, si l'on ajoute
un zéro à la droite de ce nombre?

66. Le chiffre 5 représente des centaines dans un

nombre; quelles unités exprimera-t-il, si sur la droite de ce nombre on pose deux zéros?

67. Si l'on ajoute trois zéros sur la droite d'un nombre, le chiffre 9 occupera alors le rang des centaines de mille; quelles unités exprimait-il d'abord?

68. Sur la droite d'un nombre terminé par des zéros, on en a supprimé deux; quelles unités représente alors le chiffre 5, qui d'abord tenait dans ce nombre la place des mille?

69. Si l'on ajoute quatre zéros sur la droite d'un nombre, quelles unités représentera le chiffre 9, qui d'abord exprimait des unités simples?

70. Le chiffre 4 occupe dans un nombre le 6ᵉ rang, et le chiffre 7 y représente les dizaines; quelles unités représentera le chiffre 4 et quel rang occupera le chiffre 7, si l'on ajoute sur la droite de ce nombre trois zéros?

Nombres décimaux.

71. Quel rang occupe après la virgule, dans une fraction décimale, le chiffre qui exprime les millièmes?

72. Combien faut-il de centièmes pour former un dixième?

73. Quelle est l'unité décimale qui vaut à elle seule cent dix-millièmes?

74. Combien faut-il de millionièmes pour former un millième?

75. Entre quelles espèces d'unités décimales les millionièmes se trouvent-ils placés?

76. A quel rang se trouve placé, après la virgule, le chiffre 7 représentant, dans un nombre décimal, les dix-millionièmes?

77. Quelles sont, dans une expression décimale,

les unités immédiatement inférieures aux dix-millièmes ?

78. Quelles sont, dans une expression décimale, les unités immédiatement supérieures aux centièmes ?

79. Combien faut-il de millionièmes pour former un dix-millième ?

80. Une fraction décimale est représentée par cinq chiffres ; quelles sont les plus petites unités ?

81. Dans une expression décimale, un zéro occupe le quatrième rang après la virgule ; quelles sont les unités décimales qu'il remplace ?

82. Le chiffre 9 dans un nombre décimal représente des cent-millièmes ; à quel rang après la virgule se trouve-t-il placé ?

83. Le chiffre 7 occupe le 6ᵉ rang après la virgule dans un nombre décimal ; quelle est l'espèce des unités qu'il représente ?

84. Les plus petites unités d'un nombre décimal sont des millionièmes ; à quel rang après la virgule se trouve le chiffre qui les représente ?

85. Dans une expression décimale, le troisième chiffre après la virgule est 4, le sixième est *zéro* ; de quelles unités ces chiffres tiennent-ils la place ?

86. Dans une fraction décimale, les centièmes sont exprimés par 4, et les plus petites unités occupent le 7ᵉ rang ; quel rang occupe le chiffre 4 après la virgule ? quelles sont les plus petites unités de la fraction ?

87. Dans une fraction décimale, le chiffre 7 représente des millièmes, le chiffre 5 exprime des cent-millièmes, et les plus petites unités sont des millionièmes ; quels rangs occupent, après la virgule, les chiffres 7 et 5 ? de combien de chiffres la virgule est-elle suivie ?

88. Les deux premiers chiffres après la virgule dans un nombre décimal sont des zéros ; quelles sont les plus hautes unités décimales représentées dans cette expression?

89. Les plus hautes unités d'un nombre décimal sont des centaines, et les plus petites des millièmes; de combien de chiffres ce nombre est-il composé?

90. Un nombre décimal est composé de quatre chiffres qui précèdent la virgule, et de trois qui la suivent; quelles sont les plus petites et les plus hautes unités de ce nombre?

91. Que devient un nombre décimal, si, à la suite de ses plus petites unités, on ajoute un ou plusieurs zéros?

92. Que deviendra une fraction décimale, si l'on fait précéder de un, de deux ou de trois zéros le chiffre qui suit immédiatement la virgule?

93. Que devient un nombre décimal, soit qu'on avance la virgule vers la droite, soit qu'on la recule vers la gauche?

94. Que deviendra le nombre décimal 347,092, si on avance la virgule de deux rangs vers la droite?

95. Que deviendra l'expression décimale 456,31, si l'on recule la virgule de deux rangs vers la gauche?

96. Comment rendra-t-on l'expression 5,347 dix fois plus grande?

97. Comment rendra-t-on l'expression 674,39 cent fois plus petite?

98. Que deviendra la virgule dans le nombre décimal 358,257 rendu dix fois plus grand?

99. Que deviendra la virgule dans l'expression 3578,02 rendue mille fois plus petite?

100. Quel changement subira le nombre 743,09, si l'on y supprime la virgule?

101. Rendre cent fois plus petit le nombre 135,302; quelles unités représentera alors le chiffre 2?

102. On propose de rendre mille fois plus grande

la fraction décimale 0,074003; quelles unités représenteront alors les chiffres extrêmes?

103. Le chiffre 7 représente dans une expression décimale des centièmes; quelles espèces d'unités représentera-t-il, si l'on rend cette expression mille fois plus grande, ou cent fois plus petite?

104. Rendre la partie entière d'un nombre décimal dix fois plus grande, sans rien changer à la partie décimale.

105. Rendre la partie décimale d'une expression décimale cent fois plus petite, sans déplacer la virgule.

106. Comment rendra-t-on mille fois plus petite l'expression 3,7854?

107. Un nombre décimal contient des dizaines de mille, et l'on veut que les plus hautes unités deviennent des unités simples; que représentera alors le chiffre qui représentait des dixièmes?

108. Si on rend l'expression 3,02 mille fois plus petite, quelles unités représentera le chiffre 2?

109. Le chiffre 5 représente des centièmes dans un nombre décimal; quelles unités représentera-t-il, si le nombre est rendu dix mille fois plus grand?

110. Dans un nombre rendu cent fois plus petit, le chiffre 4 représente des dixièmes; quelle espèce d'unités représentait-il d'abord?

II. Exercices

SUR LA MANIÈRE D'ÉNONCER ET D'ÉCRIRE LES NOMBRES ENTIERS ET DÉCIMAUX (1).

Nombres entiers.

111. Énoncer les nombres : 16. 37. 59. 78. 96.

---

(1) La plupart des auteurs, pour indiquer la division des nombres écrits en tranches de trois chiffres, emploient des virgules, qu'ils placent entre

112. Énoncer les nombres : 105. 189. 395. 767.

113. Lire les nombres : 1 242. 1 027. 3 593. 8 692.

114. Lire les nombres : 20 471. 32 698. 50 082. 82 020. 60 007. 99 999.

115. Exprimer en langue ordinaire les nombres : 347 563. 368 004. 570 004. 640 506. 807 050. 900 406.

116. Lire les nombres : 1 473 365. 3 079 657. 7 008 578. 9 796 590.

117. Lire les nombres : 3 163 795. 7 406 700. 8 000 307. 2 400 062.

118. Énoncer les nombres : 9 000 034. 5 030 402. 8 300 500. 2 400 003.

119. Exprimer en langage ordinaire les nombres : 95 778 692. 59 003 407. 40 300 020. 50 030 040.

120. Exprimer en langage ordinaire les nombres : 70 433 009. 85 040 002. 60 304 080.

121. Lire les nombres : 347 589 462. 170 402 307. 604 030 005. 643 000 307.

122. Énoncer les nombres : 307 050 309. 400 900 800. 500 040 003. 800 004 006.

123. Énoncer les nombres : 700 000 600. 900 000 080. 400 000 006. 900 000 000.

124. Énoncer les nombres : 1 967 432 503. 5 040 702 050. 6 003 005 009. 7 000 400 040.

125. Énoncer les nombres : 7 000 640 032. 9 999 999 999. 17 040 053 006. 48 054 300 020.

126. Écrire en nombre les chiffres : Quinze— soixante-dix-huit— quatre-vingt-seize—cent soixante-douze.

---

chaque tranche. L'emploi de virgules pouvant causer de la confusion surtout dans les nombres décimaux, où elle sert à séparer les parties décimales des unités entières, il est mieux de s'en passer alors, et de laisser entre chaque tranche un espace semblable. C'est ce que nous ferons dans le cours de cet ouvrage, chaque fois que l'occasion s'en présentera.

127. Écrire en chiffres les nombres : Trois cent sept — cinq cent quatre-vingt-dix-neuf — trois mille, deux cent cinquante-deux.

128. Écrire en chiffres les nombres : Quatre mille, vingt — six mille, trente et un — trois mille, neuf — quarante-sept mille, trois cent cinquante-sept.

129. Écrire en chiffres les nombres : Quarante mille, trois cent cinq — trente-neuf mille, huit — soixante-dix-huit mille, vingt — quatre-vingt-dix mille, huit.

130. Écrire en chiffres les nombres : Cent quarante-deux mille, deux cent trois — trois cent quatre mille, trente-sept — six cent soixante-dix mille, cent neuf— cinq cent mille, soixante-quinze.

131. Écrire les nombres : Trois millions, quatre cent quatre-vingt-trois mille, cinq cent soixante-seize — sept millions, quarante-deux mille, cent trois — trois millions, cent sept mille, soixante-dix-neuf.

132. Écrire les nombres : Un million, sept mille, cent huit — quatre millions, trente-quatre mille, dix — huit millions, quatre cent soixante mille, vingt-sept — trois millions, quatre-vingt-dix-huit.

133. Écrire les nombres : Dix-sept millions, cent vingt et un mille, quatre-vingt-douze — dix millions, trente-sept mille, cent quatre — trente millions, soixante-seize mille, cent vingt — soixante-dix-huit millions, cent vingt mille, huit — quatre-vingt-neuf millions, soixante-huit mille, dix-sept.

134. Écrire en chiffres les nombres : Quatre cent trois millions, six cent soixante-quinze mille, sept — deux cent soixante millions, deux cent quarante-trois — huit cent millions, dix mille, vingt — cinq cent trois millions, quarante-sept—trois cent quatre-vingt-dix-neuf millions, quatre-vingt-dix-neuf mille, quatre-vingt-dix-neuf.

135. Écrire en chiffres les nombres : Neuf billions, quatre millions, sept mille, trente-trois — sept billions, trois cent deux mille, quatre — cinq billions, soixante-quinze mille, cent quarante-sept — un billion, trois millions, cent cinq — huit billions, vingt mille, trois.

136. Écrire en chiffres les nombres : Deux billions, trois cent quatre millions, quarante-deux mille, douze — neuf billions, dix-sept mille, trente-sept — un billion, vingt-trois millions, cent quatre — deux billions, cent deux millions, cinquante.

137. Écrire en chiffres les nombres : Quarante-trois billions, deux cent millions, vingt-six mille, huit — trente billions, trois mille, six cents — vingt-quatre billions, sept millions, mille, quatorze — cinquante billions, trois millions, cent quatre.

138. Écrire en chiffres les nombres : Quatre-vingt-quinze billions, quinze millions, quinze cent quinze — soixante-seize billions, quatre millions, dix-sept cent trois — quarante billions, cent trente millions, sept mille, quarante — dix-huit billions, dix millions, douze mille, trente-quatre.

139. Écrire les nombres : Trois cent quatre billions, six millions, quarante-deux — six cent deux billions, vingt mille, quatre — six cent quinze billions, quinze cent quinze — deux cent dix-sept billions, trois mille — cinq cents billions, deux mille, neuf.

140. Écrire en chiffres les nombres : Sept cent huit billions, cent quatre millions, trois mille, deux — six cents billions, trois millions, vingt-cinq mille, trente — trois cents billions, cent sept — quatre cent vingt billions, trente millions, cinquante-deux — cent six billions, sept mille, dix.

Nombres décimaux.

141. Lire les fractions décimales : 0,45. 0,05. 0,43. 0,725. 0,953.

142. Lire les fractions décimales : 0,507. 0,4 302. 0,6 009. 0,5 043.

143. Lire les fractions décimales : 0,4 005. 0,0 007. 0,3 579.

144. Lire les fractions décimales : 0,00 308. 0,57 043. 0,05 009.

145. Lire les fractions décimales : 0,103 057. 0,000 305. 0,003 009.

146. Lire les nombres décimaux : 37,042. 75,003. 358,04. 1 659,357.

147. Énoncer les nombres décimaux : 4 032,578. 35 720,0 307. 36 970,3 005.

148. Énoncer les nombres décimaux : 302,40 705. 57 008,02. 34 569,425.

149. Énoncer les nombres décimaux : 5 674,00 507. 34 007,63 572. 36,500 007.

150. Lire les expressions décimales : 305 709,0 303. 0,5 799 857. 3 458 960,03.

151. Écrire en chiffres les fractions décimales : Cinquante-six *centièmes* — soixante-dix-huit *millièmes* — cent trois *millièmes* — quatre *millièmes*.

152. Écrire en chiffres les fractions décimales : Sept *millièmes* — trois cent quarante-sept *millièmes* — trois mille, cinq cent sept *dix-millièmes* — quatre mille, cinquante-sept *cent-millièmes* — cinquante-trois mille, six *cent-millièmes*.

153. Écrire en chiffres les fractions décimales : Trente-neuf *dix-millièmes* — trois cent sept *dix-millièmes* — trois cent cinquante-huit *cent-millièmes* — quatre cent neuf *cent-millièmes*.

154. Écrire en chiffres les fractions décimales :

Trois mille, cinq cent quarante-deux *dix-millièmes* — quarante-cinq mille, trente-sept *millionièmes* — deux cent mille, cent neuf *millionièmes* —trois cent trente-six mille, sept cent vingt-trois *millionièmes*.

155. Écrire en chiffres les nombres décimaux : Trente-sept mille, quarante-cinq *centièmes*—quarante-mille sept *millièmes* — trois cent six mille sept *dix-millièmes* — trois cent quarante-trois mille, trois cent quatre-vingt-quinze *millièmes*.

156. Écrire en chiffres les nombres décimaux : Douze cent douze mille, vingt-cinq *cent-millièmes* —trois millions, quatre cent vingt-cinq mille, trois cent trente-sept *cent-millièmes* — six millions, quarante-deux mille, huit cent trois *millionièmes*.

157. Écrire en chiffres les nombres décimaux : Quatre cent soixante-quinze mille, trente-sept *centièmes* — cent cinquante-deux millions, trois cent deux mille, sept *millionièmes* — cent quatre millions, vingt-deux mille, cinq *dix-millièmes*.

158. Exprimer en chiffres les nombres décimaux : Six cent trente-cinq millions, trois cent vingt-quatre mille, six cent sept *dix-millièmes* — trois billions, sept millions, huit mille, six *cent-millièmes*.

159. Écrire en chiffres les expressions décimales : Trois cent quarante-cinq mille *dix-millionièmes* — six billions, six cent trente-quatre mille cinquante-sept *dix-millièmes*.

160. Écrire en chiffres les expressions décimales : Trente-six mille, six cent quarante-deux *dix-millionièmes* — six cent cinq millions, neuf cent dix mille, trente-sept *millièmes* — neuf cent quarante-cinq billions, trente millions, deux cent trente-six mille, quatre *dix-millionièmes*.

NUMÉRATION ROMAINE [1]

7. Les nombres exprimés en chiffres romains sont d'un usage très-fréquent comme nombres d'ordre ; on les emploie aussi pour exprimer les dates et les millésimes dans les inscriptions monumentales. Enfin, ils servent constamment à distinguer la pagination courante des ouvrages de celle des matières mises en tête des volumes comme *introduction*, *notice* ou *préface*. Il est donc essentiel que les élèves s'appliquent à répondre facilement aux exercices qui vont suivre.

III. Exercices

SUR LES NOMBRES ROMAINS.

161. Écrire en chiffres romains les nombres : 15. 19. 38. 49. 78. 99.

162. Écrire en chiffres romains les nombres : 125. 147. 574. 892. 979.

163. Écrire en chiffres romains les nombres : 1 043. 3 004. 5 608.

164. Écrire en chiffres romains les nombres : 1 830. 1 848. 1 852. 1 537.

165. La monarchie française fut fondée en 420 ; exprimer ce millésime en chiffres romains.

166. *Philippe Ier*, 39e roi de France, monta sur le trône en 1 060 ; exprimer ces nombres en chiffres romains.

167. *Philippe de Valois*, né en 1293, mourut en 1350, dans sa 57e année ; exprimer ces trois nombres en chiffres romains.

---

(1) Voir notre *Petite Arithmétique décimale*, in-18, n°s 57 à 62 inclus.

168. Le connétable *Duguesclin* mourut au siége de Randan en 1380; exprimer ce millésime en chiffres romains.

169. Exprimer en chiffres romains la date de la prise de la Bastille, 14 juillet 1789.

170. Ce fut en 1661, après la mort de *Mazarin*, que *Louis XIV* prit la direction des affaires de l'État; exprimer cette date en chiffres romains.

171. L'année de l'impression d'un ouvrage est représentée en chiffres romains par MCDLXXXVIII; traduire ce millésime en chiffres ordinaires.

172. La date d'un ancien manuscrit est exprimée en chiffres romains par DCCCLXXIX; écrire ce nombre en chiffres ordinaires.

173. L'année de la mort et la durée du règne de *Charlemagne* sont exprimées en chiffres romains par DCCCXIV et XLVI; les traduire en chiffres ordinaires.

174. Le nombre des pages d'une notice mise en tête d'un volume est indiqué par le nombre CXVIII; exprimer ce nombre en chiffres ordinaires.

175. La préface d'un ouvrage imprimé en MDCXXXVIII contient LXIV pages; traduire ces deux nombres en chiffres ordinaires.

176. *Louis XIV*, né en MDCXXXVIII, monta sur le trône en MDCXLIII, et mourut en MDCCXV, à l'âge de LXXVII ans, après en avoir régné LXXII; exprimer ces dates en chiffres ordinaires.

177. La célèbre bataille de *Fleurus*, gagnée par *Jourdan* sur les Autrichiens, eut lieu le XXVI juin MDCCXCIV; traduire cette date en chiffres ordinaires.

178. La guerre de la *Fronde*, qui eut lieu en France, dura de MDCXLVIII à MDCLIII; traduire ces dates en chiffres ordinaires.

179. Napoléon, né en MDCCLXIX, partit comme général de l'armée d'Italie en MDCCXCVI; nommé premier consul à vie le II août MDCCCII, il fut proclamé empereur par le Sénat le XVIII mai MDCCCIV, abdiqua à Fontainebleau le XIII avril MDCCCXIV, mourut à Sainte-Hélène le V mai MDCCCXXI; traduire ces dates en chiffres ordinaires.

180. La République fut proclamée en France une première fois par la Convention nationale le XXI septembre MDCCXCII, et une deuxième fois le IV mai MDCCCXLVIII, par l'Assemblée nationale constituante; traduire ces dates en chiffres ordinaires.

181. Écrire en chiffres romains le nombre 795 302.

182. Écrire en chiffres romains le nombre 65 642 007.

183. Traduire en chiffres ordinaires l'expression $\overline{\overline{\text{III}}}$CMXCVIII.

184. Traduire en chiffres ordinaires l'expression $\overline{\text{D}}$CCCXXV.

185. Traduire en chiffres ordinaires l'expression $\overline{\text{XCDXVII}}$CCCXV.

186. Traduire en chiffres ordinaires les expressions LXLIX et IC, les expressions CDIC et ID.

187. Traduire en chiffres ordinaires les expressions XLIX et IL, les expressions CXCIX et CIC.

188. Une propriété a coûté 38 587 francs; exprimer ce prix en chiffres romains.

189. La bataille d'Eylau fut livrée le VIII février MDCCCVII; traduire cette date en chiffres ordinaires.

190. Louis-Philippe 1er, roi des Français, naquit en MDCCLXXIII, monta sur le trône en MDCCCXXX, fut renversé par la révolution qui éclata le XXII février MDCCCXLVIII, dans la XVIIIe année de son règne, et mourut en Angleterre en MDCCCL; traduire ces dates en chiffres ordinaires.

SYSTÈME DECIMAL

DES POIDS ET MESURES MÉTRIQUES

8. Les unités du système métrique sont dans la vie usuelle d'un usage de chaque instant. Quel que soit en effet le besoin qui se fasse sentir, on est obligé d'avoir recours soit au mètre, à ses multiples et sous-multiples, soit au litre, soit au stère, etc.; le gramme et ses multiples, le franc et ses sous-multiples sont surtout constamment employés.

Il est donc nécessaire que les élèves connaissent parfaitement la valeur d'un multiple ou d'un sous-multiple de l'une quelconque des mesures métriques, comparativement à cette mesure elle-même, comme il est indispensable, pour savoir bien énoncer et écrire les nombres, de connaître la valeur d'une unité d'un ordre quelconque, par rapport à celle qui lui est immédiatement inférieure ou supérieure. Aussi n'avons-nous pas hésité à multiplier les exercices suivants sur la formation des multiples et sous-multiples des unités métriques, et sur les rapports de ces unités entre elles et avec l'unité principale du système, le MÈTRE (1).

IV. Exercices

SUR LES UNITÉS DU SYSTÈME MÉTRIQUE.

1. — Mots multiples et sous-multiples.

191. Combien faut-il de *déci* pour former un DÉCA?

---

(1) Voir notre *Petite Arithmétique décimale*, nos 64 à 86 inclus.

192. Combien faut-il d'HECTO pour former un MYRIA ?

193. Combien y a-t-il de *centi* dans un HECTO ?

194. Quel est le nombre de *milli* contenu dans un *déci* ?

195. Quelle est la valeur d'un MYRIA par rapport au DÉCA ?

196. Quelle est la valeur du *milli* par rapport au KILO ?

197. Combien le MYRIA vaut-il d'unités simples ?

198. Quelle est la valeur du DÉCA par rapport au KILO, du *déci* par rapport au *centi ?*

199. Combien y a-t-il de *déci* dans un MYRIA ?

200. Quelle est la valeur du KILO par rapport au MYRIA, de l'HECTO par rapport au *déci ?*

2. — Le mètre. Ses multiples et ses sous-multiples.

201. Écrire en chiffres le nombre : douze cent quarante-sept ; exprimer qu'il représente des mètres et des centimètres.

202. Écrire en chiffres l'expression décimale : trente-deux mille soixante-quinze millièmes ; exprimer qu'elle représente des mètres et des millimètres.

203. La hauteur d'un peuplier est exprimée par le nombre décimal 35,47 ; indiquer que cette hauteur est évaluée en mètres et en parties décimales du mètre.

204. Combien un myriamètre contient-il de décamètres ?

205. Combien y a-t-il de décimètres dans un kilomètre ?

206. Combien y a-t-il de millimètres dans un décimètre ?

207. Combien faut-il d'hectomètres pour faire un myriamètre ?

208. Combien un décamètre vaut-il de centimètres?

209. Quelle est la valeur du décamètre par rapport au millimètre?

210. Indiquer quels sont les multiples et les sous-multiples du mètre compris dans le nombre $3420^M,27^{cm}$.

211. Combien y a-t-il de mètres dans 68 kilomètres.

212. Écrire sous la forme d'un nombre décimal l'expression $36^{HM},35^{mm}$, et n'exprimer dans son énonciation que les mètres et les millimètres.

213. Le cours d'un ruisseau comprend une longueur de 185^{KM}; exprimer cette longueur en hectomètres.

214. Exprimer en mètres la longueur d'une rue de 125 décamètres.

215. La distance entre deux objets est estimée en centimètres par le nombre $34\,043^{cm}$; évaluer cette distance en multiples et sous-multiples du mètre.

216. Une muraille a $3\,748^{mm}$ de hauteur; évaluer cette hauteur en mètres.

217. Combien 345 kilomètres valent-ils de décamètres?

218. La longueur d'une galerie est de 145 décamètres; combien a-t-elle de mètres?

219. La taille d'un homme est de $1\,748^{mm}$; évaluer ce nombre en mètres et sous-multiples du mètre.

220. La hauteur de la cathédrale de Strasbourg est représentée par le nombre $1^{HM},4^{DM},2^{M}$; évaluer cette hauteur en mètres.

2. — L'are. Ses multiples et ses sous-multiples.

221. Écrire en chiffres : quarante-trois hectares, trois cent trente-sept centiares; indiquer si ce nombre contient des ares.

222. Écrire en chiffres le nombre décimal : vingt-sept mille, trente-cinq *centièmes;* exprimer qu'il représente des ares et des centiares.

223. Évaluer en hectares, ares et centiares, l'expression décimale 3 704,05.

224. Combien l'hectare vaut-il de centiares?

225. La superficie d'un terrain comprend 3 047 hectares; combien contient-elle d'ares?

226. Le nombre 3 047ᵃ représente la superficie d'un bâtiment; exprimer cette superficie en ares.

227. La superficie d'un bois contient 1 350 ares; combien contient-elle d'hectares?

228. Combien le nombre 45 hectares contient-il de centiares?

229. La superficie d'un terrain exprimée en ares est représentée par le nombre 1 000; combien contient-il d'hectares?

230. Représenter sous la forme d'un nombre décimal l'expression 47ᵘᵃ,25ᵃ,07ᶜᵃ, et n'énoncer de ce nombre que les ares et les centiares.

4. — Stère. Ses multiple et sous-multiple.

231. Écrire en chiffres le nombre décimal : trois cent soixante-quinze *dixièmes;* exprimer qu'il représente des décastères, des stères et des décistères.

232. Combien un décastère vaut-il de décistères?

233. Exprimer en décistères le volume d'un madrier de 2 mètres cubes.

234. Exprimer en décastères la valeur 3 400 stères.

235. On a acheté 345 décistères de bois de charpente; exprimer cette quantité en stères et en décastères.

236. La coupe d'un petit bois a fourni 54 585 décistères de bois; combien a-t-elle fourni de décastères?

237. Exprimer en stères un volume de 36 décastères.

238. Combien 34 décastères valent-ils de stères, de décistères?

239. Représenter sous la forme d'un nombre décimal l'expression $37^{m},4^{s},7^{ds}$, et n'énoncer de ce nombre que les stères et les décistères.

5. — Litre. Ses multiples et ses sous-multiples.

240. Écrire en chiffres l'expression décimale trente-cinq mille cinquante *millièmes*; indiquer qu'elle représente des litres et des sous-multiples du litre.

241. Combien y a-t-il de litres dans un kilolitre?

242. Quelle est la valeur de l'hectolitre par rapport au décilitre?

243. Combien un décalitre contient-il de centilitres?

244. La contenance d'un vase est indiquée par le nombre décimal 35,47; exprimer cette contenance en litres et en sous-multiples du litre.

245. Combien y a-t-il de litres dans 345 hectolitres?

246. Un tonneau contient 35 décalitres; combien contient-il de litres?

247. Un marchand de vin a acheté 356 hectolitres; combien a-t-il acheté de litres?

248. Deux ouvriers ont consommé 3 805 millilitres de vin; combien de litres ont-ils consommé?

249. On a vendu 586 décalitres de vin, on en a livré d'abord 50 hectolitres, ensuite 86 décalitres; combien en a-t-on livré de litres? combien doit-on en livrer encore?

250. On a acheté d'une part 3 645 hectolitres de farine, et l'on en a vendu d'autre part 645 kilolitres;

combien de décalitres en a-t-on vendu? combien de litres en a-t-on acheté?

251. Quelle est la valeur du litre par rapport au mètre cube?

252. La capacité d'une cuve est de 5 mètres cubes; combien contient-elle de litres?

253. Combien y a-t-il d'hectolitres de vin dans un foudre dont la contenance est de 12 mètres cubes?

254. Un réservoir contient 385 mètres cubes d'eau; combien contient-il de décalitres?

255. Représenter sous la forme d'un nombre décimal l'expression $35^{kl},54^{dl},675^{cl}$; n'énoncer dans ce nombre que les litres et les centilitres.

6. — Gramme. Ses multiples et ses sous-multiples.

256. Écrire en chiffres le nombre quatre-vingt-trois mille, cinq cent trente-quatre *centièmes*; exprimer qu'il représente des grammes et des centigrammes.

257. Le poids d'un lingot d'argent est exprimé par le nombre 549,75; indiquer que ce poids est évalué en grammes et en centigrammes.

258. Combien un kilogramme contient-il de décagrammes?

259. Quelle est la valeur de l'hectogramme par rapport au décigramme?

260. Combien faut-il de milligrammes pour faire un décigramme?

261. Quelle est la valeur du milligramme par rapport à l'hectogramme?

262. Indiquer quels sont les multiples et sous-multiples du gramme contenus dans $3450^{g},337^{mg}$.

263. Combien y a-t-il de grammes dans l'expression 3 859 centigrammes?

264. Combien y a-t-il de décagrammes dans le nombre 398 kilogrammes?

265. Le poids d'un vase est indiqué par le nombre 24^{KG}; exprimer ce poids en décagrammes.

266. Indiquer combien l'expression 347 59 centigrammes contient de décagrammes.

267. Décomposer en ses unités multiples et sous-multiples du gramme l'expression 3465^G,342^{mg}.

268. Le poids d'un bijou est de 10,876; évaluer ce poids en grammes et en centigrammes.

269. Combien 382 hectogrammes valent-ils de décigrammes?

270. Le quintal métrique pèse 500^{KG}; évaluer son poids en grammes.

271. Un décimètre cube contient mille millimètres cubes; exprimer le poids d'un litre d'eau distillée en grammes.

272. Le poids d'un mètre cube d'eau distillée est de 1 000^{KG}; exprimer en grammes le poids d'un kilolitre de ce liquide.

273. Combien y a-t-il d'hectogrammes dans quarante-cinq mille trois cent quatre décigrammes?

274. Exprimer en grammes le poids d'un bloc de marbre pesant 3 867^{KG}.

275. Le poids d'un objet est représenté par l'expression 7^{dg},5^{cg},4^{mg}; mettre cette expression sous la forme d'une fraction décimale, et n'en énoncer que les plus petites unités.

276. Représenter sous la forme d'un nombre décimal 47^{KG},5^{Hg},43^G,25^{cg}, et n'énoncer dans ce nombre que les plus petites unités entières et décimales.

7. — Franc. Ses sous-multiples.

277. Écrire en chiffres le nombre décimal trente-trois mille, vingt-sept *centièmes*, et exprimer qu'il représente des francs et des centimes.

278. La valeur d'un lingot est représentée par le

nombre 137 25; indiquer que cette valeur représente des francs et des centimes.

279. Combien le nombre 375 francs renferme-t-il de décimes?

280. Quelle est la valeur d'un décime par rapport à un centime?

281. Combien y a-t-il de centimes dans 47 francs?

282. Une somme exprimée en centimes est représentée par 35 489; combien contient-elle de francs?

283. Un coffre contient 35 784 décimes; combien contient-il de francs?

284. Exprimer en francs la valeur de 100 pièces de 25 centimes.

285. 1 franc d'argent pèse 5 grammes; quel est le poids d'une somme de 100 francs?

286. Combien valent en francs 1 000 pièces de 1 décime?

287. Une pièce d'argent de 5 francs pèse 25 grammes; quel est le poids en hectogrammes de 100 de ces pièces?

288. Une pièce d'or de 20 francs pèse $6^g,451^{mg}$; quel serait le poids en grammes de 1 000 de ces pièces?

289. Le poids d'une pièce d'argent de 2 francs est de 10 grammes; combien vaudra en francs un poids de 100 grammes de ces pièces?

290. Un poids de 12 903^{mg} d'or monnayé représente la valeur d'une pièce de 40 francs; de combien de ces pièces un poids de $12^g,903^{mg}$ exprime-t-il la valeur?

I. PROBLÈMES

SUR LA NUMÉRATION ET LES MESURES MÉTRIQUES.

9. La solution des problèmes qui vont suivre repose uniquement sur les conséquences tirées des principes de la numération décimale, et sur les rapports des unités métriques avec leurs multiples et sous-multiples (1).

291. Un fossé de 3 400 mètres de long a été creusé par 100 ouvriers; quel a été le travail d'un seul?

SOLUTION. Il est facile de concevoir que l'ouvrage d'un seul ouvrier ne doit être que la centième partie de celui fait par les 100 ouvriers réunis. Or, en rendant 100 fois plus petit le nombre 3 400, on obtiendra pour résultat le nombre 34, c'est-à-dire que sur la longueur totale du fossé, chaque ouvrier a creusé trente-quatre mètres.

292. Un ouvrier gagne 4 francs par jour; combien a-t-il gagné après dix jours?

SOLUTION. Il est évident qu'un ouvrier en 10 jours doit gagner 10 fois plus qu'en un seul jour; on est donc conduit à rendre 10 fois plus grand le nombre 4, qui représente le gain d'une journée de travail; en sorte que la somme gagnée après 10 jours par cet ouvrier est de 40 francs.

293. 100 litres de vin ont coûté 38 francs; quel est le prix d'un litre?

SOLUTION. Un litre de vin coûtera évidemment la centième partie du prix des cent litres; il coûtera donc la centième partie de 38 ou 0,38 centimes.

294. On a payé pour l'entrée d'un hectolitre de charbon de bois dans Paris 0 fr. 55 c.; combien aurait-on payé pour en entrer 100 hectolitres?

SOLUTION. Il est évident que pour entrer 100 hectolitres, on aurait payé 100 fois plus, c'est-à-dire 55 francs.

---

(1) Voir dans notre *Petite Arithmétique*, in-18, les nos 31 à 36 et 64 à 86 inclus.

PROBLÈMES A RÉSOUDRE.

295. 10 ouvriers travaillant ensemble ont gagné une somme de 2 450 fr.; quelle est la somme que doit toucher chacun d'eux?

296. Une pièce de vin a coûté 75 fr., on veut en acheter dix pièces; combien aura-t-on à payer?

297. Un voyageur parcourt en un jour 46 kilomètres; combien en parcourra-t-il en 10 jours?

298. On a servi à une société de dix personnes un repas qui est revenu à 25 fr. par tête; combien ce repas a-t-il coûté?

299. On a payé un hectolitre de liqueur 150 fr.; combien aurait-on payé 10 litres de cette liqueur?

300. On a payé à un ouvrier pour 10 journées de travail une somme de 47 fr.; quel était le prix d'une journée?

301. Un boulanger a acheté 100 kilog. de farine pour 85 fr.; à combien lui revient le kilog.?

302. Le maire d'une commune a reçu une somme de 2 500 fr. pour être distribuée également entre 100 familles pauvres de la commune; combien chaque famille recevra-t-elle?

303. Un chef de moisson a embauché 10 moissonneurs qui travaillent avec lui pendant 10 jours, à raison de 6 fr. 50 c. chacun par jour; combien a-t-il à payer en tout? que doit-il à chacun?

304. On a commandé un repas de 1 000 couverts pour une somme de 3 000 fr.; combien ce repas coûte-t-il par couvert?

305. On a vendu dans un jour 325 mètres de toile, pour une somme de 485 fr. 75 c.; combien aurait-on vendu de mètres, et pour quelle somme, si la vente avait continué de même pendant dix jours?

306. Un boucher a acheté 10 veaux pour une somme de 478 fr. 50 c. ; quel est le prix d'un seul ?

307. On a vendu 100 poulets, à raison de 2 fr. 25 c. l'un ; pour combien en a-t-on vendu ?

308. Une motte de beurre pesant 10 kilog. a été vendue à raison de 1 fr. 80 c. le kilog. ; combien a-t-elle rapporté d'argent ?

309. On a vendu un hectolitre de lait pour 32 fr. ; combien a-t-on vendu le litre ?

310. On a envoyé au marché 1 000 œufs, et chaque œuf a été vendu 0,07 c. ; combien d'argent le 1 000 a-t-il rapporté ?

311. Un lingot d'argent monnayé pèse 4 kilog. 25 décag. ; quel est le poids du cuivre qui y est contenu ? (La monnaie d'argent de France contient en poids 0,1 de cuivre et 0,9 d'argent fin.)

312. Une locomotive parcourt sur un chemin de fer 48 kilom. par heure ; elle a marché pendant 10 heures consécutives ; combien a-t-elle parcouru de kilomètres ?

313. Du vin coûte 1 fr. le litre, et l'on envoie un enfant en chercher pour 0,10 c. ; quelle mesure devra-t-on lui servir ?

314. Un enfant demande à un épicier pour 15 c. de sucre à 1 fr. 50 c. le kilog. ; quel poids doit-il lui servir ?

315. Le tabac coûte 8 fr. le kilog. ; quel poids doit-on en recevoir pour 80 centimes ?

316. Le kilog. de poudre de chasse coûte 8 fr. ; combien coûtera un hectog. ?

317. 10 francs d'argent pèsent 50 grammes ; quel sera le poids d'un sac d'argent de 1 000 francs ?

318. On demande 4 fr. 75 c. pour conduire 1 mètre cube de sable ; combien demanderait-on pour en conduire 100 mètres cubes ?

319. On a donné à 10 sapeurs-pompiers une gratification de 175 fr., pour secours donnés par eux dans un incendie; combien chacun recevra-t-il?

320. Un ouvrier gagne 4 fr. 25 c. par jour; combien aura-t-il gagné après 100 jours?

321. On a payé pour entrer à Paris 8 stères de bois dur une somme de 25 fr. 54 c.; combien aurait-on payé pour en entrer 80 stères?

322. Un kilogramme de viande paye d'entrée à Paris 0,12 c.; combien doit-on payer à l'octroi pour en entrer 100 kilog.?

323. Si pour 10 hectolitres de vin entrés à Paris on a payé 200 fr., combien aura-t-on à payer pour l'entrée d'un décalitre?

324. On brûle en 10 jours dans un ménage 2 kilog. 25 décag. d'huile; quelle est en grammes la consommation par jour?

325. Une cheminée consomme par jour 18 kilog. de charbon de terre qui coûtent 1 fr. 15 c.; combien en consommera-t-elle en 10 jours, et pour quelle somme?

326. On a acheté 10 quartauts d'eau-de-vie pour chacun desquels on a payé à l'octroi de Paris 31 fr. 50 c., chaque quartaut revient ainsi à 122 fr.; combien a-t-on payé à l'octroi pour les 10 quartauts? à combien reviennent-ils tous ensemble?

327. 10 ouvriers ont fait ensemble une dépense de 37 fr. 75 c.; combien chacun d'eux doit-il payer? Ils ajoutent chacun 0,15 c. pour le garçon qui les a servis; combien celui-ci reçoit-il?

328. 10 enfants ont réuni toutes leurs billes, dont le nombre s'élève à 360, ils les partagent ensuite également; combien chacun d'eux en a-t-il?

329. 100 jeunes filles reçoivent chacune par mois une somme de 2 fr. 25 c. de leurs parents, pour menues dépenses; elles mettent chacune le 10ᵉ de cette somme de côté pour une pauvre femme qu'elles soulagent; combien ces jeunes filles reçoivent-elles par mois? quelle somme réservent-elles chacune pour leur protégée? combien lui donnent-elles chaque mois?

330. Une locomotive parcourt en 1 heure une distance de 65 kilomètres; combien parcourra-t-elle de kilomètres en 10 heures?

331. 100 ouvriers travaillant dans un bâtiment ont trouvé, en fouillant des fondations, une somme de 1 885 fr. en diverses monnaies. Celui qui en a fait la découverte doit prélever le dixième de la somme et partager également avec les autres les 1 696 fr. 50 c. restants; quelle sera la part de chacun? quelle somme devra être prélevée d'abord?

332. On a distribué à 10 000 soldats 390 000 cartouches; combien chaque soldat en a-t-il reçu?

333. On a distribué à 1 000 pauvres 1 585 kilog. de pain; combien chacun d'eux a-t-il reçu d'hectog.?

334. Un tailleur a employé pour la confection d'un paletot 2 mètres 15 c. de drap et 4 mètres 50 c. de soie; combien emploierait-il de mètres de chacune de ces matières pour confectionner 10 paletots pareils au premier?

335. Un tailleur a fait pour une pension une fourniture de 100 uniformes, estimés l'un dans l'autre à 55 fr. pièce; à combien doit s'élever sa facture?

336. Un état de secours destiné à 100 individus est envoyé avec une allocation de 50 fr. pour chacun d'eux; à combien s'élève la somme allouée?

337. On a acheté 10 pièces d'étoffe de 57 mètres chacune, et à raison de 10 fr. le mètre; combien en a-t-on acheté de mètres, et pour quelle somme?

338. Une avenue est plantée dans sa longueur de 145 arbres placés à 10 mètres de distance l'un de l'autre ; quelle est la longueur de cette avenue?

339. Un boulanger fournit chaque jour pour les élèves d'une institution, qui y sont au nombre de 100, 65 kilog. de pain ; combien chaque élève reçoit-il de grammes de pain par jour?

340. Un ouvrier, pour arriver à sa chambre, doit monter 100 marches d'escaliers ayant chacune 0,32^{cm} de hauteur ; à quelle hauteur au-dessus du sol cette chambre se trouve-t-elle élevée?

341. 100 ouvriers ont chargé le chef d'usine qui les emploie de mettre pour eux à la caisse d'épargne le dixième de leur gain de l'année. Ils gagnent ensemble dans une année 85 600 francs ; quelle somme aura-t-il à verser pour tous et pour chacun en particulier?

342. 190 charpentiers ont employé 40 jours pour préparer et poser la charpente d'un bâtiment ; combien emploieraient-ils de temps pour faire le même travail dans 10 bâtiments de mêmes dimensions?

343. On a donné 445 fr. à un voiturier pour transporter à une distance de 100 myriamètres 10 quintaux de marchandises ; quelle somme aurait-on dû lui donner pour 100 quintaux transportés à 10 kilomètres seulement?

344. Un certain capital rapporte dans l'année 135 fr. 75 c. ; quel sera le rapport de ce capital après 10 ans?

345. Un certain capital a rapporté dans une année une somme de 345 fr. 50 c. ; combien aurait-il rapporté s'il eût été 10 fois moindre?

346. Un hectare de pré est estimé 3 150 fr. ; quelle est la valeur d'un are?

347. Une bibliothèque est composée de 100 cases

dont chacune contient 10 rayons, et chaque rayon porte 120 volumes; combien cette bibliothèque renferme-t-elle de volumes?

347. Dans un commerce, une somme de 1 000 fr. a rapporté un bénéfice de 325 fr. pour l'année; combien 1 fr. a-t-il produit? combien 10 000 fr. auraient-ils rapporté?

349. 100 ouvriers ont fait en 10 jours 3 650 mètres d'un certain ouvrage; combien en ont-ils fait en un seul jour?

350. Un voiturier a transporté en 10 jours, en faisant 10 voyages par jour, 350 mètres cubes de sable; combien 10 voituriers en transporteraient-ils dans un temps 10 fois plus long?

351. On évalue à 38 décistères ce qu'une cheminée brûle de bois dans 100 journées; combien en brûle-t-elle par jour?

352. On possède 100 sacs de blé contenant chacun $2^{\text{HL}},40^{\text{L}}$; combien contiennent-ils de litres en tout?

353. On a 10 paniers de vin contenant ensemble 850 bouteilles; combien chacun en renferme t-il?

354. Un pain de sucre pèse $4\,500^{\text{G}}$; combien 10 pains de même force pèsent-ils de kilogrammes?

355. Combien dépenserait en 10 mois une personne dont la dépense mensuelle serait de 355 fr. 85 c. ?

356. Pour une pièce de charpente on a employé 3 décistères de bois; combien aurait-on dû employer de stères pour préparer 10 pièces pareilles?

357. Une personne devait une somme de 357 fr.; elle veut s'acquitter en donnant chaque mois 0,1 de la somme; quel sera le montant de chaque payement?

358. On a acheté une propriété de 53 600 fr. avec cette condition que l'acquéreur ferait 10 payements égaux d'année en année, à partir du jour de l'acquisition; quelle somme devra-t-il verser chaque fois?

859. 10 ouvriers ont employé 10 jours pour terminer un ouvrage; combien de temps 100 ouvriers auraient-ils mis pour en faire un 10 fois plus long?

860. Un pépiniériste a 10 rangées de pommiers en renfermant chacune 150; 8 rangées de poiriers en contenant 100 chacune; 100 rangées d'abricotiers de 6 chacune; enfin 150 rangées de groseilliers en contenant chacune 100 pieds; combien a-t-il d'arbres ou de pieds de chaque espèce?

ADDITION

10. Les usages de l'addition se rapportent tous au problème général suivant :

Plusieurs nombres de même espèce étant donnés, en trouver un seul qui leur soit équivalent (1).

V. Exercices

SUR L'ADDITION DES NOMBRES ENTIERS ET DÉCIMAUX.

361. Écrire en chiffres les nombres trente-sept, soixante-quinze, cent neuf, et en faire la somme.

362. Écrire en chiffres les nombres trois cent vingt-neuf; sept cent cinq; trois mille, huit; et les additionner.

363. Écrire en chiffres les nombres cinq mille, trente-trois; sept mille, cent trente-neuf; quinze mille, quinze; trois cent douze mille, cinq cent vingt-deux; et en faire l'addition.

364. Faire l'addition des nombres 57 809. 37 694. 96 456. 38 420. 659 714.

365. Additionner les nombres 708 903. 560 482. 457 009. 687 321. 496 035.

366. Faire la somme des nombres 8 076 942. 5 364 293. 8 570 426. 9 070 563.

367. Faire la somme des nombres 57 896 430. 45 789. 369 578. 68 327 905. 864 795.

368. Additionner les fractions décimales 0,057. 0,3 402. 0,2 035. 0,3 457.

369. Additionner les fractions décimales 0,35 709. 0,345 962. 0,000 743. 0,564 329. 0, 96 532.

_____

(1) Voir notre *Petite Arithmétique des Écoles primaires,* numéros 93 à 112 inclus.

370. Additionner les nombres décimaux 34,5 607. 5,738. 354,04. 28,5 072. 307,52.

371. Additionner 345,0 367. 56,945. 0,8 517. 4,23 057. 0,9 603.

372. Additionner 36,709. 54,035 642. 4,3 057. 9523,42. 35 428.

373. Additionner 4,05 072. 0,3 524. 36,29 075. 0,9 603. 352,875.

374. Additionner 3 578. 0,452. 32,07. 52 462. 0,35 206. 345,6 728.

375. Additionner 0,43 207. 45,674 356. 354 789. 3 356,43. 0,3 205. 36,592.

376. La mâture d'un vaisseau français de 120 canons a au-dessus de la quille une élévation de 73 mètres ; ce nombre, augmenté du nombre 57, exprime en mètres la hauteur de la flèche de l'église d'Anvers ; quelle est cette hauteur ?

377. La somme des nombres : 58. 116. 45. 127 et 76, exprime l'année de la prise de Rome par *Alaric*, roi des Visigoths ; de quelle année date cet événement ?

378. L'année de la fondation du royaume des Ostrogoths en Italie par *Théodoric le Grand* se trouve exprimée par la somme des nombres : 77. 115. 98 et 203 ; en quelle année fut fondé ce royaume ?

379. L'année du commencement de la guerre dite des *Deux Roses*, en Angleterre, est exprimée par la somme des nombres décimaux suivants : 545,73. 234,24. 467,58. 202,45 ; en quelle année a commencé la guerre entre les maisons d'York et de Lancastre ?

380. La somme des nombres décimaux : 357,205. 432,63. 340,023 et 370,142, indique l'année de la découverte du Brésil par le Portugais *Cabral;* de quelle année date cette découverte ?

381. La somme des nombres : 0,573. 657,04. 332 et 400,387, exprime l'année de l'assassinat de *Jean* *sans Peur*, duc de Bourgogne; de quelle année date la mort de ce prince?

382. La somme des nombres : 25 676. 3 264. 15 335 et 12 656, représente l'étendue territoriale du Danemark en kilomètres carrés ; quelle est-elle?

383. La somme des nombres : 1 347 356. 956 734. 1 632 597 et 325 743, représente la population totale du royaume de Belgique; quel en est le chiffre?

384. L'étendue territoriale des États de l'Église est représentée en kilomètres carrés par la somme des nombres : 13 567. 4 495. 17 564. 9 023; quelle est cette étendue?

385. Le nombre des communes de France se trouve représenté par la somme des nombres : 3 679. 8 532. 9 751. 6 985. 7 987; combien y a-t-il de communes en France?

386. La population totale du département de Seine-et-Oise est représentée par la somme des nombres : 60 038. 41 329. 58 483. 94 077. 67 509 et 150 518; quelle est cette population?

387. La somme des nombres : 52 502. 93 090. 36 246. 138 031 et 53 373, représente la population du département de la Marne; quel en est le chiffre?

388. La somme des nombres : 109 879. 139 678. 244 172 et 93 705, donne le chiffre exact de la population du Bas-Rhin ; quel est le nombre de ses habitants?

389. La population du département de la Seine-Inférieure est représentée par la somme des nombres; 113 357. 106 261. 84 204. 258 229 et 139 988; quel est le nombre de ses habitants?

390. La superficie en hectares des trois départements réunis, Meurthe, Vosges et Moselle, est exprimée par la somme des nombres : 609 003^{ha},90^a. 536 888^{ha},75^a et 607 996^{ha},04^a; quelle est cette superficie?

391. La population du département du Nord est exprimée par la somme des nombres : 145 040. 174 245. 101 109. 105 444. 104 515. 371 156 et 156 779 ; quel est le chiffre de cette population ?

II. PROBLÈMES

SUR L'ADDITION DES NOMBRES ENTIERS ET DÉCIMAUX.

392. Un ouvrier a économisé pendant le mois de janvier 22 fr., pendant le mois de février 19 ; en mars, il a mis de côté 21 fr., en avril 23, en mai 27 et en juin 35. Quelle somme a-t-il économisée pendant ces six premiers mois de l'année ?

Solution. La somme totale de ses économies doit évidemment se composer de chacune des sommes économisées successivement. Si donc on additionne les nombres 22, 19, 21, 23, 27 et 35, le résultat 147 exprimera le total des économies faites par cet ouvrier.

393. Une armée a marché pendant cinq jours : le 1er jour, elle a parcouru 22 kilomètres, le 2e elle en a fait 25, le 3e 27, le 4e 18, et le 5e 29. Combien a-t-elle parcouru de kilomètres ?

Solution. En réunissant les nombres qui représentent le chemin parcouru dans chaque journée, la somme qu'on obtiendra satisfera évidemment à la question.

Cette armée a parcouru dans ces cinq jours 118 kilomètres.

394. Une ouvrière achète dans un magasin de tapisserie du canevas pour 1 fr. 25 c., des aiguilles pour 0 fr. 35 c., de la laine pour 3 fr. 55 c., de la soie pour 1 fr. 45 c. ; enfin, un modèle de 0 fr. 75 c. Sa facture payée, il lui reste 7 fr. 65 c ; à combien s'élève cette facture ? combien avait-elle d'argent ?

Solution. Ce problème renferme deux questions : l'une ayant pour objet la dépense faite par l'ouvrière ; l'autre, la somme d'argent qu'elle possédait. Il est clair que si on ajoute le total de la facture payée aux 7 fr. 65 c. qui lui restent, le résultat satisfera à la deuxième question du problème. Or, pour connaître la somme dépensée, il faudra évidemment réunir en une seule les diverses sommes payées pour chaque objet en particulier. Le résultat de cette addition est 7,35.

L'ouvrière a donc dépensé 7 fr. 35 c.; elle avait en argent 7,35 + 7,65 ou 15 fr.

395. En 1855, la ville de Nancy renfermait 45 129 habitants; celle de Metz en avait 57 713, et celle d'Épinal en comptait 10 984; combien ces trois villes réunies renfermaient-elles d'hommes?

Solution. En réunissant en un seul les nombres qui indiquent la population respective de chacune de ces villes, la somme ainsi obtenue satisfera à la question.

En 1855, ces trois villes réunissaient 113 826 habitants.

396. Un épicier a acheté 135^{KG} 23^{DG} de sucre pour 355 fr. 75 c., il en a acheté une 2e partie de 98^{KG} 57^{GD} pour la somme de 249 fr. 50 c.; enfin, il a fait un 3e achat de 375^{KG} 6^{DG} pour la somme de 748 fr.; combien a-t-il acheté de grammes de sucre? quelle somme d'argent a-t-il déboursée?

Solution. Ce problème, comme celui du n° 394, renferme deux questions; celles-ci toutefois sont indépendantes l'une de l'autre, car on peut savoir immédiatement la somme dépensée, ou chercher d'abord la quantité de grammes de marchandise qu'on a achetée. Pour cela, il suffira de réduire d'abord en grammes les expressions représentant des kilogrammes et des décagrammes, et ensuite de réunir en un seul les trois nombres obtenus. Pour déterminer la somme d'argent dépensée, on additionnera également les sommes payées séparément pour chaque achat divers. La 1re addition donne pour résultat 608 870; la 2e, 1 353,25.

On a acheté 608 870^G de sucre, qu'on a payés 1 353,25 c.

PROBLÈMES A RÉSOUDRE.

Problèmes usuels divers. — Système métrique.

397. Un père a 20 ans de plus que son fils, qui lui-même est âgé de 17 ans; quel est l'âge du père?

398. Le père et le fils ont, le premier 65 ans, et le second 37; combien d'années ont-ils ensemble?

399. Trois enfants dont le plus âgé a 17 ans, le suivant 14 et le dernier 13, ont ensemble l'âge de leur père; quel est cet âge?

400. Deux jeunes personnes âgées, l'une de 17 ans, l'autre de 19, ont ensemble l'âge de leur mère, qui elle-même a 12 années de moins que le père; quels sont les âges du père et de la mère?

401. La différence entre deux nombres est 54 649; le plus petit est 99 876; quel est le plus grand?

402. Un épicier a fourni pour 17 fr. 50 c. de sucre, pour 3 fr. 25 c. de café, pour 4 fr. 80 c. de bougies, 2 fr. 45 c. de savon, et 1 fr. 45 c. d'épices diverses; à combien s'élève sa facture?

403. Une ouvrière achète dans un magasin pour 0,25 c. de soie, 0,15 c. d'aiguilles, 0,45 c. de fil, du cordonnet et de la tresse pour 0,65 c., du ruban de fil et des agrafes pour 0,75 c.; combien a-t-elle à payer?

404. Un corps d'armée composé de 7 685 hommes reçoit deux renforts, l'un de 3 630 hommes, l'autre de 1 685; quel est le nombre total des hommes qui le composent?

405. On a brûlé dans une bataille 7 587 cartouches, il en reste dans les caissons et dans les mains des soldats 92 413; combien y en avait-il avant le combat?

406. Un écolier a 25 billes, un de ses camarades lui en donne 12, un autre lui en donne 7; ils en ont alors autant l'un que l'autre; combien chacun en possède-t-il? combien en ont-ils en tout?

407. Une jeune fille avait 32 épingles; elle en a gagné 15 à une de ses compagnes et 12 à une autre. La 1re, après le jeu, en a encore 9, et la 2e 7 de plus qu'elle ; combien en a-t-elle, et combien chacune des deux autres en avait-elle ?

408. Un enfant a dans sa bourse 35 pièces de 0,25 c. ; on lui en ajoute 17, et alors il en a encore 9 de moins que sa sœur, à qui il en manque 15 pour qu'elle en ait autant que sa cousine ; combien chacun de ces enfants possède-t-il de ces pièces ?

409. Un individu, en 1865, aura 39 ans, il a 35 ans de moins que son père ; quel âge aura ce dernier à la même époque ?

410. Une fontaine a rempli, dans une heure, un bassin contenant 2 580 litres ; mais le bassin a perdu dans le même temps, par un orifice inférieur, 1 689 litres de liquide ; combien d'eau la fontaine a-t-elle fourni en totalité ?

411. Une armée est divisée en trois corps composés, l'un de 35 990 hommes, le 2ᵉ de 27 650 hommes, le 3ᵉ de 47 685 ; elle a de réserve 25 000 hommes ; de combien d'hommes se compose cette armée ?

412. Un corps d'armée a eu dans une bataille 3 545 hommes blessés, 1 245 tués et 1 843 faits prisonniers ; quelles pertes en hommes a-t-il éprouvées ?

413. On a tiré dans une bataille 7 684 coups de canon ; les artilleurs servants ont encore dans leurs sacs 847 gargousses (1), il en reste 175 dans les pièces chargées et 6 294 dans les caissons ; combien existait-il de gargousses avant le combat ?

414. La France possède en monnaie d'argent une somme évaluée à 280 000 000 de francs, des pièces d'or pour 20 000 000 de francs, et pour 50 000 000 de

____

(1) On appelle gargousse la cartouche qui sert à charger le canon, laquelle contient à la fois la poudre et le boulet.

monnaie de cuivre ou de billon ; à combien monte le numéraire de la France ?

415. La propriété foncière de France paye, tant en contributions directes qu'indirectes, 850 000 000 de francs, pour enregistrement d'actes divers 208 000 000 ; sa part dans les autres impositions est de 246 000 000 ; à combien s'élèvent les impôts à sa charge ?

416. Un instituteur reçoit dans son école 115 enfants payants ; 25 y sont admis gratuitement, et l'école des filles, annexée à la sienne, compte 47 élèves ; quel est le nombre total des enfants qui fréquentent l'école ?

417. Le traitement fixe d'un instituteur s'élève à 700 fr. Il a touché en outre 575 fr. de traitement éventuel, 76 fr. comme secrétaire de la mairie, 100 fr. de la Fabrique comme chantre, et 25 fr. pour menus frais de la garde nationale ; combien a-t-il gagné dans l'année ?

418. La différence entre les recettes des contributions indirectes en 1844 et 1846 fut de 19 816 244 fr. ; les recettes de 1844, plus faibles, s'élevèrent à 265 697 940 fr. ; quelles furent celles de 1846 ?

419. Un négociant a acheté en foire pour 398 fr. 50 c. de marchandises ; il a fait ensuite un nouvel achat qui s'élève à 848 fr. 65 c. ; un 3e marché lui a fait débourser 796 fr. 35 c., enfin il a payé pour une dernière acquisition 1 233 fr. 55 c. ; à quelle somme se sont élevés ces divers achats ?

420. Un voyageur marchant pendant 4 jours a parcouru le 1er jour 25 kilom. ; le 2e, il en a fait 36 ; le 3e, 29, et le 4e, 42 ; combien a-t-il parcouru de kilomètres dans ces quatre journées ?

421. Un banquier possède plusieurs lingots d'or et d'argent ; l'un a une valeur de 3 180 fr. 75 c., un 2e vaut 4 658 fr. 65 c., un 3e enfin vaut 17 647 fr.

25 c.; quelle est la valeur totale de ces trois lingots ?

422. On veut vendre une propriété dont les bois sont estimés 47 500 fr., les prés 18 680 fr. ; les terres labourables ont une valeur de 278 750 fr., enfin les bâtiments sont estimés avec leurs dépendances 165 687 fr.; quel serait le prix de revient de cette propriété achetée d'après l'estimation ?

423. Un convoi de chemin de fer quitte le débarcadère avec 589 voyageurs; à une 1ʳᵉ station il en prend 119, à une 2ᵉ il en reçoit 17, à une 3ᵉ 45, enfin à une 4ᵉ station il en reçoit encore 25 ; combien a-t-il de voyageurs en arrivant à destination?

424. Un maçon a fourni, dans la construction d'une maison, de la pierre pour une somme de 2 952 fr. 75 c., de la chaux pour 347 fr. 85 c.; il a payé pour acquisition et charroi de sable 475 fr. 55 c.; sa main-d'œuvre lui coûte 1 789 fr. 60 c., et il porte son bénéfice à 895 fr.; à combien revient la maçonnerie de cette maison ?

425. Un charpentier a fourni dans un bâtiment pour 1 885 fr. de bois de charpente; il a payé à ses ouvriers pour la pose 387 fr. 75 c.; il réalise un bénéfice de 278 fr. 25 c.; quel est le montant de son mémoire?

426. Un serrurier, dans les gros travaux d'un bâtiment, a fourni pour 179 fr. 85 c. de fer ; la serrure des persiennes et des portes s'élève à 296 fr. 35 c.; celle des croisées monte à 376 fr. 85 c. et la pose des sonnettes a coûté 117 fr. 85 c. ; quel est le montant de son mémoire?

427. Un couvreur fournit pour une toiture de la tuile pour 445 fr.; la main-d'œuvre lui revient à 236 fr. 45 c.; il estime son bénéfice à 187 fr. 85 c. ; quel est le montant de son mémoire?

428. Une personne fait divers achats : elle prend chez la modiste un chapeau de 35 fr., chez le marchand de nouveautés diverses étoffes pour 127 fr. 45 c.; chez la mercière elle paye 23 fr. 25 c.; enfin elle achète chez son bijoutier pour 175 fr. 65 c., et rentre avec 138 fr. 55 c. ; combien a-t-elle dépensé? quelle somme avait-elle en sortant?

429. Un employé a dépensé dans l'année 585 fr. pour sa nourriture ; il a donné à son tailleur 352 fr. 95 c., pour son loyer 250 fr., à sa blanchisseuse 72 fr. 55 c., à son cordonnier 115 fr. 50 c.; enfin il a dépensé pour ses menus frais et plaisirs 475 fr. 55 c.; il lui reste 475 fr.; combien a-t-il dépensé? quelle somme a-t-il gagnée?

430. Un voiturier quitte Paris avec 785 kilog. de marchandises; il charge en route 225 kilog., plus tard 178 kilog.; dans une 3ᵉ halte, il prend 395 kilog.; combien de kilogrammes a-t-il chargé en tout?

431. Un marchand de vins en a débité 175 litres dans une journée, 298 litres dans une 2ᵉ, 76 litres dans une 3ᵉ, enfin, dans une 4ᵉ, il en a débité 795 litres; combien en a-t-il vendu de litres en tout?

432. Trois joueurs entrent au jeu, l'un avec 175 fr., l'autre avec 230 fr. 50 c. ; le 1ᵉʳ gagne au 3ᵉ joueur 10 parties de 8 fr. chacune; le 2ᵉ se retire avec une somme plus forte de 117 fr. que celle qu'il avait apportée; le 3ᵉ, qui a constamment perdu, emporte autant d'argent que les deux autres; avec quelle somme chaque joueur se retire-t-il? combien le 3ᵉ joueur avait-il avant d'ouvrir le jeu?

433. Un verger contient 147 poiriers, 58 abricotiers, 65 pêchers et 152 pruniers; combien contient-il d'arbres en tout?

434. Un brocanteur a acheté pour 37 fr. 50 c. de vieux habits, du linge pour 23 fr. 35 c., un lot de ferrailles pour 12 fr. 95 c.; il a vendu le tout et réalisé un bénéfice de 9 fr. 75 c.; combien a-t-il déboursé d'argent? Pour combien a-t-il vendu?

435. Une propriété coûte 17800 fr. d'acquisition, non compris 400 fr. d'épingles réservés par le vendeur; on a payé au notaire, pour le titre et l'enregistrement, 1478 fr.; la purge légale des hypothèques coûte 287 fr. 25 c.; à combien revient cette propriété?

436. Un commerçant doit payer divers effets, l'un de 1787 fr., un 2ᵉ de 352 fr., un 3ᵉ de 2893 fr., enfin un 4ᵉ de 845 fr.; ces effets payés, il lui restera en caisse une somme de 3583 fr.; combien a-t-il à payer? quelle somme a-t-il en caisse?

437. Trois convois différents partent sur la même ligne et emmènent : le 1ᵉʳ, 785 voyageurs et 3677 kilog. de marchandises; le 2ᵉ, 937 voyageurs et 7698 kilog. de bagages; le 3ᵉ, 1269 voyageurs et 5657 kilog. de marchandises; combien ces trois convois ont-ils emmené de voyageurs? quel est le poids total des marchandises transportées?

438. Une ménagère dépense dans son marché 1 fr. 75 c. de fruits, 0,85 c. de légumes, 3 fr. 85 c. de volaille, 4 fr. 50 c. de poisson, 1 fr. 80 c. d'œufs et 1 fr. 95 c. de beurre; il lui reste 4 fr. 90 c.; combien a-t-elle dépensé? combien avait-elle d'argent?

439. Un ouvrier dépense par jour, pour sa nourriture, 0,25 c. de pain, 0,35 c. de vin, 0,25 c. de viande, 0,15 c. de fromage ou de fruits, et 0,45 c. pour son loyer, il lui reste 0,55 c.; que dépense-t-il? combien gagne-t-il par jour?

440. Un jeune homme a payé à son tailleur 385 fr., à son cordonnier 57 fr. 50 c., à sa blanchisseuse 27 fr. 85 c., pour son loyer 75 fr.; il lui reste 134 fr. 65 c.; combien a-t-il payé? que possédait-il en tout?

441. Un négociant a vendu dans une journée 185 mètres d'indienne et 247 mètres de toile; le lendemain, il vend 345 mètres d'indienne et 557 mètres de toile; enfin, le troisième jour, il vend 69 mètres d'indienne et 142 mètres de toile; combien a-t-il vendu de mètres d'indienne, de mètres de toile; combien en a-t-il vendu en tout?

442. Un navire marchand prend la mer avec un fort chargement de marchandises; dans un gros temps, on est obligé d'en jeter à la mer successivement : d'abord pour 37 780 fr., ensuite pour 17 695 fr., enfin pour 6 647 fr.; il n'en reste plus, en arrivant à destination, que pour une valeur de 77 878 fr.; quelle perte a éprouvée le bâtiment? quelle était la valeur de son chargement?

443. Pour peser un corps placé dans le plateau d'une balance, on met dans l'autre plateau d'abord un poids de 100 gr., ensuite un de 40 gr., puis un de 20 gr., enfin un de 10 gr., un de 5 gr., un de 2 gr. et un de 5 décigr.; quel est le poids de ce corps?

444. Un vase vide pèse 376ᴳ,325ᵐᵍ; le poids de l'eau qu'il peut contenir est de 49ᴳ,587ᵐᵍ; quel est le poids de ce vase rempli d'eau?

445. Un lingot d'argent pur pèse 3 475ᴰᴳ,89ᵈᵍ; pour l'amener à l'état d'argent monnayé, on a été obligé d'y ajouter 3 862ᴳ,1ᵈˢ de cuivre; exprimer en grammes le poids du mélange.

446. Un vase vide pèse 37ᴰᴳ; il contient un poids d'eau de 375ᶜᵍ; son bouchon pèse 35ᴳ; quel est le poids de ce vase plein d'eau et bouché?

447. On a tiré dans un foudre 347ᴰᴸ de vin; il en reste 345ᵐᴸ; exprimer sa contenance en litres.

448. On a acheté 4 pièces de vin contenant l'une 345ᴸ, la deuxième 25ᴰᴸ, la troisième 3ᴴᴸ 54ᴸ, enfin la quatrième en contient autant que toutes les autres réunies; combien cette pièce contient-elle de litres? combien en a-t-on acheté en tout?

449. On a acheté un terrain qui se compose : 1° de 3ᴬ 55ᶜᵃ de terre de labour ; 2° de 55ᴬ 25ᶜᵃ de bois ; 3° de 24ᴬ 65ᶜᵃ de jardins ; exprimer en ares et centiares la superficie totale de ce terrain.

450. Un négociant doit faire une livraison de sucre; au jour fixé, il en a acheté d'une part 3 540ᴴᴳ, de l'autre 3 795ᴴᴳ, mais il lui en manque 95 688ᴰᴳ ; combien de grammes devait-il fournir?

451. On a emprunté sur une propriété : 1° 35 600 fr.; 2° 23 500 fr.; 3° enfin, 15 650 fr. La propriété vendue par le prêteur, il revient encore sur la vente 18 575 fr.; les frais et intérêts s'étaient élevés à 13 597 fr.; combien avait-on emprunté sur la propriété? combien a-t-elle été vendue?

452. Un spéculateur a acheté une propriété 185 800 fr.; il a fait des réparations pour 12 899 fr. et a réalisé, en la revendant, un bénéfice de 18 975 fr.; à combien lui revenait cette propriété? combien l'a-t-il revendue?

453. Un ouvrage a été tiré dans l'année une 1ʳᵉ fois à 3 300 exemplaires, une 2ᵉ fois à 5 500, une 3ᵉ fois à 11 250; enfin on a fait un 4ᵉ tirage de 17 375 exemplaires ; combien en a-t-on tiré en tout ?

454. Les frais d'un emprunt hypothécaire pour une somme de 300 fr. sont tarifés ainsi qu'il suit :

	fr.	c.
Certificat de la conservation des hypothèques...	2	»
Honoraires de la minute......................	3	»
Enregistrement	3	30
Timbre, expédition et minute................	1	60
Honoraires pour l'expédition	4	»
Droit d'hypothèque et de timbre.............	1	45
Salaire du conservateur.....................	1	25
Rédaction des bordereaux...................	2	50

Il faut ajouter en plus pour le remboursement :

Minute de quittance	3 fr.	» c.
Enregistrement	1	65
Timbre, minute, expédition...............	2	85
Honoraires...........................	4	»
Salaire du conservateur................	1	»

Quel est le total des frais de cet emprunt ?

455. Un père de famille partage son bien entre ses cinq enfants de la manière suivante :

Au 1er, il donne	7	hectares,	85	centiares,	et	25 000 fr.
Au 2e,	—	13	—	143	—	17 000
Au 3e,	—	22	—	230	—	12 000
Au 4e,	—	9	—	645	—	22 000
Au 5e,	—	15	—	437	—	18 000
Il se réserve	56	—	»	—		90 000

Quelle valeur abandonne-t-il à ses enfants tant en terres qu'en argent ? à combien s'élève sa fortune ?

456. Pour arriver au 6e étage d'une maison, il faut monter du rez-de-chaussée à l'entre-sol 20 marches ; de l'entre-sol au 1er, 32 ; du 1er au 2e, 30 ; du 2e au 3e, 28 ; du 3e au 4e, 26 ; du 4e au 5e, 23 ; du 5e au 6e, 19. Combien faut-il monter de marches en tout ? A combien de mètres se trouve le 5e étage, chaque marche pour y arriver étant élevée de 0,1 ?

457. Les dépenses payées par l'État en France pour travaux publics de toute nature, du 1er janvier 1831 au 1er janvier 1849, sont ainsi réparties :

1°	Pour les routes et ponts..........	675 000 000 fr.	(1)
2°	— les chemins de fer..........	449 000 000	
3°	— les rivières et les canaux....	373 000 000	
4°	— les ports et les phares.......	160 000 000	
5°	— les bâtiments civils..........	77 000 000	
6°	— les bacs, dunes et semis.....	4 000 000	

A quelle somme se sont élevées ces dépenses ?

---

(1) Tous les chiffres donnés dans ce problème et les suivants sont le

458. Les dépenses faites aux frais de l'État en travaux publics dans une période de 18 années, pour simple entretien, sont réparties ainsi qu'il suit :

1° Pour les routes nationales............... 453 000 000 fr.
2° — les canaux et rivières, ravages des
      inondations................... 100 000 000
3° — les ports et les phares........... 51 000 000
4° — les bâtiments civils.......... 9 000 000

A quelle somme se sont élevés ces frais ?

459. Les dépenses de l'État, pour entretien et réparations ordinaires en 1848, sont ainsi réparties :

1° Pour routes et ponts.................. 32 500 000 fr.
2° — rivières 9 410 000
3° — canaux..................... 5 100 000
4° — ports maritimes, phares et fanaux.. 5 550 000
5° — entretien et réparations ordinaires
      de bâtiments................. 550 000

A quelle somme se sont élevées ces dépenses?

460. Le budget des dépenses de la France pour 1848 était :

1° Pour la dette publique, de........... 455 143 796 fr.
2° — l'armée et la marine........... 465 526 415
3° — l'administration 426 139 198
4° — la perception des impôts........ 225 761 660

A combien s'élevaient ces dépenses?

461. La presse française a produit en livres et brochures ;

En 1851... 7 350 volumes.
— 1852... 8 264 —
— 1853... 8 060 —
— 1854... 8 335 —

Combien a-t-elle produit en tout pendant ces quatre années?

<hr>

résultat d'un long travail de dépouillement fait sur les divers budgets e sur les lois spéciales, rendues en matière de travaux publics, depuis le 1er janvier 1831 jusqu'au 1er janvier 1849.

Histoire. — Chronologie.

462. On compte, depuis la création du monde jusqu'au déluge universel, une période de 1 655 années; le déluge a eu lieu l'an 3308 avant J.-C. (1); à quelle année fait-on remonter la création du monde ?

463. Les hommes qui, d'après l'histoire sainte, eurent la plus longue vie sont : *Adam*, qui vécut 934 années; *Mathusalem*, qui atteignit l'âge de 969 ans; *Noé*, qui mourut dans sa 950ᵉ année; quel est le nombre d'années pendant lequel ils ont vécu ?

464. Mathusalem, fils d'*Énoch*, mourut en 3308 avant J.-C., dans sa 970ᵉ année; en quelle année était-il né ?

465. *Joseph*, fils de *Jacob*, mourut en 2003 avant J.-C., 84 ans après avoir été vendu par ses frères; il n'avait alors que 20 ans; quelle est l'année de la naissance de Joseph ? A quelle âge est-il mort ?

466. Au gouvernement des *Juges*, qui dura chez les Hébreux pendant 525 ans, succéda, en 1080 avant J.-C., le gouvernement des *Rois;* à quelle époque le premier gouvernement avait-il commencé ?

467. *David*, roi d'Israël, mourut en 1001 avant J.-C., à l'âge de 71 ans; il avait régné 33 ans à Jérusalem sur tout *Israël*, et 7 ans à Hébron, sur la tribu de *Juda;* quelles furent les années de sa naissance, de son avénement au trône à Jérusalem, à Hébron ?

468. Entre la fondation du temple de Jérusalem par *Salomon* et sa destruction par *Nabuzardan*, en 587

---

(1) La chronologie des Bénédictins étant aujourd'hui adoptée dans l'enseignement des colléges de l'Université, j'ai cru devoir l'employer ici préférablement à l'autre, qui est plus communément employée. Je l'adopterai également pour tous les problèmes qui se présenteront dans le cours de ce volume.

avant J.-C., il s'est écoulé 401 ans ; en quelle année fut-il fondé ?

469. Le royaume de Juda finit avec *Sédécias*, son dernier roi, en 587 avant J.-C.; il avait duré 375 ans ; à quelle époque *Roboam*, premier roi de Juda, est-il monté sur le trône ?

470. De la mort *d'Abraham* à la naissance de *Moïse*, il s'écoula 466 ans; de la naissance de Moïse à la mort de *Salomon*, il s'écoula 763 ans. Enfin, entre cette dernière époque et l'édit de *Cyrus* qui date de 536 avant J.-C., il y eut un intervalle de 426 années ; dire les années de la mort d'Abraham, de la naissance de Moïse, de la mort de Salomon.

471. La ville de Babylone, bâtie par *Nemrod*, resta entre les mains de ses successeurs pendant 310 années, après lesquelles les Arabes s'en emparèrent et y régnèrent pendant 207 ans, jusqu'en 1993 avant J.-C., où elle tomba au pouvoir des Assyriens ; en quelle année fut bâtie Babylone? A quelle époque les Arabes s'en emparèrent-ils? Combien de temps après sa fondation tomba-t-elle au pouvoir des Assyriens?

472. La ville de Ninive, bâtie par *Assur*, fondateur du premier empire d'Assyrie, fut entièrement détruite par *Nabopolassar*, roi de Babylone, en 625 avant J.-C., après avoir existé pendant 2065 années ; en quelle année avait-elle été fondée ?

473. L'histoire sainte peut se diviser en 8 époques principales, savoir : 1° le monde avant le déluge, durée 1655 ans; 2° renouvellement et dispersion du genre humain, durée 1012 ans; 3° origine et commencements du peuple de Dieu, durée 691 ans; 4° le gouvernement des Anciens et des Juges, durée 525 ans; 5° le gouvernement des rois, durée 474 ans; 6° les Juifs pendant la captivité de Babylone et sous la domination des Perses, durée 274 années ; 7° les Juifs sous les successeurs d'Alexandre, les Macchabées et les Romains, durée 326 ans; 8° enfin, les Juifs depuis J.-C. jusqu'à leur entière dispersion (an 136 de J.-C.), durée 142 ans; combien d'années embrassent ces huit époques? De quelles années date chacune d'elles?

474. Rome, bâtie par Romulus, fut gouvernée par les rois pendant 245 années; ceux-ci furent ensuite remplacés par la république, qui dura 479 ans, jusqu'à l'an 30 avant J.-C., époque à laquelle Auguste prit le titre d'empereur; en quelle année Rome fut-elle fondée? De quelle année date la république romaine?

475. *Charlemagne*, né en 742, arriva au trône à l'âge de 26 ans et mourut à Aix-la-Chapelle après 46 ans de règne; en quelle année et à quel âge mourut-il?

476. Ce fut sous le règne de *Philippe Ier*, en 1096, qu'eut lieu, sous la conduite de *Godefroi de Bouillon*, la 1re croisade; la 8e et dernière, conduite par saint Louis, et pendant laquelle il mourut, fut entreprise 174 ans après; en quelle année fut-elle entreprise?

477. Louis XI, 60° roi de France, né en 1423, monta sur le trône à l'âge de 38 ans et mourut après en avoir régné 22; dire l'année de son avénement au trône, celle de sa mort, la durée de sa vie.

478. *François Ier* naquit en 1494, succéda à Louis XII à l'âge de 21 ans et mourut après un règne de 32 ans; on demande l'époque de son avénement au trône, en quelle année et à quel âge il mourut.

479. Entre le règne de Louis XII, roi de France, qui mourut en 1515, et l'avénement au trône de Louis XIII, il y eut un intervalle de 95 années; de quelle année date le règne de ce dernier roi?

480. La ville de Calais, prise par les Anglais en 1347, resta pendant 211 ans en leur pouvoir; en quelle année fut-elle rendue à la France?

481. Le massacre célèbre sous le nom de *Vêpres*

siciliennes et qui eut lieu en Sicile en 1282, sous le règne de *Philippe le Hardi*, précéda de 290 ans le massacre de la *Saint-Barthélemy*, ordonné par *Charles IX*; de quelle année date ce dernier attentat?

482. Le *duc d'Orléans*, né à Palerme en 1810, mourut à Neuilly à l'âge de 32 ans, à la suite d'une chute de voiture; en quelle année mourut-il?

483. *Louis-Philippe I*^{er} fut proclamé roi des Français à 57 ans et renversé du trône, dans la 18e année de son règne, par la révolution de février 1848; quel était son âge à cette époque? en quelle année est-il né? en quelle année fut-il proclamé roi?

484. Entre la mort du cardinal *de Richelieu*, qui arriva en 1642, et l'avénement au trône de *Louis XV*, il y eut un intervalle de 73 années; en quelle année Louis XV monta-t-il sur le trône?

485. La 1re race des rois de France a régné 334 ans, la 2e régna pendant 235 ans, depuis *Pepin le Bref*, son chef, jusqu'à *Hugues Capet*, qui fonda la 3e en 987. Enfin la race des Capétiens régna pendant 805 années consécutives jusqu'à la proclamation de la *république française* sous *Louis XVI*; en quelle année fut proclamée la première république française? combien d'années avait alors duré la monarchie?

486. *Napoléon*, né à Ajaccio en 1769, fut nommé premier consul à l'âge de 30 ans, et proclamé empereur par le sénat 5 ans après; il abdiqua à Fontainebleau 10 ans plus tard et mourut, après 7 ans de captivité, à l'île Sainte-Hélène, d'où son corps fut rapporté en France et déposé à l'hôtel des Invalides 19 ans après sa mort; en quelles années fut-il nommé d'abord premier consul, puis empereur? Quel âge avait-il lorsqu'il abdiqua, lorsqu'il mourut? De quelles années datent son abdication, sa mort, la translation de ses restes mortels en France?

Géographie. — Statistique.

487. L'Europe est partagée politiquement en trois grandes parties qui sont elles-mêmes divisées en divers États ; l'Europe méridionale en renferme 14, l'Europe centrale 31, et l'Europe septentrionale 15 ; en combien d'États l'Europe est-elle partagée (1) ?

488. On compte dans l'Europe méridionale : 45 493 893 habitants ; dans l'Europe centrale, il y en a 113 024 938 ; l'Europe septentrionale en renferme 93 780 447 ; quelle est la population de l'Europe ?

489. La superficie de l'Europe exprimée en kilomètres carrés est de 9 674 248 ; celle de l'Asie de 42 178 260 ; l'Afrique a une étendue territoriale de 28 543 400 kil. car. ; celle de l'Amérique en contient 39 265 445 ; enfin, l'Océanie en a 10 757 000 ; quelle est l'étendue du monde connu ?

490. La population totale de l'Europe est de 252 299 278 habitants ; celle de l'Asie, de 654 864 179 ; l'Afrique en compte 67 401 000 ; l'Amérique en contient 45 365 445 ; enfin l'Océanie en a 24 050 000 ; quelle est la population des cinq parties du monde ?

491. Parmi les États de l'Europe, il en est cinq qui, communément appelés les *cinq grandes puissances*, sont classés d'après la population absolue de chacun d'eux : la *Russie*, qui compte 60 558 428 habitants ; l'*Autriche*, qui en a 37 307 713 ; la *France*, qui en contient 35 783 170 ; l'*Angleterre*, qui en renferme 26 864 796 ; enfin la *Prusse*, qui en compte 15 471 765 ; quelle est la population des cinq grandes puissances ?

492. Les montagnes les plus élevées de l'Europe sont dans les Alpes : le *mont Blanc*, haut de 4 810 mè-

---

(1) Tous les nombres donnés dans les problèmes de géographie et de statistique sont puisés dans les meilleurs auteurs et dans l'*Annuaire du Bureau des Longitudes*. Les résultats obtenus sont donc certains.

tres ; le *mont Rose*, qui s'élève de 4 636 mètres au-dessus du niveau de la mer ; le *mont Fistérahorn*, qui a 4 636 mètres de haut ; la *Jung-Frau* ou la *Jeune-Fille*, dont le sommet est à 4 180 mètres au-dessus du sol quelle est la hauteur totale de ces montagnes ?

493. L'étendue du territoire français est composée de 228 000 kilomètres carrés de terres à labour, de 20 000 kilomètres en vignes, de 19 009 en divers genres de culture, de 70 400 en prairies ou pâturages, de 65 300 en bois, et de 120 200 en propriétés bâties, routes, rivières, montagnes, rochers et friches ; quelle est l'étendue territoriale de la France ?

494. La France est arrosée par 5 grands fleuves : le Rhin, qui reçoit 4 rivières principales ; la Seine, qui en reçoit 5 ; la Loire, qui en reçoit 8 ; la Gironde, qui en reçoit 5, et le Rhône, qui en reçoit 7. Diverses de ces rivières en ont reçu ensemble 9 ; enfin, 13 autres affluent directement dans les mers ; combien de rivières principales arrosent la France ?

495. La Suisse est divisée en 22 cantons : les sept plus considérables sont *Berne, Zurich, Vaud, Argovie, Saint-Gall, Lucerne* et le *Tessin*, renfermant ensemble 1 403 123 habitants. Les sept qui viennent après : *Fribourg*, les *Grisons, Thurgovie*, le *Valais, Bâle, Soleure* et *Genève*, en comptent 523 653 ; enfin, les huit moins importants : *Neuchâtel, Appenzell, Schwitz, Schaffouse, Glaris, Unterwalden, Zug* et *Ury* en réunissent 263 484 ; quelle est la population de la Suisse ?

496. Quatre villes libres font partie de la confédération germanique ; ce sont : *Francfort*, dont l'étendue territoriale est de 110 kilomètres carrés ; *Lubeck*, dont le territoire en a 330 ; enfin, *Brême* et *Hambourg*, dont la superficie territoriale est, pour Brême, de 275, et pour Hambourg, de 385 kilomètres carrés ; quelle est la superficie du territoire de ces quatre villes ?

497. Les six villes de France qui, après Paris, comptent le plus d'habitants sont : *Marseille*, qui en a 198 945 ; *Lyon*, 177 190 ; *Bordeaux*, 130 927 ; *Rouen*, 100 265 ; *Toulouse*, 94 195 ; et enfin, *Nantes*, qui en réunit 96 362 ; quelle est leur population totale ?

498. Les naissances enregistrées à l'état civil de Paris sont, pour l'année 1844 :

Naissances...	à domicile...	Garçons...	13 456
		Filles.....	12 929
	dans les hôpitaux...	Garçons...	2 849
		Filles.....	2 722

Combien de garçons, de filles, sont nés dans cette année ? Quel a été le nombre total des naissances ?

499. Les décès enregistrés à l'état civil de la ville de Paris, pour 1844, sont divisés ainsi qu'il suit :

Décès.	à domicile...............	Sexe masc.	7 673
		— fém..	8 683
	dans les hôpitaux civils.....	— masc.	5 064
		— fém..	4 990
	dans les hôpitaux militaires...........		465
	dans les prisons...........	Sexe masc.	130
		— fém..	35
	déposés à la Morgue.......	— masc.	241
		— fém..	57
	exécutés	— masc.	2

Quel a été le nombre des décès pour chaque sexe, pour les deux sexes réunis en 1844 ?

500. L'accroissement de la population de la France, en 1843, fut de 149 177 habitants, non compris ceux des départements qui suivent : le *Nord*, où il s'éleva à 7 191 ; le *Bas-Rhin*, à 5 615 ; le *Finistère*, à 5 139 ; et la *Seine*, où il fut de 5 040 ; quel fut l'accroissement de la population dans ces départements réunis, dans toute la France ?

501. Le département de la Haute-Saône est formé de 3 arrondissements ; en 1838, celui de *Gray* comptait 102 écoles communales, celui de *Lure* en avait 68, celui de *Vesoul* 78; combien ce département possédait-il alors d'écoles communales?

502. Le département du Jura se compose de quatre arrondissements : en 1838, celui de *Lons-le-Saulnier* avait 52 écoles communales, celui de *Dôle* 57, celui de *Poligny* 50, celui de *Saint-Claude* 31 ; combien ce département avait-il alors d'écoles communales?

503. Le département du Doubs, formé de 4 arrondissements, comptait, en 1838, dans celui de *Baume* 58 écoles communales ; il y en avait 51 dans celui de *Besançon*, 45 dans celui de *Montbéliard*, et 32 dans celui de *Pontarlier* ; combien le département comptait-il alors d'écoles communales?

504. Au 1er janvier 1845, l'institut des Frères de la doctrine chrétienne comptait en *France* 1 760 écoles, en *Belgique* 108, en *Savoie* 61, en *Piémont* 92, dans les *États pontificaux* 51, au *Canada* 18, en *Turquie* 6, en *Suisse* 6 ; quel était alors le nombre de ces écoles?

505. En 1844, le nombre des enfants instruits dans les écoles des Frères était en France de 152 466, en Belgique de 8 665, en Savoie de 4 579, en Piémont de 6 298, dans les États pontificaux de 3 657, au Canada de 1 840, en Turquie de 580, en Suisse de 444; combien d'enfants étaient alors instruits dans ces écoles?

506. Le nombre des élèves compris dans les différentes écoles des Frères en France, au 1er janvier 1845, s'élevait dans celles d'*enfants* à 152 466, dans celles d'*adultes* à 9 536, dans celles d'*apprentis* à 1 325, dans celles des *demi-pensionnaires* à 626, dans celles des *pensionnaires* à 2 017, dans celles des *ateliers* à 238, dans celles des *hospices* à 114, dans celles des *prisonniers* à 3 055, dans celles des *normaliens* à 74; combien d'élèves comptaient alors en France les écoles de l'institut?

507. Les départements du Doubs, du Jura et de

la Haute-Saône, qui forment la circonscription de l'académie de Besançon, comptaient en 1848, le 1ᵉʳ 166 écoles communales, le 2ᵉ 190, le 3ᵉ 248; combien cette académie en possédait-elle en tout?

508. En 1844, la consommation de la ville de Paris en boissons diverses a été :

En Vins............	de 945 849 hectolitres.
Eau-de-vie......	41 161 —
Cidre et Poiré...	14 162 —
Vinaigre........	16 277 —
Bière..........	123 350 —

A combien d'hectolitres s'est-elle élevée?

509. Il a été consommé dans Paris en 1844 :

	Bœufs..............	76 565 têtes.
	Vaches.............	16 450 —
Bétail...	Veaux..............	78 744 —
	Moutons...........	439 950 —
	Porcs et Sangliers...	87 987 —

Combien de têtes de bétail a-t-on consommé?

510. Les ventes faites sur les marchés publics de Paris ont produit en 1844 :

	Pour la marée...............	6 086 376 fr.
	— les huîtres...............	1 720 157
Comestibles.	— le poisson d'eau douce..	684 788
	— volailles et gibiers......	9 097 078
	— le beurre...............	12 388 041
	— les œufs...............	6 204 812

Quelles sommes ont produit ces consommations?

511. La ligne de *Paris* à *Tonnerre*, sur le chemin de fer de *Lyon*, est partagée en stations dont les principales sont : *Melun*, à 44 kilom. de Paris; *Fontainebleau*, à 15 kilom. de Melun; *Montereau*, à 20 kilom. de Fontainebleau; *Sens*, à 35,5 kilom. de Montereau; *Joigny*, à 33 kilom. de Sens et à 51 de Tonnerre; quelles sont les distances de Paris à Tonnerre, et de chacune de ces villes aux stations?

512. La ligne de *Paris* à *Boulogne* sur le chemin de fer du Nord est divisée en stations, dont les principales sont : *Amiens*, à 148 kilom. de Paris ; *Abbeville*, à 45 kilom. d'Amiens ; *Montreuil-Vernon*, à 40 kilom. d'Abbeville et à 44 de Boulogne ; quelles sont les distances de Paris à Boulogne, et de chacune de ces villes aux stations ?

513. Le nombre et la force des machines et chaudières à vapeur fonctionnant en France, en 1846, tant dans les fabriques que sur les lignes de fer et dans les bateaux et bâtiments, se résument comme il suit :

	chev. vap.	chev. de trait.
4 395 Machines fixes ayant une force de.............	54 467 1/2 ou de	163 401
461 Locomotives (de 15 chevaux vapeur l'une)....	6 915	20 745
513 Machines à bord des bateaux naviguant.......	19 771	59 313
43 Machines à bord des bateaux stationnaires....	456	1 368

Quel est le nombre de ces machines ? Quelle est la force qu'elles représentent en chevaux de vapeur ou en chevaux de trait ?

514. Les troupes régulières de Henri IV étaient, de 1600 à 1609, composées ainsi qu'il suit :

Cavalerie.

4 Compagnies de gardes du corps.........		440 hommes.
19 — de gendarmerie.............		1 640 —
3 — de chevau-légers...........		429 —
Arquebusiers à cheval...................		128 —

Infanterie.

Gardes françaises........	20 compagnies..	2 000 hommes.
— suisses.	3 —	600 —
Régiment de Picardie...	20 —	700 —
— de la Baulme.	3 —	806 —

Quel était le nombre des cavaliers, des fantassins, le nombre total de ces troupes ?

Astronomie.

515. Les constellations ont été classées, d'abord par *Hypparque de Bithynie*, en *constellations du zodiaque*, au nombre de 12; en *constellations australes*, au nombre de 15, et en *constellations boréales*, au nombre de 21; ces dernières furent depuis augmentées de 2 par *Tycho-Brahé*. Depuis le seizième siècle, on a formé, avec les autres étoiles connues, de nouvelles constellations, dont 23 boréales et 30 australes; quel est le nombre total des constellations formées jusqu'ici?

516. L'aplatissement de la *terre* vers les *pôles* et son renflement sous l'équateur produisent une différence de 38173 mètres entre le diamètre du globe terrestre 12 713 324, pris entre les deux pôles, et celui de ce même globe pris sous l'équateur; quelle est la longueur de ce dernier diamètre?

517. La distance de la planète *Saturne* au *soleil* est de 1 457 063 223 kilom., la planète *Uranus* est plus éloignée de cet astre de 1 473 073 288 kilom.; quelle est la distance d'Uranus au soleil?

518. On a trouvé entre la longueur du degré de *latitude* sous l'équateur, qui est de 110 614 mètres, et celle du même degré sous le pôle, une différence de 998 mètres; quelle est la longueur du degré de latitude du pôle?

519. L'année est formée de douze mois qui ont, année commune, *janvier* 31 jours, *février* 28, *mars* 31, *avril* 30, *mai* 31, *juin* 30, *juillet* 31, *août* 31, *septembre* 30, *octobre* 31, *novembre* 30 et *décembre* 31; combien l'année commune a-t-elle de jours?

520. La prochaine éclipse totale du soleil aura lieu en 1860; elle sera suivie après 11 ans d'une 2ᵉ, qui elle-même en précédera une autre de 29 années; en quelles années auront lieu ces éclipses? Combien s'écoulera-t-il de temps entre la dernière et la première?

SOUSTRACTION

11. Les divers usages de la soustraction conduisent toujours à la résolution de ce problème général (1) :

La somme de deux nombres et l'un de ces nombres étant donnés, déterminer l'autre.

C'est ce que confirment les exercices et problèmes suivants.

§I. Exercices

SUR LA SOUSTRACTION DES NOMBRES ENTIERS ET DÉCIMAUX.

521. Trouver la différence qui existe entre les deux nombres 56 728 et 43 516.

522. Quelle est la différence des nombres 5 394 et 3 678 ?

523. Indiquer l'excès du nombre 70 309 sur le nombre 64 573.

524. Trouver la différence des deux nombres 602 004 et 345 627.

525. Indiquer la différence qui existe entre les nombres 49 732 et 34 057.

526. Trouver les différences des nombres 640 208 et 503 072; 400 053 et 378 200; 470 000 et 93 000.

527. Soustraire l'un de l'autre les nombres décimaux 35,043 et 7,502.

528. Effectuer la soustraction des expressions décimales 5,2302 et 0,7594.

529. Soustraire l'une de l'autre les expressions 4,327 et 0,78932.

---

(1) Voir notre *Petite Arithmétique décimale* in-18, n⁰ˢ 113 à 140 inclus

530. Effectuer la soustraction des nombres 732 607 092 et 4 578 504.

531. En 1844, il est né dans Paris 16 305 garçons et 15 651 filles ; dire la différence entre ces nombres.

532. En 1844, le nombre des décès dans Paris a été de 27 360, et celui des naissances de 31 956 ; quel a été l'excès des naissances sur les décès ?

533. La plus haute des pyramides d'*Égypte* est élevée de 146 mètres au-dessus du sol, la tour de la cathédrale de *Strasbourg* a 142 mètres d'élévation au-dessus du pavé ; dire la différence entre ces hauteurs ?

534. La hauteur du dôme de *Milan*, au-dessus de la place, est de 109 mètres ; la balustrade de la tour Notre-Dame à Paris est élevée, au-dessus du pavé, de 66 mètres ; dire la différence entre ces deux hauteurs.

535. L'hospice du mont *Saint-Bernard* est élevé au-dessus du niveau de la mer de 2 491 mètres, celui du mont *Saint-Gothard* est situé à 2 045 mètres ; quelle est la différence entre ces hauteurs ?

536. Le *mont d'Or*, en France, est élevé de 1 886 mètres au-dessus du niveau de la mer ; la hauteur du Cantal est de 1 857 mètres ; quel est l'excès de la première sur la seconde ?

537. La ville de *Briançon* (Hautes-Alpes) est élevée de 1 306 mètres au-dessus du niveau de la mer, celle de *Pontarlier* (Doubs) l'est de 828 mètres ; quel est l'excès de l'élévation de l'une de ces villes sur l'autre ?

538. Le *pic du Ténériffe*, le plus élevé des monts de l'Afrique, s'élève à 3 710 mètres au-dessus du niveau de la mer ; le *mont Blanc*, le plus élevé de la chaîne des Alpes, s'élève à 4 810 mètres de hauteur ; quelle est la différence entre ces deux hauteurs ?

539. L'empire britannique renferme 26 861 796 habitants; l'empire français en compte 35 783 150; quelle est la différence entre ces populations?

540. Le royaume de Prusse compte 15 471 765 habitants; la Confédération germanique en renferme 15 234 400. Dire la différence entre ces populations.

541. Le royaume des Deux-Siciles renferme une population de 8 072 615 habitants; les États de l'Église en contiennent 2 850 000. Indiquer l'excès de la population du premier de ces États sur le second.

542. La superficie de la Grèce est de 47 615 kilomètres carrés; celle des îles Ioniennes est de 2 852; quelle est la différence entre ces superficies?

543. L'étendue territoriale du duché de Parme est de 5 716 kilomètres carrés; celle du duché de Modène est de 5 338; indiquer leur différence.

544. L'étendue territoriale des États de l'Europe est de 9 674 248 kilomètres carrés; celle des États de l'Asie en contient 42 178 260; de combien cette dernière étendue diffère-t-elle de celle de l'Europe?

545. La population absolue des États d'Asie se compose de 651 864 179 habitants; celle des États de l'Europe est formée de 252 299 278 habitants; quelle est la différence entre ces populations?

546. La superficie du territoire de l'Afrique est de 28 543 400 kilomètres carrés; celle du territoire de l'Amérique est de 39 265 445; quelle est la différence entre ces deux superficies?

547. Les nombres 67 401 000 et 45 365 415 représentent respectivement les populations absolues de l'Afrique et de l'Amérique; quelle est la différence entre ces populations?

548. Un vase contient 35^{L}47^{cl} de liquide; un autre n'en contient que 27^{L}95^{cl}; quel est l'excès de la contenance du premier vase sur celle du second?

549. On a deux lingots, dont l'un pèse 345^{G}442^{mg}

et l'autre 903ᶜ 135ᵐᵍ; quelle est la différence entre les poids de ces deux lingots?

550. D'après les bilans officiels de la Banque de France, son encaisse métallique était de 396 835 744 fr. 75 c. le 14 septembre 1849; le 12 octobre suivant, il était de 401 099 695 fr. 05 c.; indiquer l'excès du second sur le premier.

551. Le compte courant du Trésor à la Banque était, le 14 septembre 1849, de 79 314 842 fr. 11 c.; au 12 octobre suivant, il était de 54 020 455 fr. 41 c.; quelle est la différence entre ces deux comptes?

552. Les billets au porteur de la Banque, en circulation au 14 septembre 1849, s'élevaient à la somme de 407 336 350 fr.; ceux en circulation au 12 octobre suivant s'élevaient à la somme de 437 819 150 fr.; quel est l'excès de ces sommes l'une sur l'autre?

553. En 1834, il a été consommé à Paris 12 134 381 bottes de paille et 7 661 017 bottes de foin quel est l'excès des bottes de paille consommées sur celles de foin?

554. La caisse de Poissy a fait en 1848 pour 50 276 349 fr. 21 c. de recettes; ses dépenses se sont élevées à 48 766 307 fr. 71 c.; quel a été l'excès des recettes sur les dépenses?

555. La valeur estimative du revenu du royaume de *Belgique* est fixée à 109 416 000 fr., celui du royaume des *Pays-Bas* est de 152 096 000; quel est l'excès de ce dernier revenu sur celui de la *Belgique?*

556. La surface de la terre est de 25 785 000 lieues carrées, celle de la lune est de 1 921 139 lieues carrées; quelle est la différence entre ces surfaces?

557. La planète Junon fait sa révolution sidérale en 1 591 jours, et celle de la planète Vesta se fait en 1 335 jours; quel est l'excès du temps employé par la première planète sur celui employé par la seconde?

III. PROBLÈMES

SUR LA SOUSTRACTION DES NOMBRES ENTIERS ET DÉCIMAUX.

558. Il existe entre la longueur du canal du Languedoc, qui réunit la Méditerranée à la Garonne, après un parcours de 227 547 mètres, et celle du canal du Centre, qui joint la Saône à la Loire, un excès de 110 735 mètres ; quelle est la longueur du parcours du canal du Centre ?

SOLUTION. La longueur du canal du Centre étant moindre que celle du canal du Languedoc, et la différence entre ces deux longueurs étant exprimée par le nombre 110 735, on est conduit à soustraire ce nombre de 227 547, qui indique la longueur du canal du Languedoc.

Le résultat que l'on obtient, 116 812 mètres, indique la longueur du parcours du canal du Centre.

559. Un architecte présente un mémoire qui s'élève à la somme de 30 504 fr. et sur lequel il a déjà reçu 24 741 fr. ; combien a-t-il encore à recevoir ?

SOLUTION. Le montant du mémoire doit évidemment être égal au total des à-compte reçus et de la somme à recevoir ; cette dernière sera donc exprimée par la différence entre les nombres 30 504 et 24 741.

Le résultat obtenu, 5 763 fr., exprime la somme à recevoir encore.

560. Le point le plus élevé du monde, au-dessus du niveau de la mer, est le *Tcha-Moulari* dans les *monts Hymalaya* (Asie), qui s'élève à 8 673 mètres ; l'excès de l'élévation de ce point sur celle du sommet du *Mont-Blanc*, le plus élevé de la chaîne des *Alpes*, est de 3 863 mètres ; quelle est la hauteur du sommet du Mont-Blanc ?

SOLUTION. Si on retranche de l'élévation du Tcha-Moulari au-dessus du niveau de la mer l'excès de l'élévation de cette montagne sur celle du Mont-Blanc, le résultat représentera évidemment la hauteur de ce dernier.

Le résultat 4 810 exprime en mètres la hauteur du Mont-Blanc.

561. *Louis XV*, roi de France, naquit en 1710, monta sur le trône en 1715 et mourut en 1774; dire à quel âge il monta sur le trône, combien de temps il régna et à quel âge il mourut.

SOLUTION. La différence entre 1710 et 1715 indiquera l'âge de ce prince lorsqu'il arriva au trône; la différence entre 1715 et 1774 fera connaître le nombre des années de son règne; enfin, l'excès de 1774 sur 1710 donnera l'âge auquel il mourut.

Louis XV monta sur le trône à l'âge de 5 ans, régna 59 ans et mourut à l'âge de 64 ans.

562. La ville de *Carthage*, fondée par *Didon* en 860, fut prise et détruite par les Romains en 146 avant J.-C.; quel temps s'est écoulé entre la fondation et la ruine de Carthage?

SOLUTION. Le temps écoulé entre la fondation et la ruine de Carthage sera évidemment représenté par la différence entre les nombres 860 et 146.

La ville de Carthage fut donc détruite dans la 714ᵉ année après sa fondation.

PROBLÈMES A RÉSOUDRE.

Problèmes usuels. — Système métrique.

563. La différence entre deux nombres est 459, le plus grand est 937; quel est le plus petit?

564. Deux frères ont ensemble 115 ans, l'un des deux a 67 ans; quel est l'âge du second?

565. Un père a 35 ans de plus que son fils; quel sera l'âge de ce dernier lorsque le père aura 77 ans?

566. En 1865, j'aurai 49 ans, et mon fils en aura 22; quelle est la différence entre mon âge et celui de mon fils? En quelles années sommes-nous nés?

567. Quelle serait l'année de la naissance d'un homme qui en 1857 aurait 89 ans?

568. Un individu âgé de 67 ans a 18 ans de plus que sa femme, celle-ci a 19 ans de plus que son fils, qui lui-même a 12 ans de plus que sa sœur; quels sont les âges de la mère, du fils et de la sœur?

569. On a tiré 345 litres de vin dans un tonneau qui en contient 580 litres; combien en reste-t-il?

570. Le traitement éventuel d'un instituteur est de 1 227 fr., cette somme excède son traitement fixe de 852 fr.; quel est ce traitement fixe?

571. Un instituteur a gagné dans une année 1 572 fr., et son traitement fixe est de 605 fr.; à combien s'est élevé son traitement éventuel?

572. Il y a dans une commune 335 enfants, dont 178 fréquentent l'école communale; combien en reste-t-il qui ne la fréquentent pas?

573. Un négociant a dans sa caisse 394 fr.; il en a ôté 137; combien y reste-t-il?

574. Une marchande d'œufs en a acheté 2 537 et en a vendu 1 985; combien lui en reste-t-il?

575. Un jardinier apporte au marché 340 têtes de salade, 56 bottes de radis; il vend 297 têtes de salade et seulement 29 bottes; combien doit-il remporter des unes et des autres?

576. Un marchand de vin fait un achat sur lequel il gagne 1 595 fr.; il a cédé son marché pour la somme de 6 500 fr.; combien l'avait-il payé?

577. Un négociant achète pour 7 580 fr. une partie de marchandises qu'il revend pour 8 995 fr.; quel est son bénéfice?

578. Un marchand de bois en achète pour une somme de 25 000 fr. et perd sur son marché 1 897 fr.; combien l'a-t-il revendu?

579. Un écolier doit, pour punition, copier 1 850 vers; il en a déjà copié 987; que lui reste-t-il à faire?

580. Un enfant a reçu pour récompense 1 fr. 50 c.; il a dépensé 0,45 c.; combien lui reste-t-il?

581. L'enceinte d'un bâtiment a une longueur de 85^M 35^{dm}, et sa largeur est moindre de 59^M 78^{dm}; exprimer en mètres la largeur de cette enceinte.

582. On a deux tonneaux de contenance différente: celle de l'un est de 347 litres, et plus forte que celle de l'autre de 98 litres; quelle est la contenance du second tonneau?

583. Un architecte réduit de 2 799 fr. le mémoire d'un entrepreneur qui s'élève à 13 682 fr.; quelle somme ce dernier doit-il toucher?

584. Un ouvrier présente un mémoire de 1 387 fr., sur lequel il reçoit un à-compte de 790 fr.; combien aura-t-il à recevoir encore, si l'on y fait une réduction de 267 fr.?

585. Un vase pèse avec son bouchon 328^G,075^{mg}; si l'on enlève le bouchon, il ne pèse plus que 287^G,987^{mg}; quel est le poids du bouchon?

586. Un vase vide pèse 243^G,27^{cg}; si on le remplit d'eau, son poids est de 465^G,65^{cg}; quel est le poids de l'eau qu'il contient?

587. Un vase vide pèse 287^G,25^{cg}; si on le remplit de liquide, il pèse 532^G,15^{cg}; enfin, si l'on y ajoute son bouchon, il pèse 613^G,23^{cg}; quels sont le poids du liquide et celui du bouchon?

588. Un lingot d'argent monnayé pèse 3 437^G,395^{mg}; il contient en poids 343^G,7 395^{mg} de cuivre; quel est le poids de l'argent fin?

589. Une propriété estimée 35 720 fr. a été donnée pour 9 885 fr. au-dessous du prix d'estimation; combien a-t-elle été vendue?

590. La différence entre les hauteurs de deux peupliers est de 8^M,987^{mm}, et le plus élevé a une hauteur de 57^M,435^{mm}; quelle est celle du second?

591. Une vigne a fourni à la dernière vendange 297^{ul},85^L de moins qu'à la précédente; elle en avait fourni alors 545^{ul},45^L; combien a-t-elle donné de litres?

592. Un brocanteur a fait sur divers marchés qu'il a revendus en bloc pour une somme de 217 fr. 55 c., un bénéfice de 29 fr. 85 c.; à combien lui revenaient ces divers marchés?

593. Un fermier a donné sur son fermage de l'année une somme de 1 385 fr., et sa redevance annuelle est de 3 250 fr.; combien a-t-il encore à payer?

594. Un corps d'armée composé de 18 500 hommes en a eu dans une bataille 1 785 mis hors de combat; combien en reste-t-il sous les armes?

595. On a payé 35 747 fr. sur une propriété qui coûte d'acquisition 75 000 fr.; combien doit-on encore?

596. On a revendu en détail pour 137 857 fr. une propriété qui avait été achetée 115 650 fr.; quel bénéfice a-t-on réalisé?

597. Un négociant doit payer une traite de 3 678 fr.; il lui manque pour la rembourser 1 395 fr.; combien a-t-il en caisse?

598. Un fermier a vendu 780 fr. un cheval qui lui en avait coûté 660; il a donné 25 fr. à celui qui le lui a fait vendre; quel a été son bénéfice réel?

599. Un boulanger présente une note dont le montant est de 167 fr. 85 c.; on lui donne en à-compte 82 fr. 35 c.; combien lui reste-t-il à percevoir?

600. Une ménagère a reçu pour la quinzaine 250 fr.; lorsqu'elle présente son compte, il s'élève à 107 fr. 85 c.; combien lui reste-t-il?

601. Sur un mémoire de 3 479 fr. 85 c., on a payé, en diverses fois, 2 747 fr. 45 c.; que doit-on encore?

602. Un boucher a fourni dans une maison pour 647 fr. 95 c. de viande; il a reçu d'abord un à-compte de 137 fr. 35 c.; il a touché ensuite une somme de 259 fr. 75 c.; que lui restait-il dû après le premier, et que lui doit-on encore après le second payement?

603. Une fontaine remplirait en une heure un bassin de 3 875 litres, si ce bassin ne perdait dans le même temps, par une ouverture inférieure, 968 litres; combien contient-il de liquide après une heure d'écoulement de la fontaine et de l'ouverture?

604. Un propriétaire cède à un locataire principal la location totale d'une maison pour une somme annuelle de 25 790 fr.; il lui fait, dans une mauvaise année, remise d'une somme de 6 857 fr.; combien devra-t-il recevoir encore pour cette année?

605. Un fournisseur présente un mémoire s'élevant à la somme de 462 fr. 35 c.; mais il s'y est glissé une erreur à son bénéfice de 79 fr. 90 c.; à combien s'élève le mémoire réduit?

606. Sur une vente s'élevant à 1 859 fr., le marchand a réalisé un bénéfice de 395 fr.; à combien lui revenaient les objets vendus?

607. Un navire quitte le port avec 95 000 fr. de marchandises. Le mauvais temps fait jeter à la mer plusieurs ballots d'une valeur totale de 33 689 fr.; pour combien en reste-t-il à bord du navire?

608. Pour peser un corps placé dans le plateau d'une balance, on a mis dans l'autre plateau un poids de 1 000 grammes, qui se trouve trop fort; pour rétablir l'équilibre, on met successivement dans le plateau où se trouve le corps un poids de 40 gr., un de 10 gr., de 5 gr., de 2 gr., enfin 2 décigr. et 5 centigr.; quel est le poids de ce corps?

609. On demande à un épicier 1 litre d'huile; mais le vase qu'on lui offre ne pouvant le contenir, il retire de son litre d'abord 2 décil., puis 1 centil., puis 5 millil.; dire ce que contient le vase présenté?

610. Un fabricant doit livrer une commande de 3 685 mètres d'étoffe; il ne peut en livrer au jour convenu que 2 958 mètres; combien lui en manque-t-il.

611. On a demandé à un marchand de bois 415 stères à brûler; en mesurant la livraison, on en trouve 3 st. 7 décist. de moins; combien en avait-il fourni?

612. Un banquier doit toucher dans une journée une somme de 37 898 fr.; mais il doit payer 45 000 fr. Combien devra-t-il sortir de sa caisse, qui contient 135 000 fr.? Combien y restera-t-il?

613. On a commandé à un fabricant 15 000 mètres de calicot : sur la livraison, on lui refuse, comme défectueux, 1 297 mètres; combien en conserve-t-on?

614. Un voiturier peut placer sur sa voiture 1 245 kilogr. de marchandises; il n'a à charger que 798^{kg},375^g; que manque-t-il pour compléter son chargement?

615. Je dois à mon tailleur 358 fr., à mon cordonnier 86 fr., à ma pension 185 fr., à ma blanchisseuse 28 fr. Si je donne au 1er 185 fr., au 2e 51 fr., à ma pension 95 fr. et 13 fr. à ma blanchisseuse, que resterai-je devoir à chacun de ces créanciers?

616. Un convoi sur chemin de fer, parti avec 795 voyageurs, en a déposé 34 à une 1re station, 49 à une 2e, 167 à une 3e, 135 à une 4e; combien lui reste-t-il de voyageurs après chaque station?

617. Il y eut entre les recettes des contributions indirectes en 1845 et 1846, qui, dans cette dernière année, se sont élevées à 285 514 181 fr., une différence

de 12 694 181 fr.; à combien s'étaient élevées ces recettes en 1845 ?

618. Le budget des dépenses de la France en 1814
était de 827 415 000 fr.; en 1847, il s'est élevé à
1 531 723 000 fr.; à combien se monte l'augmentation
des dépenses pour cette dernière année?

619. En Angleterre, il y a d'espèces en circulation, tant en or qu'en argent, 750 millions, dont
550 millions en or; à quel chiffre s'élève la monnaie
d'argent?

620. Un marchand de vin a acheté 7 985 litres de
vin pour une somme de 3 857 fr.; il en a revendu immédiatement 3 535 litres pour 1 995 fr.; combien lui
reste-t il de litres? Combien a-t-il à débourser?

621. Un tailleur présente une note de 1 247 fr.
65 c.; on lui fait d'abord une diminution de 182 fr.
35 c. d'objets laissés pour compte; le mémoire réduit,
on fait un rabais de 89 fr., et l'on donne à compte
465 fr. 55 c.; à combien montait ce mémoire après
chaque rabais? Combien est-il encore dû?

622. Un ouvrier gagne 3 fr. 75 c. par jour; il
paye : 1° pour son garni, 0,45 c.; 2° pour son déjeuner,
0,35 c.; 3° pour son dîner, 1 fr. 15 c.; 4° pour divers
besoins, il dépense 0,65 c.; que lui reste-t-il successivement après le payement de chaque dépense?

623. Un garçon de recette a dans son portefeuille
100 000 fr. de valeurs à toucher; un certain nombre
de ces valeurs, formant ensemble 19 895 fr. 45 c., n'a
pas été payé; combien a-t-il touché?

624. Un vitrier doit poser dans un bâtiment 180 carreaux de 1ʳᵉ, 375 de 2ᵉ grandeur, 445 autres plus
petits : il en a déjà posé 139 de la 1ʳᵉ espèce, 198 de la
2ᵉ et 257 de la 3ᵉ; combien en a-t-il encore à poser de
chaque espèce?

625. Un convoi sur un chemin de fer est parti

avec 1 857 voyageurs : arrivé à une 1re station, il en a déposé 147 et en a repris 48; à une 2e, il en a déposé 125 et en a repris 98; enfin, à une 3e, il en a déposé 215 et n'en reprend que 42; combien avait-il de voyageurs au départ de chaque station?

626. Un père de famille partage entre ses trois fils une somme de 160 000 francs de la manière suivante : il donne au premier 70 500 fr. et laisse au second 15 400 fr. de moins qu'à celui-ci; quelle est la part du troisième?

627. Un pépiniériste avait 12 000 pieds de peupliers, 7 580 acacias, 1 500 maronniers, 2 150 mûriers, 1 700 arbres verts; il a vendu 4 890 peupliers, 2 975 acacias, 795 marronniers, 1 275 mûriers et 895 arbres verts; combien lui reste-t-il de pieds d'arbres de chaque espèce?

Histoire. — Chronologie.

628. *Adam*, créé avec le monde (4963), mourut à l'âge de 934 ans; de quelle année avant J.-C. date la mort du premier homme?

629. C'est 1 703 ans après le déluge, qui remonte à 3 308 ans avant J.-C., qu'eut lieu l'entrée des Hébreux dans la terre promise; en quelle année y pénétrèrent-ils?

630. Depuis la vocation d'*Abraham*, qui date de 2 296 ans avant J.-C., jusqu'à l'établissement des rois chez les Hébreux, il s'est écoulé 1 216 ans; de quelle année date l'établissement des rois chez les Hébreux?

631. *Samson*, né en 1191, eut la souveraine judicature en 1172 et mourut en 1142 avant J.-C.; ce fut 30 ans après sa mort que l'arche d'alliance fut prise par les Philistins; quel âge avait-il lorsqu'il accepta la judicature, lorsqu'il mourut? En quelle année l'arche tomba-t-elle au pouvoir des Philistins?

632. L'histoire du peuple de Dieu comprend, depuis l'établissement de la royauté, en 1080 avant J.-C., jusqu'à sa chute, un intervalle de 474 années; en quelle année fut renversé le gouvernement des rois?

633. Les Juifs, emmenés captifs à Babylone en 606 avant J.-C., furent délivrés par Cyrus en 536; combien de temps dura cette captivité?

634. Depuis le commencement de la captivité de Babylone, qui date de 606 avant J.-C. jusqu'à la conquête de la Judée par *Alexandre*, il s'écoula 274 ans ; de quelle année date ce dernier événement?

635. La ville d'Athènes, bâtie par *Cécrops* en 1643, fut prise par *Lysandre* de Lacédémone en 404 avant J.-C., et livrée, pendant 4 années après lesquelles elle reconquit sa liberté, au gouvernement des *Trente tyrans;* de quelle année après sa fondation date la prise d'Athènes? En quelle année fut-elle délivrée du joug des *Trente?*

636. La ville de Thèbes, bâtie par *Cadmus* en 1549 avant J.-C., fut détruite par *Alexandre le Grand* dans la 1214e année de sa fondation; de quelle année date la destruction de cette ville?

637. La bataille de Marathon, gagnée par *Miltiade* sur *Artaxerxès*, roi des Mèdes, eut lieu dans la 264e année de la fondation de Rome, qui date elle-même de l'an 754 avant J.-C.; en quelle année eut lieu cette glorieuse bataille?

638. Rome, fondée en 754 avant J.-C., fut prise par *Brennus*, en 389; de quelle année de sa fondation date la prise de Rome par les Gaulois?

639. La ville de Ninive, fondée en 2690 par *Assur*, premier roi d'Assyrie, fut entièrement détruite par les

Perses en 635 avant J.-C.; combien de temps cette ville a-t-elle existé?

640. La ville de Babylone, fondée par *Nemrod*, en 2690 avant J.-C., fut conquise par *Cyrus* 2152 ans après sa fondation; en quelle année cette ville tomba-t-elle au pouvoir des Perses?

641. La guerre des Romains contre les Samnites, commencée en 343 avant J.-C., se continua jusqu'en 282, époque de la soumission définitive de ce peuple à la domination romaine; combien de temps dura la guerre entre ces deux peuples?

642. La bataille de Cannes, gagnée par *Annibal* contre les Romains, fut livrée en 216 avant J.-C.; combien de temps après la fondation de Rome (754) eut lieu cette fameuse bataille?

643. Depuis l'avénement de *Philippe* au trône de Macédoine, en 360 avant J.-C., jusqu'à la réduction de ce royaume en province romaine, il s'écoula 213 années; de quelle époque avant J.-C. date la réduction de la Macédoine en province romaine?

644. Entre la mort de *Caribert II*, dernier roi de la race des Mérovingiens, arrivée en 638, et l'avénement de *Pépin le Bref* au trône, qui eut lieu en 752, il y eut un interrègne pendant lequel les maires du palais conservèrent le pouvoir; quelle fut la durée de cet interrègne?

645. *Jeanne d'Arc*, née à Domremy (Vosges) en 1412, fut brûlée vive à Rouen par les Anglais en 1431; dire à quel âge elle mourut.

646. Ce fut pendant les 9e et 14e années du règne de *Charles VIII* qu'eurent lieu : 1° la découverte de l'Amérique par *Christophe Colomb;* 2° celle de la route des Indes orientales par le cap de Bonne-Espérance par *Vasco de Gama;* Charles VIII, né en 1470, mourut en 1495; il avait régné 13 ans; combien de temps a-t-il vécu? De quelles années datent ces deux découvertes? De combien d'années celle de l'Amérique a-t-elle précédé l'autre?

647. La ville de Calais, dont le siége fut rendu célèbre par le dévouement héroïque d'*Eustache de Saint-Pierre*, tombée en 1347 au pouvoir du roi d'Angleterre *Édouard III*, fut reprise par les Français en 1559; pendant combien d'années cette ville resta-t-elle sous la domination anglaise?

648. La bataille de Pavie, où *François Ier* fut blessé et fait prisonnier par *Charles-Quint*, eut lieu en 1525; celle de Cérisoles, gagnée par le *comte d'Enghien*, fut livrée en 1544; combien s'est-il écoulé d'années entre ces deux grandes batailles?

649. Entre le massacre de la *Saint-Barthélemy*, qui eut lieu en 1572, sous le règne de *Charles IX*, et celui des *Vêpres siciliennes*, qui eut lieu sous le règne de *Philippe le Hardi*, il y eut 290 ans d'intervalle; en quelle année eut lieu ce dernier attentat?

650. *Clovis*, véritable fondateur de la monarchie française, mourut en 511, à l'âge de 46 ans; il avait régné 30 ans et était monté sur le trône à l'âge de 16 ans; faire connaître l'année de son avénement au trône, celle de sa naissance.

651. *Newton*, célèbre géomètre anglais, né en 1642, mourut en 1727; combien d'années a-t-il vécu?

652. Le cardinal de *Richelieu*, ministre de *Louis XIII* en 1624, conserva le pouvoir jusqu'à sa mort, qui arriva en 1642; combien d'années fut-il ministre?

653. *Louis XIV*, né en 1638, mourut en 1715, après un règne de 72 ans; en quelle année et à quel âge monta-t-il sur le trône? A quel âge mourut-il?

654. *Parmentier*, qui introduisit en France la culture de la pomme de terre, naquit à Montdidier en

Picardie en 1737 et mourut à Paris en 1813 ; combien d'années a-t-il vécu ?

655. L'histoire du moyen âge, qui s'arrête à la prise de Constantinople, arrivée en 1453, embrasse 1 058 années de l'histoire universelle ; à quelle année commence l'histoire du moyen âge ?

Géographie. — Statistique.

656. La ville de Londres, capitale de l'Angleterre, renferme 1 870 727 habitants, Paris en contient 1 053 262 ; de combien la population de Londres surpasse-t-elle celle de Paris ?

657. La distance de Paris à Strasbourg est de 466 kilom. ; de Paris à Nancy, on en compte 330 ; quelle est la distance, en kilomètres, de Nancy à Strasbourg ?

658. L'élévation de la flèche de l'église d'Anvers, qui est de 120 mètres au-dessus de la place, diffère de 57 mètres de la hauteur, à partir du dessus de la quille, de la mâture d'un vaisseau français de 120 canons ; quelle est l'élévation de cette mâture ?

659. Le mont *Etna*, en Sicile, haut de 3 337 mètres, est plus élevé de 1 905 mètres que le *Ballon*, le sommet le plus élevé des montagnes des Vosges ; quelle est la hauteur du Ballon ?

660. Il y a de Paris à Besançon, en passant par Dijon, 399 kilomètres ; de Paris à Troyes il y en a 158 ; quelle est, en kilomètres, la distance de Troyes à Besançon par Dijon ?

661. La partie de la population de l'Europe professant un culte autre que le culte catholique est de 31 830 000 individus environ, et sa population totale est de 252 299 277 habitants ; quel est le nombre des sectateurs de la religion catholique en Europe ?

662. La superficie totale de l'Europe septentrionale, en kilomètres carrés, est de 6 572 216. La superficie de la Russie et de la Pologne qui en font partie est de 5 449 764 kilom. carrés; quelle est la superficie totale des autres États qui la composent?

663. La population absolue de l'Europe septentrionale est de 93 780 447 habitants. La population de trois des quatre États qui en font partie, l'empire britannique, le Danemark, la Suède et la Norwége, en compte 33 222 019 ; quelle est la population du quatrième, Russie et Pologne ?

664. La population générale de l'Europe est de 252 229 277 habitants. Les populations réunies de l'Europe centrale et septentrionale en comprennent 206 805 285; quelle est la population de l'Europe méridionale?

665. La superficie totale de l'Europe exprimée en kilomètres carrés est de 9 674 248. Celle de l'Europe centrale et de l'Europe septentrionale réunies est de 8 384 001 ; quelle est la superficie de l'Europe méridionale?

666. Le revenu de l'empire britannique est évalué à 1 356 050 000 fr., celui du royaume de Danemark lui est inférieur de 1 310 827 000 fr.; quel est le revenu estimatif du royaume de Danemark?

667. Le royaume d'Espagne a une étendue superficielle de 354 779 kilom. carrés de plus que celui des Deux-Siciles, et moindre de 58 823 kilom. carrés que celle de la France, dont la superficie est de 522 909 kilom. carrés; quelles sont les superficies de l'Espagne, du royaume des Deux-Siciles?

668. La population des États de l'Église l'emporte sur celle de la Toscane de 1 318 260 habitants, mais elle est moindre de 5 222 615 habitants que celle du royaume des Deux-Siciles, qui en contient 8 072 615;

quelles sont les populations des États de l'Église, du duché de Toscane?

669. La ville de Marseille, qui compte 198 945 habitants, en renferme 21 755 de plus que Lyon ; quelle est la population de Lyon ?

670. Le département du Rhône, peuplé de 574 745 habitants, en contient 188 186 de plus que le département de l'Ardèche, qui lui-même est plus peuplé que celui de l'Ain de 13 620 habitants ; quelles sont les populations des départements de l'Ardèche et de l'Ain ?

671. Le département de la Haute-Saône, plus peuplé que celui du Doubs de 50 680 habitants, l'est moins de 227 251 que celui de Saône-et-Loire, qui renferme 574 720 habitants ; quelles sont les populations des départements de la Haute-Saône, du Doubs ?

672. Le département des Basses-Alpes renferme 20 032 habitants de plus que celui des Hautes-Alpes ; sa population est moindre de 84 181 habitants que celle du département de la Corse, qui lui-même en contient 121 716 de moins que celui du Var, qui compte 357 967 habitants ; quelles sont les populations des départements de la Corse, des Basses-Alpes, des Hautes-Alpes.

673. La France, en 1846, renfermait une population de 35 400 486 habitants ; d'après le recensement de 1851, elle en comptait 35 783 170 ; quel est l'excédant de la population de 1851 sur celle de 1846 ?

674. Paris est divisé en 12 arrondissements dont le 1er contient 26 898 habitants de plus que le 3e et 5 100 de moins que le 2e, qui en compte 90 474 ; quelle est la population des 1er et 3e arrondissements ?

675. Il existe dans les divers arrondissements de Paris 53 écoles gratuites de garçons, qui sont fréquentées par 14 120 enfants, et 55 écoles gratuites de filles fréquentées par 11 371 enfants; de combien le nombre des filles est-il surpassé par celui des garçons dans ces écoles?

676. La France, en 1843, comptait 34 230 178 habitants; en 1846, elle avait 35 400 486; de combien cette population s'était-elle augmentée dans les trois années écoulées de 1843 à 1846?

677. Le nombre des bœufs consommés à Paris, en 1843, surpasse de 1 956 celui des veaux consommés dans la même année; le nombre de ces bœufs a été de 74 143; quel a été celui des veaux?

678. Les sommes payées par la ville de Paris, pour contributions foncières et frais d'assurances contre l'incendie, se sont élevées, en 1849, à la somme de 88 699 fr. 20 c.; pour l'année 1850 cette somme, eu égard à l'impôt sur les biens de mainmorte, qui va frapper sur les marchés, les entrepôts, les abattoirs et autres établissements, s'élève à 124 600 fr.; quelle est l'importance de cette nouvelle contribution pour la ville de Paris?

Astronomie. — Physique.

679. La planète *Pallas*, découverte par *Olbergs*, en 1802, est à une distance moyenne du soleil de 424 868 400 kilom.; son éloignement de cet astre surpasse de 33 786 350 kilom. celui de la planète *Junon*, reconnue en 1804 par *Harding*; quelle est la distance moyenne de Junon au soleil?

680. La distance moyenne de la planète *Vénus* au soleil, qui surpasse de 51 360 164 kilom. celle de *Mercure* à cet astre, est inférieure de 32 249 853 kilomètres à celle de la *Terre* au même astre, qui est de 142 708 796 kilom.; quelles sont les distances moyennes des planètes Vénus et Mercure au Soleil?

681. La distance de la planète *Saturne* au soleil est de 1 457 063 223 et surpasse de 662 330 570 kilom. celle de *Jupiter*, qui elle-même est plus grande que celle de la planète *Cérès* de 71 032 021 kilom. ; quelles sont les distances moyennes des planètes Jupiter et Pallas au soleil ?

682. La planète *Le Verrier*, la plus éloignée du soleil, et qui est distante de cet astre de 4 331 212 000 kilomètres, en est plus éloignée qu'*Uranus*, qui s'en éloigne le plus après elle de 1 401 074 489 kilom. ; quelle est la distance moyenne d'*Uranus* au soleil ?

683. La surface du Soleil contient 328 073 957 257 lieues carrées et surpasse de 328 047 957 257 lieues carrées celle de la Terre, qui surpasse elle-même celle de la Lune de 23 863 861 lieues carrées; quelles sont les surfaces de la Terre et de la Lune ?

684. La lumière parcourt en une seconde 31 500 myriamètres, et le son, dans le même temps, parcourt 340 mètres; quelle est la différence entre la vitesse du son et celle de la lumière ?

685. La lumière parcourt 31 500 myriamètres par seconde, le boulet de canon parcourt 3 937^M,5 dans le même temps, le son parcourt 340^M; de combien de mètres la vitesse de la lumière surpasse-t-elle celle du boulet de canon, et de combien de mètres celle-ci surpasse-t-elle celle du son ?

IV. PROBLÈMES

SUR L'ADDITION ET LA SOUSTRACTION.

686. Une dame a acheté divers objets pour une somme de 3 975 fr. L'une de ses factures s'élève à 1 265 fr., la 2ᵉ est de 687 fr., la 3ᵉ est de 1 548 fr.; quel est le montant de la dernière?

SOLUTION. Le prix de la facture inconnue devrait, s'il était connu et additionné avec ceux des autres factures, exprimer la somme totale de la dépense; on est donc conduit, pour le déterminer, à faire la somme des diverses factures connues, et à la retrancher ensuite de la dépense totale : on aura pour reste un nombre dont l'addition avec les trois premiers donnera pour résultat 3 975, et qui sera évidemment le nombre demandé. Le montant de la quatrième facture est de 475 fr.

687. Un père avait 32 ans de plus que son fils; celui-ci en avait 37 à la mort de son père, qui précéda de 12 ans celle de sa mère; cette dernière mourut à l'âge de 68 ans; combien d'années le père a-t-il vécu? Quelle était la différence de son âge avec celui de sa femme? Quel était l'âge du fils à l'époque de la mort de sa mère? Quelle était la différence de leurs âges?

SOLUTION. Le nombre d'années que le père a vécu sera évidemment déterminé par la somme des nombres 37 et 32; la différence entre les âges du père et de la mère sera exprimée par l'excès du nombre 37 + 32 sur le nombre 68 — 12, l'âge du fils à la mort de sa mère sera 37 + 12. Enfin la différence entre l'âge du fils et celui de la mère sera exprimée par l'excès du nombre 68 sur le nombre 37 + 12 ou à l'excès de 68 — 12 sur 37.

Le père a donc vécu 69 ans, la différence de son âge à celui de sa femme était de 13 ans, le fils avait 49 ans à la mort de sa mère qui avait 19 ans de plus que lui.

688. On a versé successivement à la caisse d'épargne 475 fr., 280 fr., 670 fr. et 975 fr. On en a retiré successivement 235 fr., 140 fr., 370 fr. et 457 fr.;

combien a-t-on déposé à la caisse d'épargne? Combien en a-t-on retiré? Combien y a-t-on laissé?

SOLUTION. La somme versée à la caisse d'épargne sera évidemment représentée par le total de tous les versements successifs; la somme qui en a été retirée sera exprimée par le résultat de l'addition de celles qui l'ont été successivement; enfin, la différence entre les résultats de ces deux additions répondra à la troisième partie de la question.

On a donc versé à la caisse d'épargne 2 400 fr., on en a retiré 1 202, on y a laissé 1 198 fr.

689. *Charles VII*, né en 1403, monta sur le trône à l'âge de 19 ans, reçut *Jeanne d'Arc* à *Chinon* 7 ans après, et se laissa mourir de faim en 1461, dans la crainte d'être empoisonné par *Louis XI*, son fils et son successeur; à quelle époque Charles VII monta-t-il sur le trône? A quelle époque reçut-il Jeanne d'Arc à Chinon? Combien d'années occupa-t-il le trône? Quel âge avait-il lorsqu'il mourut?

SOLUTION. L'addition du nombre 19 à 1 403 donnera l'époque de l'avénement de Charles VII au trône; en ajoutant 7 au résultat on aura l'époque de l'arrivée de Jeanne d'Arc à Chinon; la durée du règne de Charles VII sera exprimée par la différence entre l'année de son avénement au trône et celle de sa mort, 1461; enfin, on connaîtra l'âge auquel il mourut, soit en ajoutant au nombre 19 le nombre représentant la durée de son règne, soit en soustrayant le nombre indiquant l'époque de sa naissance du nombre exprimant celle de sa mort.

Charles VII monta sur le trône en 1422, Jeanne d'Arc arriva à Chinon en 1429. Le roi mourut dans la 39ᵉ année de son règne, à l'âge de 58 ans.

PROBLÈMES A RÉSOUDRE.

Problèmes usuels. — Système métrique.

690. Trois enfants ont réuni leurs billes pour jouer ensemble; l'un en avait 47, le 2ᵉ 25, le 3ᵉ 38; après avoir joué pendant quelque temps, ils n'en ont plus en tout que 63 ; combien en avaient-ils avant de jouer ? Combien en ont-ils perdu ?

691. Quatre personnes ont ensemble 145 années ; la plus jeune, âgée de 18 ans, en a 9 de moins que la 2ᵉ, qui en a elle-même 12 de moins que la 3ᵉ ; quels sont les âges de la 2ᵉ, de la 3ᵉ et de la 4ᵉ personne ?

692. Une ménagère a dépensé dans un marché 3 fr. 25 c. de beurre, 4 fr. 75 c. de volailles, 7 fr. 85 c. de poissons, 1 fr. 30 c. de légumes et 1 fr. 40 c. d'œufs, il lui reste en argent 12 fr. 85 c. ; combien avait-elle d'argent ? Combien a-t-elle dépensé ?

693. Une corbeille de mariage est estimée 45 000 fr., les parures et les diamants sont évalués à 26 500 fr., les divers cachemires à 9 550 fr., les dentelles à 4 980 fr. ; quel est le prix d'estimation des divers autres objets de détail ?

694. Un employé gagne dans une année 1 800 fr., il a dépensé pour son loyer 225 fr., pour son entretien 345 fr. 75 c., pour sa nourriture 442 fr. 30 c. et 347 fr. 35 c. pour frais divers ; combien a-t-il dépensé ? Combien a-t-il économisé ?

695. Un meuble de salon est composé d'un canapé qu'on estime 380 fr., de six fauteuils évalués ensemble à 528 fr., de douze chaises estimées 432 fr., on offre de ce meuble 985 fr. ; quel en est le prix d'estimation ? Quelle diminution propose l'acquéreur ?

696. Un épicier avait trois sortes de café : de la 1ʳᵉ il avait 355 kil. ; de la 2ᵉ il avait 547 kil. et de la 3ᵉ 785 kil. ; il a vendu 189 kil. de la 1ʳᵉ, 378 kil. de la 2ᵉ et 398 kil. de la 3ᵉ ; combien avait-il de kilogrammes de café en tout ? Combien lui en reste-t-il de chaque espèce ? Combien en a-t-il vendu ?

697. Une propriété est divisée en plusieurs lots : le 1ᵉʳ est estimé 11 285 fr., le 2ᵉ 2 875 fr., le 3ᵉ 33 847 fr. ; un acquéreur donne des deux premiers

12 645 fr. et des trois ensemble il offre 39 500 fr.; quelle perte ferait-on sur l'estimation des deux premiers lots, sur celle du 3ᵉ, sur les trois lots ensemble?

698. Un fils a 25 ans de moins que son père, qui lui-même a 7 ans de plus que sa femme, qui en a 32; celle-ci eut son fils à l'âge de 18 ans; quel est l'âge du père? Quel est l'âge du fils? Quel âge aura-t-il lorsque sa mère aura atteint l'âge du père?

699. Un joueur, en entrant au jeu, avait 15 fr. en petite monnaie, 50 fr. en pièces de 5 fr. et 320 fr. en or; après un certain temps, il quitte le jeu avec une somme de 295 fr. tant en or qu'en argent. Il y rentre ensuite et le quitte définitivement avec 280 fr. en or, 335 fr. en pièces de 5 fr. et 23 fr. de petite monnaie; combien avait-il d'argent en entrant au jeu? Combien avait-il perdu d'abord? Quel est son gain définitif?

700. On a reçu trois caisses d'oranges et trois de citrons; l'une des caisses d'oranges en contenait 285, la 2ᵉ 372, la 3ᵉ 639; l'une des caisses de citrons en contenait 179, la 2ᵉ 287, la 3ᵉ 469; combien y avait-il d'oranges en tout? Combien de citrons? Quel était l'excès des unes sur les autres?

701. Une jeune fille entre dans un magasin avec 75 fr.; elle achète diverses étoffes pour une somme de 23 fr. 80 c., de la mercerie pour 5 fr. 65 c., une pièce de dentelle de 9 fr. 50 c. et une pièce de toile de 29 fr. 45 c.; combien a-t-elle dépensé? Combien lui reste-t-il d'argent?

702. Un pépiniériste avait 445 poiriers, 675 pommiers, 325 abricotiers et 752 pêchers; il a vendu 127 poiriers, 286 pommiers, 148 abricotiers, 368 pêchers; combien avait-il d'arbres? Combien en a-t-il vendu? Combien en reste-t-il en tout et de chaque espèce?

703. On a mis dans une plantation 3 785 pieds

d'ormes, 7 865 de chênes, 1 540 de noisetiers, 1 678 de sauvageons d'espèces différentes et 3 840 peupliers ; l'année suivante, il n'y avait plus en vigueur dans cette plantation que 2 985 pieds d'ormes, 5 687 de chênes, 967 de noisetiers, 1 299 de sauvageons et 2 588 peupliers ; combien reste-t-il de pieds d'arbres en tout ? Combien en avait-on perdu en tout et de chaque espèce ?

704. On a vendu aux enchères un mobilier dont la vente s'est élevée à 15 225 fr. 70 c. ; divers créanciers ont fait, sur le produit de cette vente, des oppositions pour 4 878 fr. 85 c. ; un autre créancier en a également fait une pour 6 590 fr., et les frais divers se sont élevés à 762 fr. 35 c. ; que revient-il au propriétaire du mobilier, après avoir désintéressé tous les opposants ?

705. L'ameublement d'une chambre à coucher est estimé : le lit et les rideaux 1 688 fr., la garniture de cheminée 765 fr., les rideaux des croisées 1 275 fr. ; les meubles meublants y sont compris pour 1 800 fr. ; l'acquéreur veut diminuer sur le tout 495 fr. ; quelle somme en offre-t-il ?

706. Le mémoire d'un tailleur de pierres s'élève, après réduction, à 1 578 fr. ; il a reçu en à-compte divers : 1° 350 fr. ; 2° 275 fr. ; 3° 133 fr. ; 4° 280 fr. ; combien a-t-il reçu ? Que lui redoit-on ?

707. On a payé à un menuisier, en à-compte sur un mémoire, une somme de 349 fr. 75 c. d'abord, puis 282 fr. et enfin une 3° somme de 500 fr. ; il restait dû alors sur la totalité du mémoire 475 fr., mais l'architecte a opéré une réduction de 333 fr. 53 c. ; à combien s'élevait ce mémoire ? Que reste-t-il à payer après la réduction ?

708. Pour déterminer le poids d'un corps placé dans le plateau d'une balance, on met dans l'autre plateau, d'abord un poids de 500 grammes, ensuite un autre de 200 gr., puis un de 40 gr., enfin un de 20 gr.; ces poids étant trop forts, on rétablit l'équilibre en ajoutant à l'autre plateau un poids de 2 gr., puis un de 5 décigr., puis un de 5 centigr., enfin un de 5 milligr.; quel est le poids du corps?

709. Un ouvrier a gagné dans l'année 1185 fr., sa femme 378 fr. 55 c. et sa fille 578 fr. 85 c.; ils ont dépensé en commun 1878 fr. 35 c.; combien ont-ils gagné en tout? Combien ont-ils économisé?

710. On a brûlé dans une bataille 15 875 cartouches; il en reste dans les caissons 45 600, et la provision était de 90 000; combien en reste-t-il entre les mains des soldats?

711. Un corps d'armée se compose de 35 850 hommes d'infanterie, de 12 895 hommes de cavalerie et de 3 878 artilleurs; on distrait de ce corps pour garder un passage 2 575 fantassins, 948 cavaliers et 395 artilleurs; à quel nombre d'hommes le corps d'armée principal se trouve-t-il réduit?

712. Un banquier doit recevoir dans un jour 19 547 fr.; sur cette somme, il y a 7 885 fr. qui ne sont pas payés; il a eu à payer dans la même journée 15 378 fr. 85 c., et il avait en caisse 47 879 fr. 35 c.; combien y reste-t-il, après avoir touché et payé?

713. Une manufacture occupe, tant en hommes qu'en femmes et enfants, 385 ouvriers, dont 195 hommes, 148 femmes; dans la morte saison, on diminue de 25 le nombre des enfants, de 65 celui des femmes et de 78 celui des hommes; quel est le nombre des enfants employés d'abord? Combien reste-t-il d'ouvriers de chaque sorte en morte saison? Combien en conserve-t-on en tout?

714. On a acheté une coupe de bois 5 800 fr.; on a vendu pour 3 585 fr. de charpente, pour 3 350 fr.

de bois à brûler, pour 1 572 fr. de fagots, et les frais ont été de 1 845 fr.; quel bénéfice a-t-on réalisé?

715. Un particulier achète dans une vente publique un meuble de salon de 785 fr. 75 c., une étagère de 178 fr. 80 c., une garniture de cheminée de 685 fr. 45 c.; il donne à compte sur sa facture 375 fr.; à combien s'élève cette facture? Combien doit-il verser encore pour l'acquitter?

716. Une jeune fille a 500 fr. à dépenser pour son entretien annuel; elle doit à sa lingère 78 fr. 35 c.; à sa couturière 142 fr. 50 c.; au parfumeur 27 fr. 85 c.; à sa modiste 85 fr. 75 c.; à son cordonnier 67 fr.; elle a dépensé en aumônes et menus frais 75 fr. 45 c.; qu'a-t-elle dépensé? Que lui reste-t-il?

717. Un marchand de vin en a acheté 300 fûts pour une somme de 6 800 fr.; on lui en a livré d'abord 125 fûts contre lesquels il a remis 1 800 fr.; il a donné pour une nouvelle livraison de 85 fûts 2 480 fr.; enfin on lui en livre encore 45 fûts contre la remise desquels il donne 1 275 fr.; combien de fûts reste-t-il à livrer? Combien doit-il encore payer?

718. Un épicier a acheté pour 3 455 fr. de sucre, pour 1 548 fr. de café, pour 1 287 fr. de bougie; il a donné en payement pour 4 850 fr. de valeurs; combien lui reste-t-il à donner en espèces?

719. Un particulier laisse par testament 145 000 fr. à son fils, 175 000 fr. à sa femme; il lègue 6 000 fr. aux pauvres et 15 500 fr. à ses domestiques, et le reste est destiné à payer ses fournisseurs; sa fortune s'élevait à 350 000 fr.; combien devait-il à sa mort?

720. Une propriété contient des bois pour 45 800 fr., des terres arables pour 37 680 fr., des prés pour 18 700 fr., des vignes pour 7 475 fr.; elle est estimée, avec les bâtiments de ferme et d'habitation, 195 000 fr.; quelle est la valeur des bâtiments?

721. Un notaire a reçu pour divers actes de son étude 3 575 fr. 85 c.; il doit remettre à l'un de ses collègues, pour sa participation à l'un de ces actes, 345 fr. 25 c.; au bureau de l'enregistrement il doit verser 1 985 fr. 95 c.; enfin il doit aussi donner à un avoué une somme de 287 fr. 75 c.; combien lui restera-t-il pour ses honoraires?

722. Un fermier a récolté dans son année 1 298 hectol. de blé, 1 585 hectol. d'avoine et 1 145 hectol. de seigle; il a vendu 975 hectol. de blé, 1 179 hectol. d'avoine et 778 hectol. de seigle; combien lui en reste-t-il de chaque espèce? Combien a-t-il récolté d'hectolitres? Combien en a-t-il vendu?

723. Un brocanteur a fait divers achats : l'un de 385 fr. 55 c., qu'il a revendu 447 fr. 35 c.; l'autre de 578 fr., qu'il a revendu 643 fr. 85 c.; enfin un 3e de 725 fr., sur lequel il a perdu 86 fr.; combien a-t-il gagné sur chacun des deux premiers achats? Combien a-t-il revendu le 3e? Pour combien a-t-il acheté et vendu? Combien a-t-il gagné sur le tout?

724. On a fait à un fabricant diverses commandes : l'une de 1 275 mètres d'une certaine étoffe; la 2e de 3 578 mètres; enfin une dernière de 1 455 mètres. Il livre la 1re complète; sur la 2e il lui manque 890 mètres et sur la 3e on lui laisse pour compte 395 mètres défectueux; combien devait-il livrer de mètres? Combien en a-t-on reçu?

725. Dans un parc d'artillerie qui contient 40 000 boulets de 24, 60 000 de 12 et 100 000 de 8, on en prend, au moment d'entrer en campagne, 12 555 de la 1re espèce, 15 675 de la 2e et 25 887 de la 3e; combien reste-t-il de boulets de chaque espèce? Combien y en avait-il en tout? Combien en a-t-on enlevé?

726. Un convoi sur une ligne de chemin de fer quitte le débarcadère avec 1 255 voyageurs; à une 1re station, il en dépose 189 et en reprend 45; à une 2e, il en dépose 25 et en reprend 98; à une 3e, il en dépose 56 et en reprend 33; combien a-t-on déposé de voyageurs? Combien en a-t-on repris? Combien le convoi en contient-il en arrivant à destination?

727. Un voiturier peut charger sur sa voiture un poids de 1 500 kilogr.; il fait d'abord un premier chargement de 385^{kg}; ensuite, un 2e de 242^{kg},5^{dg}, puis un 3e de 495^{kg},35^{dg}, et enfin un 4e et dernier de 307^{kg},15^{dg}; combien lui manque-t-il pour compléter son chargement?

728. Un chef d'institution compte dans son établissement, lors de la rentrée des classes, 175 externes, 245 internes et 37 demi-pensionnaires; le mouvement des entrées et des sorties dans le cours de l'année est, en externes, de 35 entrées; en internes, de 8 entrées et de 35 sorties; en demi-pensionnaires, de 6 entrées et de 19 sorties; quel était le nombre des élèves de cette institution à la fin de l'année?

729. Trois institutions, dont deux de jeunes filles et une de jeunes gens, se sont réunies pour maintenir parmi ses camarades une jeune fille sans fortune; les quêtes faites à cette intention ont produit 678 fr. 85 c., dont 219 fr. 75 c. chez les jeunes gens et 258 fr. 25 c. dans l'une des institutions de jeunes filles; quelle somme l'autre a-t-elle fournie?

730. Un ouvrier marié dépense en moyenne à Paris, dans une maison ordinaire :

Pour loyer de deux petites chambres...	150 fr.
— chauffage, environ...	35
— éclairage...	36
— eau...	24
— blanchissage...	36

Dans les cités ouvrières actuellement en construction, l'ouvrier réduira ces diverses dépenses, avec un local plus convenable, à 150 fr.; que paye-t-il dans Paris? Qu'économisera-t-il dans une cité?

731. Deux armées, dans une bataille, ont eu, l'une 2 850 hommes tués, 5 685 blessés et 3 657 prisonniers; d'autre part, il y a eu 1 924 hommes tués, 4 836 blessés et 4 642 prisonniers; à combien s'est élevé le nombre des hommes mis hors de combat dans l'une et dans l'autre armée? Indiquer les différences entre les nombres des tués, des blessés et des prisonniers dans toutes deux.

732. En 1832, le nombre des victimes du choléra à Paris s'est élevé au chiffre total de 18 536; cette épidémie, en 1849, a enlevé à cette ville:

Dans les hôpitaux civils.......	6 818 victimes.	
— les hôpitaux militaires...	2 000	—
— en ville...............	10 943	—

Quel est l'excès des victimes faites en 1849 par l'épidémie, sur celles de 1832?

733. Les recettes du chemin de fer du Nord ont été, du 24 au 30 septembre 1849, pour transports de voyageurs, de 233 353 fr. 49 c.; pour transports de marchandises, de 220 195 fr. 69 c.; les recettes totales du 1er janvier au 24 septembre de la même année avaient été de 13 369 390 fr. 63 c.; à quelle somme s'élevaient-elles au 30 septembre, quel était du 24 au 30 septembre l'excès du produit des voyageurs sur celui des marchandises?

734. Le chemin de fer du Nord, qui, en 1849, a 541 kilomètres en exploitation, a transporté du 24 au 30 septembre 73 090 voyageurs qui lui ont versé 233 353 fr. 49 c.; en 1848, à la même date, il avait seulement en exploitation 371 kilomètres et a transporté dans le même temps 65 212 voyageurs qui ont versé 192 794 fr. 80 c. ; dire la différence entre les nombres de kilomètres en exploitation en 1849 et 1848 ; celles entre les nombres de voyageurs, entre les sommes produites par eux aux mêmes époques des deux années.

735. Les recettes des chemins de fer de Saint-Germain et de Versailles (rive droite) se sont élevées en 1848 et 1849 dans les mois de septembre :

1849, St-Germain. 289 216 f. 55 c. Versailles. 174 195 f. 05 c.
1848,   id.   188 146 44   id.   134 446 40

Ces recettes, pendant les sept premiers mois de chacune de ces années, avaient été :

1849, St-Germain. 1 384 651 f. 66 c. Versailles. 1 007 840 f. 10 c.
1848,   id.   1 056 196 32   id.   680 190 53

Quelles ont été les différences des recettes des huit premiers mois pour 1848 et 1849 sur chacune des deux lignes? Quelles ont été les différences des recettes des huit premiers mois entre ces deux lignes pour chacune de ces deux années?

Histoire. — Chronologie.

736. *Abraham* avait 70 ans lorsque Dieu lui fit connaître sa vocation ; 30 ans après naquit *Isaac*, son fils, qu'il offrit en sacrifice au Seigneur, en 2241 avant J.-C. ; il mourut en 2191, âgé de 175 ans ; à quelles années remontent la naissance d'Abraham, sa vocation? Quel âge avait-il à la naissance d'Isaac? Quel âge avait ce dernier lors du sacrifice?

737. *Moïse*, le premier législateur de la nation juive, fit traverser la mer Rouge aux Israélites, lors de leur sortie d'Égypte, en 1645 avant J.-C., et mourut en 1605, à l'âge de 80 ans ; en quelle année était-il né? Quel âge avait-il lors de la sortie d'Égypte?

738. *Saül*, premier roi d'Israël, fut sacré par

Samuel en 1080 avant J.-C. et mourut en 1040, à l'âge de 62 ans; en quelle année Saül est-il né? Quel âge avait-il lorsqu'il fut sacré par Samuel? Quelle fut la durée de son règne?

739. *Salomon*, né en 1017 avant J.-C., succéda à *David*, son père, à l'âge de 16 ans, jeta, 3 ans après, les fondations du temple de Jérusalem, dont il fit la dédicace 7 années plus tard, et mourut 29 ans après; en quelle année Salomon monta-t-il sur le trône? A quelles époques remontent la construction et la dédicace du temple? Quelle fut la durée du règne de Salomon, celle de sa vie?

740. La Judée, conquise par *Alexandre le Grand*, tomba, 12 ans après, sous la domination du roi d'Égypte, *Ptolémée Soter*, qu'elle subit pendant 36 ans, à la suite desquels elle passa au pouvoir du roi de Syrie, en 284 avant J.-C., pour rentrer bientôt, en 279, sous la domination des rois d'Égypte; combien d'années la Judée fut-elle soumise au roi de Syrie? En quelle année tomba-t-elle sous la domination de Ptolémée Soter? En quelle année fut-elle conquise par Alexandre?

741. La guerre entre les Romains et *Mithridate le Grand*, roi de Pont, éclata 37 ans après son avénement au trône et se termina dans la même année; elle recommença après une trêve de 11 ans et se termina, après une durée de 9 ans, par la mort de Mithridate et la réduction de son royaume en province romaine, en 65 avant J.-C.; à quelles époques commencèrent les guerres avec Mithridate? De quelle année date son avénement au trône? Quelle fut la durée de son règne?

742. Le glorieux traité imposé aux Perses par Cimon, général athénien, a précédé de 60 années le traité imposé aux villes grecques, sous le nom de traité d'Antalcidas par Artaxerxès; la soumission de la Grèce par Alexandre eut lieu 54 ans après, en 335 avant

J.-C., et précéda de 189 ans sa réduction en province romaine; en quelle année la Grèce fut-elle réduite en province romaine? En quelles années furent imposés les traités d'Antalcidas et de Cimon?

743. Entre l'expulsion des Tarquins de Rome et l'établissement du décemvirat, en 451, il s'écoula 47 années; 108 ans après commença la guerre contre les Samnites, dont la soumission définitive eut lieu en 281; en quelle année commença la guerre contre les Samnites? Quelle en fut la durée? En quelle année eut lieu l'expulsion des Tarquins? Quel temps s'est écoulé entre cet événement et la soumission des Samnites?

744. Entre la 1re invasion des Gaulois en Italie et la 2e, il y eut un intervalle de 30 années; de cette époque à la 1re guerre punique, qui commença en 264 avant J.-C., il s'écoula 98 ans; enfin la complète soumission de la Gaule par *Jules César* eut lieu en 51; quel temps s'est écoulé entre la 1re guerre punique et la conquête de la Gaule par César, entre ce dernier événement et la 2e invasion des Gaulois? De quelle année date la 2e invasion?

745. Jules César entreprit la conquête des Gaules en 59 avant J.-C. et opéra leur soumission 8 ans après; 4 ans plus tard, il était nommé dictateur à Rome, et 3 ans après, il fut assassiné dans le sénat; de quelles années datent la mort de César, sa dictature? Combien de temps après son entrée dans les Gaules a-t-il été assassiné?

746. *Marius*, dont la longue et cruelle rivalité avec *Sylla* dura 21 ans, mourut en 85 avant J.-C., après avoir été sept fois consul dans l'espace de 23 ans; sa mort précéda celle de Sylla de 8 années; en quelle année Marius fut-il consul pour la première fois? De quelles années datent sa rivalité avec Sylla et la mort de ce dernier?

747. *Antiochus le Grand* monta sur le trône de Syrie en 222 avant J. C., 80 ans après la restauration de ce royaume par *Séleucus*, et mourut assassiné 36 ans après; la Syrie fut réduite en province romaine 122 années plus tard ; à quelle époque Séleucus prit-il le titre de roi de Syrie? de quelles années datent la mort d'Antiochus, la réduction de la Syrie en province romaine?

748. *Auguste*, premier empereur romain, adopta Tibère dans la 34ᵉ année de son règne; celui-ci lui succéda 9 ans après, en l'an 15 de J. C., et mourut en 37; dire quelles furent la durée du règne d'Auguste, celle de celui de Tibère, l'année de son adoption.

749. *Néron* succéda à l'empereur *Claude* en 54, 13 ans après la mort de *Caligula*, et mourut en 68, 4 ans après le commencement de la première persécution contre les chrétiens ; en quelle année mourut Caligula? Quelle fut la durée du règne de Néron? De quelle année date la première persécution?

750. L'Église d'Antioche fut fondée en 36 par *saint Pierre*, qui en fut le premier évêque; 6 ans après, il transporta son siége à Rome, et mourut en 66, martyr de la persécution ; sa mort précéda de 4 années l'accomplissement des prophéties de J. C. sur Jérusalem, en quelle année et combien de temps avant sa mort saint Pierre transporta-t-il le saint-siége à Rome? De quelle année date la destruction du temple et de la ville de Jérusalem?

751. L'histoire universelle est partagée en trois grandes divisions : l'histoire ancienne, qui commence avec le monde, 4963 avant J. C., et embrasse 5 358 années; l'histoire du moyen âge, qui embrasse 1 058 ans, et l'histoire moderne, qui date de la prise de Constantinople, ou que l'on borne à l'époque de la Révolution française, en 1789; à quelles années s'arrêtent

5

l'histoire ancienne, celle du moyen âge? Combien d'années comprend l'histoire moderne?

752. Le saint-siége, établi à Rome par saint Pierre en 42, fut transporté à Avignon 1 267 ans après, dans la 4e année du pontificat de *Clément V ;* ce fut en 1376 que le pape *Grégoire XI* revint habiter Rome; en quelle année le saint-siége fut-il transporté à Rome? En quelle année Clément V fut-il élevé au souverain pontificat? Combien de temps la ville d'Avignon fut-elle résidence des papes ?

753. La première persécution des chrétiens commença sous *Néron,* en 64 ; la deuxième eut lieu 17 ans après, sous le règne de *Domitien ;* enfin, la dernière, qui commença sous les empereurs *Dioclétien* et *Maximilien,* en 284, précéda de 22 ans l'avénement de *Constantin le Grand* à l'empire; en quelle année commença la deuxième persécution? Quel intervalle de temps s'est écoulé entre cette époque et la dernière persécution? En quelle année Constantin le Grand fut-il nommé empereur?

754. Entre l'avénement au trône de *Constantin* et l'association de *Théodose le Grand* à l'empire par *Gratien,* il s'écoula 73 ans; Théodose succéda à Gratien 12 ans après, et divisa à sa mort, qui arriva 4 ans après, en 395, l'empire entre ses deux fils, *Arcadius* et *Honorius ;* en quelle année Constantin arriva-t-il à l'empire? Combien d'années se sont écoulées entre son avénement et le partage de l'empire ? En quelle année Théodose y fut-il associé par Gratien? En quelle année lui succéda-t-il ?

755. *Mahomet,* né en 569, se retira à la Mecque à l'âge de 53 ans et y mourut en 632 ; en quelle année et combien de temps avant sa mort se retira-t-il à la Mecque? Combien d'années a-t-il vécu ?

756. Constantinople, fondée par *Constantin le Grand,*

en 325, fut prise par les Croisés en 1203 et reprise par *Mahomet II* 250 ans après; quel temps s'est-il écoulé entre la fondation de Constantinople et la prise de cette ville par les Croisés? En quelle année fut-elle conquise par Mahomet II?

757. Les différents ordres de chevaliers établis en Orient furent celui des chevaliers de *Saint-Jean*, créé en 1099; celui des *Templiers*, fondé en 1118; enfin celui des chevaliers *Teutoniques*, créé 72 ans plus tard. Le plus célèbre fut celui des Templiers, qui fut aboli en 1312, sous le règne de Philippe le Bel. Combien d'années dura l'ordre des Templiers? En quelle année fut fondé celui des chevaliers Teutoniques? Quel intervalle y eut-il entre la fondation des deux premiers ordres?

758. La première invasion des Normands en France commença en 830; ils s'emparèrent de Rouen en 841 et vinrent 55 ans après assiéger Paris; enfin *Charles le Simple* les fixa en France en 911, en abandonnant Rouen et une partie de la Neustrie à leur chef *Rollon*, qui prit alors le titre de duc de Normandie; combien de temps après leur entrée en France les Normands s'emparèrent-ils de Rouen? En quelle année vinrent-ils assiéger Paris?

759. *Philippe Ier* monta sur le trône en 1060 et mourut à l'âge de 55 ans, après en avoir régné 48; dire l'année de sa naissance, celle de sa mort. A quel âge monta-t-il sur le trône?

760. *Philippe-Auguste*, monté sur le trône en 1180, fonda 20 ans après l'Université de Paris et mourut en 1223, à l'âge de 58 ans; à quel âge ce prince monta-t-il sur le trône? Quelles furent la durée de son règne, l'année de sa naissance, celle de la fondation de l'Université de Paris?

761. *Philippe IV* dit *le Bel*, né en 1268, parvint au

trône à l'âge de 17 ans et mourut en 1314, 327 ans après *Louis V*, dernier roi des Carlovingiens; en quelle année monta-t-il sur le trône? Quelles furent la durée de son règne, celle de sa vie?

762. La première guerre entre *François Ier* et *Charles-Quint* commença en 1522, et dura jusqu'à la conclusion du *traité de Madrid*, en 1526 ; la 2e fut terminée 3 ans plus tard par la *paix de Cambrai;* la 3e, commencée 7 ans après, dura 6 ans, jusqu'à la *trêve de Nice*, qui fut rompue en 1542 ; la guerre se termina enfin en 1544, date du traité de *Crespy en Valois.* Quelle fut la durée de la 1re guerre entre ces deux rivaux ? En quelle année furent conclues la paix de Cambrai et la trêve de Nice? Combien d'années embrassèrent ces divers événements ?

763. *Charles IX*, né en 1550, monta sur le trône en 1560, 29 ans avant la mort de *Henri III*, son successeur, qui régna 15 ans ; quelle fut la durée du règne de Charles IX? En quelle année mourut Henri III? A quel âge le premier, et en quelle année le second montèrent-ils sur le trône?

764. L'ordre des Jésuites, aboli en France en 1764, sous le règne de *Louis XV*, et qui avait été fondé 230 ans auparavant par *saint Ignace de Loyola*, y fut rétabli 50 ans après par *Louis XVIII;* de quelle année date la fondation de cet ordre ? A quelle époque fut-il rétabli en France ?

765. *Marie Stuart*, reine d'Écosse, née en 1542, épousa *François II*, roi de France, à l'âge de 17 ans, retourna en Écosse après sa mort en 1561, et mourut sur l'échafaud à Fotheringay en 1586, par ordre d'*Élisabeth d'Angleterre*, qui mourut 16 ans après sa victime ; en quelle année Marie Stuart vint-elle en France? A quel âge mourut-elle? Depuis combien

d'années avait-elle quitté la France? En quelle année
mourut Élisabeth d'Angleterre?

766. *Louis XIV,* roi de France en 1643, commença
27 années après la construction de l'hôtel des Invalides, dont il posa lui-même la première pierre; de
quelle année date la fondation de cet établissement?
Combien a-t-il d'années d'existence (1856)?

767. La restauration de la branche aînée des Bour-
bons sur le trône de France fut faite en 1814; 22 ans
après la proclamation de la première république; cette
branche fut remplacée en 1830, après la révolution de
Juillet, par *Louis-Philippe Ier d'Orléans,* qui fut renversé à son tour en 1848, et remplacé par la seconde
république; en quelle année fut proclamée la première
république française? Combien d'années se sont écoulées entre la restauration et la révolution de Juillet,
entre celle-ci et celle de Février, entre les deux pro-
clamations de la république.

Géographie. — Statistique.

768. Les îles Ioniennes renferment 229 066 habitants, l'île de *Corfou* en contient 60 450, celle de *Cé-
phalonie* en contient 59 550, celle de *Zante* 45 000;
quelle est la population des quatre autres îles qui font
partie de cette petite république?

769. Les duchés de *Parme,* de *Lucques,* de *Modène* et de *Toscane* ont ensemble une étendue de territoire de 33 827 kilomètres carrés; le duché de Parme
en contient 5 028, celui de Modène 5 338 et celui de
Lucques 1 833; quelle est l'étendue territoriale du
grand-duché de Toscane?

770. La population totale de la Confédération germanique proprement dite est de 15 234 300 habitants.
Les villes libres qui en font partie contiennent dans

toute l'étendue de leurs territoires, *Lubeck*, 47 200 habitants ; *Francfort-sur-Mein*, 64 570 ; *Brême*, 57 800 ; et *Hambourg*, 153 500 ; quelle serait la population de la Confédération, si ces quatre villes n'en faisaient pas partie ?

771. Les *trois* villes les plus peuplées de l'Europe sont : *Londres* en Angleterre, *Paris* en France et *Saint-Pétersbourg* en Russie ; elles renferment ensemble 3 394 624 habitants ; Paris en contient 1 053 897 ; Saint-Pétersbourg en compte 470 000 ; quelle est la population de Londres ?

772. La population totale de l'*empire britannique* est de 26 861 796 habitants ; l'*Écosse* en renferme 2 620 000 ; l'*Irlande* en compte 8 200 000 ; quelle est la population de l'*Angleterre* proprement dite ?

773. Le département de l'*Aube* renferme 261 871 habitants ; la ville de *Troyes*, chef-lieu, en contient 26 376 ; les quatre sous-préfectures en contiennent ensemble 12 361 ; trois autres petites villes, *Clervaux*, *Brienne* et *Romilly-sur-Seine*, en renferment 8 746 ; quelle est la population des autres communes du département ?

774. Les 86 départements de la France renferment 35 400 486 habitants ; les 86 chefs-lieux de préfecture en comptent 3 992 445 ; les 277 sous-préfectures en contiennent 2 705 776 ; quelle est la population des autres communes ?

775. En septembre 1849, les recettes de la douane ont été de 10 876 444 fr. ; dans le même mois elles avaient été, en 1847, de 10 855 940 fr. ; en 1848, de 8 733 654 ; dans les huit premiers mois de 1849, elles se sont élevées à 84 276 752 fr. ; dans les mêmes mois, en 1847, elles ont été de 88 991 359 fr. ; en 1848, de 53 092 446 fr. ; à combien se sont élevées ces recettes dans les neuf premiers mois de chacune de ces trois années? Quelles ont été leurs différences pour chacune desdites années et les deux autres?

776. La superficie des cinq parties du monde connu est de 130 418 353 kilomètres carrés. L'étendue de l'Europe est de 9 674 248 kilomètres carrés; celle de l'Afrique en contient 28 543 400; l'Amérique en compte 39 265 445; enfin l'Océanie en a 10 757 000; quelle est la superficie territoriale de l'Asie?

777. La population des cinq parties du monde est de 1 040 879 872 individus. L'*Europe* en a 252 299 278; l'*Afrique* en compte 67 401 000; l'*Amérique* en contient 45 365 445, et l'*Océanie* en a 24 050 000; quelle est la population de l'*Asie*?

778. Le revenu territorial des quatre États qui composent l'Europe septentrionale est évalué par les géographes à 1 978 273 000 fr.; le revenu du *Dane-mark* est estimé à 45 223 000 fr., celui de *Suède et Norwége*, à 60 000 000, celui de *Russie* et *Pologne* à 517 000 000 fr.; quel est le revenu estimatif de l'*empire britannique?*

779. Le revenu territorial des divers États de l'Europe est évalué à la somme de 5 332 254 000 fr.; celui de la Russie est estimé à 517 000 000, celui de l'Autriche et de ses dépendances à 395 000 000, celui de la France à 1 336 042 000, celui de l'empire britannique, à 1 356 050 000; enfin, celui de la Prusse est évalué à 214 000 000; quel est le revenu estimatif de tous les autres États de l'Europe réunis?

780. Il a été importé en France, dans les neuf premiers mois de 1849, entre autres matières premières pour travaux industriels, celles dont les quantités sont exprimées ci-après en quintaux métriques:

Bois d'acajou......	20 000	Cuivre pur.......	50 264
Coton et laine.....	515 283	Étain brut........	14 722
Fils de lin et de		Fonte brute.......	202 958
chanvre........	4 593	Zinc de 1re fusion.	93 391
Soies gréges......	6 391	Houille	14 404 796

Dans la même période de 1848, il avait été importé de ces mêmes matières 12 364 777 quintaux métriques ; combien en a-t-on importé en 1849? De combien l'importation de cette année surpasse-t-elle celle de 1848?

MULTIPLICATION

12. La multiplication a pour but de répéter ou de prendre un nombre appelé *multiplicande* autant que l'indique un autre nombre appelé *multiplicateur*, pour obtenir un résultat auquel on a donné le nom de *produit* (1).

13. Les usages de la multiplication sont nombreux et variés : elle sert à résoudre une infinité de questions utiles dans les arts, dans le commerce, dans les sciences, et qui toutes peuvent se ramener plus ou moins facilement aux problèmes généraux suivants :

1° *Étant donnée la valeur d'une unité, déterminer la valeur de plusieurs unités de même espèce qu'elle.*

2° *Trouver combien plusieurs unités d'un certain ordre valent d'unités d'un ordre inférieur.*

3° *Déterminer une puissance quelconque d'un nombre donné.*

4° *Connaissant les dimensions d'une surface ou d'un volume, trouver la grandeur de cette surface ou de ce volume.*

VII. Exercices

SUR LA MULTIPLICATION DES NOMBRES ENTIERS ET DÉCIMAUX.

Nombres entiers.

781. Multiplier l'un par l'autre les nombres 36 et 43; 25 et 69.

782. Effectuer le produit des nombres 478 et 38; de 543 et 42.

---

(1) Voir notre *Petite Arithmétique décimale*, nᵒˢ 141 à 187 inclus.

782. Faire le produit des nombres 5 793 et 59.

784. Faire le produit de 3 578 935 par 82.

785. Quel est le produit de 57 384 par 3 578 ?

786. Multiplier 3 426 par 679 435.

787. Effectuer la multiplication des nombres 357 400 et 459.

788. Multiplier 46 985 700 par 53 400.

789. Multiplier l'un par l'autre les nombres 4 798 350 et 356 900.

790. Multiplier le nombre 579 436 par 6 570.

791. Effectuer le produit du nombre 7 359 400 par 3 542 ; et de 367 854 par 35 600.

792. Multiplier le nombre 3 507 002 par 358.

793. Multiplier le nombre 347 856 par 30 205.

794. Effectuer le produit de 4 700 032 par 368.

795. Multiplier le nombre 789 453 par 3 006.

796. Multiplier les nombres 67 894 par 9 009 ; 8 500 705 par 3 507.

797. Former les carrés des nombres 37. 105.

798. Élever au carré les nombres 3 507. 67 843.

799. Multiplier par eux-mêmes les nombres 3 507 003. 567 000.

800. Effectuer les produits des facteurs 7. 9 et 42. de 38. 75 et 134.

801. Effectuer les divers produits $345 \times 709 \times 953$ et $684 \times 1 205 \times 3 450$.

802. Effectuer les produits $674 \times 3 569 \times 4 307 \times 56 003$ et $605 \times 4 007 \times 5 300 \times 6 501$.

803. Effectuer les produits $35 \times 407 \times 6 003 \times 60 204$ et $36 \times 4 325 \times 67 309 \times 3 465$.

804. Faire le cube des nombres 1. 2. 3. 4. 5. 6. 7. 8. 9.

805. Élever au cube les nombres 56. 75. 342.

806. Élever à la troisième puissance les nombres 45 678. 96 743.

807. Former la quatrième puissance des nombres 1. 2. 3. 4. 5. 6. 7. 8. 9.

808. Élever à la quatrième puissance les nombres 35. 49. 57. 365.

809. Élever à la quatrième puissance les nombres 4756. 4352.

810. Élever à la cinquième puissance les nombres 43. 27. 35.

811. Élever à la cinquième puissance le nombre 357.

812. Quelle est la douzième puissance du nombre 2?

813. Le produit de 40 par 31 indique l'année de l'avénement de *Charles-Quint* à l'empire d'Allemagne; quelle est cette année?

814. Le produit $7 \times 9 \times 27$ indique l'année de l'avénement de l'empereur Alexandre Ier au trône de Russie; indiquer cette époque.

Nombres décimaux.

815. Multiplier l'un par l'autre les nombres décimaux 4,0375 et 56,3.

816. Faire le produit des nombres décimaux 35,4753 et 3,06.

817. Effectuer la multiplication des nombres décimaux 4790,32 et 3,057.

818. Faire le produit de 479,043 par 56,305.

819. Multiplier le nombre 457,03 par la fraction décimale 0,357.

820. Multiplier la fraction décimale 0,0024 par le nombre 532,47.

821. Effectuer la multiplication des fractions décimales 0,00572 et 0,0034.

822. Multiplier le nombre entier 45607 par la fraction décimale 0,4579.

823; Multiplier 4 378 par 325,47. 650 607 par 0,0 257 et 45,600 par 0,3 426.

824. Multiplier entre eux les nombres 0,357 et 4 632. 0,0 002 et 154; enfin 356,043 et 65 790.

825. Former le carré des nombres décimaux 36,25. 4,307 et 456,32.

826. Élever au carré la fraction 0,357.

827. Élever au carré les expressions 357,04. 56,703. 0,5 002.

828. Former le cube du nombre décimal 5,07.

829. Élever au cube la fraction 0,578.

830. Élever au cube l'expression 347,02.

831. Élever à la quatrième puissance les nombres décimaux 4,2. 3,7. 6,02.

832. Élever à la quatrième puissance les expressions décimales 0,07. 0,294.

833. Former la quatrième puissance des expressions décimales 32,02. 4,501. 62,113.

834. Élever à la cinquième puissance les expressions 0,07. 0,402. 5,61.

835. Quelle est la huitième puissance de l'expression 0,02.

836. Effectuer les produits $3\,578 \times 432,05 \times 0,0\,521$ et $45,37 \times 352 \times 0,402$.

837. Effectuer le produit $357,02 \times 0.004 \times 3,52$.

838. Effectuer les produits $0,402 \times 0,5\,731 \times 0,6\,403$ et $0,00\,012 \times 0,043 \times 0,056$.

839. Élever à la cinquième puissance le nombre décimal, 4,01.

840. Former la sixième puissance des expressions décimales 0,203. 0,035.

841. Élever à la neuvième puissance les expressions décimales 0,3. 0,5. 0,7. 0,9.

V. PROBLÈMES

SUR LA MULTIPLICATION DES NOMBRES ENTIERS ET DÉCIMAUX.

842. Une avenue est bordée de 4 rangées de tilleuls, chaque rangée en contient 75 dans sa longueur; combien y a-t-il de tilleuls en tout?

Solution. Chaque rangée se composant de 75 tilleuls, il est évident que l'avenue contient autant de fois 75 arbres qu'il y a de rangées, ou 75×4; il y a donc dans l'avenue 300 tilleuls.

843. Un ouvrage est composé de 15 volumes contenant chacun 27 feuilles d'impression; chaque feuille a 24 pages, chaque page 37 lignes, et chaque ligne 46 lettres; combien l'ouvrage renferme-t-il de feuilles, de pages, de lignes, de lettres?

Solution. Chaque volume contenant 27 feuilles, les 15 volumes, ou l'ouvrage entier, en contiendront 27×15; chaque feuille renfermant 24 pages, l'ouvrage entier en contiendra 27×15 répété 24 fois, ou $27 \times 15 \times 24$; chaque page contenant 37 lignes, l'ouvrage en contiendra $27 \times 15 \times 24$ répété 37 fois, ou $27 \times 15 \times 24 \times 37$; enfin, chaque ligne renfermant 46 lettres, l'ouvrage entier en contiendra $27 \times 15 \times 24 \times 37$ répété 46 fois, ou $27 \times 15 \times 24 \times 37 \times 46$. Cet ouvrage contiendra donc 405 feuilles, 10 800 pages, 399 600 lignes et 18 381 600 lettres.

844. On a acheté $345^{\text{KG}}85^{\text{DG}}$ de café à raison de 2 fr. 65 c. le kil.; pour combien d'argent en a t-on acheté?

Solution. Si un kilog. de café coûte 2 fr. 65 c., $345^{\text{KG}}85^{\text{DG}}$ coûteront évidemment 345,85 fois plus, ou 2 fr. 65 c. $\times 345,85$; $345^{\text{KG}}85^{\text{DG}}$ de café coûteront donc 899 fr. 21 c.

845. On a acheté 27 pièces de toile contenant chacune 48 mètres, et au prix de 7 fr. 85 c. le mètre; quel est le prix d'une de ces pièces? Combien ont-elles coûté ensemble?

SOLUTION. Un mètre de toile coûtant 7 fr. 85 c., 48 mètres, ou une pièce entière, coûteront 7 fr. 85 c. répété 48 fois, ou 7,85 $\times$ 48 : une pièce de toile coûtant 7,85 $\times$ 48, 27 pièces pareilles coûteront évidemment 27 fois plus, ou 7,85 $\times$ 48 répété 27 fois, ou 7,85 $\times$ 48 $\times$ 27.

Une pièce de toile coûte donc 376 fr. 80 c.; les 27 pièces ensemble ont coûté 10 173 fr. 60 c.

PROBLÈMES A RÉSOUDRE.

Problèmes usuels. — Système métrique.

846. Il y a 60 minutes dans une heure, le jour se compose de 24 heures; combien y a-t-il de minutes dans un jour?

847. Il y a 24 heures dans un jour, une semaine se compose de 7 jours; combien y a-t-il d'heures dans une semaine?

848. L'année commune, diminuée d'un jour, est composée de 52 semaines, et la semaine comprend 7 jours; combien l'année ordinaire a-t-elle de jours?

849. Un individu a planté dans un jour 975 pieds d'arbres? combien en planterait-il en 45 jours?

850. Il y a 24 heures dans un jour, un enfant n'a vécu que 175 jours; combien d'heures a-t-il vécu?

851. Un piéton parcourt 48 kilomètres par jour; combien en a-t-il parcouru après 35 jours de marche?

852. Il y a 12 mois dans une année, un individu a vécu 85 ans; combien de mois a-t-il vécu?

853. Un ouvrier imprimeur peut composer en un jour 9 pages in-12 ordinaire, et chaque page est payée au prix de 45 c.; combien aura-t-il fait de pages, après 15 jours de travail? Combien aura-t-il gagné?

854. Une main de papier contient 25 feuilles, il y a 20 mains dans une rame; combien y a-t-il de feuilles dans une rame!

855. Un ouvrage composé de 12 feuilles doit être tiré à 4 450 exemplaires; combien faudra-t-il de feuilles de papier pour imprimer cet ouvrage?

856. On a fourni pour le tirage d'une feuille d'impression 25 rames de papier; à combien d'exemplaires doit-elle être tirée? (V. probl. 854.)

857. On a acheté 3485 kilog. de sucre à 1 fr. 85 c. le kilog.; pour combien en a-t-on acheté?

858. Un sac d'argent contient 385 pièces de 5 fr. pesant chacune 25 grammes; quel est le poids de ce sac? Quelle somme d'argent contient-il?

859. Un marchand de bois de charpente en a fourni 26 décistères 427 millièmes, au prix de 90 fr. le stère; pour combien d'argent en a-t-il fourni?

860. Un charpentier a façonné et posé 28 st. 364 de bois de charpente, à raison de 1 fr. 25 c. le décistère; à combien s'élève son mémoire?

861. Un ouvrier terrassier a creusé pour les fondations d'un bâtiment 58 mètres cubes 280 décimètres cubes, à raison de 1 fr. 40 c. le mètre cube; que lui doit-on pour ce travail?

862. On a employé pour nettoyer une pièce d'eau 133 journées d'ouvriers, payées chacune à raison de 2 fr. 25 c.; à combien est revenu ce travail?

863. Un terrain se compose de 135 ares, l'are est évalué à 78 fr.; quelle est la valeur de ce terrain?

864. Une coupe de bois est évaluée à 785 fr. l'hectare; elle en contient 435; à combien est-elle estimée?

865. Une commune se compose de 175 familles, payant en moyenne, pour contributions de toute espèce, chacune une somme de 17 fr. 85 c.; combien cette commune rapporte-t-elle à l'État?

866. Un chef d'usine emploie 235 ouvriers qui gagnent chacun 3 fr. 75 c. par jour; que doit-il à chacun après 15 jours de travail? Que doit-il en tout?

867. Une pièce de canon tire par heure 135 coups; elle a tiré pendant 18 heures consécutives; combien a-t-elle tiré de coups?

968. Un convoi direct, sur une ligne de chemin de fer, parcourt en moyenne 36 kilomètres par heure; combien un convoi marchant pendant 48 heures consécutives parcourra-t-il de kilomètres?

869. Une bibliothèque publique est composée de 18 galeries; chaque galerie contient 78 cases renfermant chacune 145 volumes; combien cette bibliothèque renferme-t-elle de cases, de volumes?

870. Le prix du chemin de fer d'Orléans est fixé pour les voyageurs à 1 fr. 05 c. par myriamètre, pour les 1res places, à 0 fr. 80 c. pour les 2mes, à 0 fr. 70 c. pour les 3mes; combien payera-t-on, dans chacune de ces 3 places, pour un parcours de 36 myriamètres?

871. On consomme par an, dans une administration, 185 stères de bois de chauffage, le stère revient à 15 fr. 55 c.; combien coûte le chauffage?

872. Un négociant a 2 587 kilogrammes de café, qu'il vend au prix de 2 fr. 85 c. le kilogramme; quelle somme doit-il toucher?

873. Un hectolitre de blé vaut 25 fr.; combien coûteront 2 778 hectolitres?

874. Un particulier a acheté 15 pièces de vin contenant chacune 287 bouteilles, et chaque bouteille revient à 1 fr. 37 c.; combien a-t-il payé le tout?

875. On a acheté 45 boîtes renfermant chacune 125 cigares, chaque cigare coûte 0 fr. 25 c.; combien a-t-on acheté de cigares? Combien a-t-on payé chaque boîte? Qu'a-t-on payé en tout?

876. Un volume a 35 feuilles de 24 pages chacune; chaque page est composée de 45 lignes, formées chacune de 52 lettres; combien ce volume contient-il de pages, de lignes, de lettres?

677. Un établissement reçoit 147 élèves, payant chacun une pension de 475 fr. On dépense pour chacun d'eux 337 fr. 67 c. ; quel est le montant des recettes et des dépenses dans cet établissement?

678. Un fournisseur doit livrer 187 habillements complets pour les élèves d'une institution; il gagne 12 fr. 85 c. sur chaque habillement qu'il fournit au prix de 98 fr. ; combien doit-il toucher après livraison? Quel est son bénéfice?

. **679.** Un marchand de biens a acheté 347 hectares de terre, au prix de 78 fr. l'are; il a revendu le tout à raison de 83 fr. l'are; combien a-t-il payé cette acquisition? Combien a-t-il vendu le tout?

680. L'entrée du gibier à Paris se paye à raison de 0 fr. 35 c. le kilog. ; combien doit payer un chasseur qui veut en entrer 7 kilog. 500 grammes?

681. On consomme par jour dans une institution 93 kilog. de viande, 235 litres de vin et 137 kilog. de pain; la viande coûte 1 fr. 15 c. le kilog., le vin revient à 0 fr. 45 c. le litre, le pain se paye 0 fr. 33 c. le kilog. ; quelle est la dépense journalière de cette maison, en viande, en vin et en pain?

682. Une fabrique produit par jour 358 mètres d'étoffes; combien en produirait-elle en 48 jours?

683. Un ouvrier confectionne en 18 jours 87 mètres de toile; combien 875 ouvriers de même force en feront-ils dans le même temps?

684. On paye pour l'entrée d'un kilogramme de viande de boucherie à Paris 0 fr. 12 c. ; combien doit-on payer pour un poids de 75 kilog.?

685. L'entrée d'un litre de vin dans Paris se paye 0 fr. 20 c. ; combien devra payer un voiturier pour entrer 15 pièces de vin contenant chacune 228 litres?

686. Un voiturier demande 4 fr. 50 c. pour conduire un tombereau de sable à une certaine distance;

on lui offre 4 fr. 25 c.; il en conduit 165 tombereaux; combien doit-il toucher? Combien aurait-il reçu, si on lui avait donné le prix demandé? Quel bénéfice a procuré la diminution de 0 fr. 25 c. par tombereau?

887. Un négociant a acheté une partie de 3 695 kilog. de sucre au prix de 1 fr. 45 c. le kilog.; il a revendu le tout à 1 fr. 65 c. le kilog., c'est-à-dire 0 fr. 20 c. de plus par kilog.; combien a-t-il versé? Pour combien a-t-il vendu? Quel a été son bénéfice?

888. Un entrepreneur a fait 845 mètres de maçonnerie, qu'il compte sur son mémoire à raison de 7 fr. 75 c. le mètre; l'architecte lui fait une diminution de 1 fr. 35 c. par mètre; à combien s'élevait le mémoire? Quel est le montant de la diminution?

889. Un épicier a acheté un baril d'huile contenant 78 litres, au prix de 3 fr. 35 c. le kilog.; il vend cette huile au détail, à raison de 3 fr. 75 c., c'est-à-dire 0 fr. 40 c. de plus qu'il ne l'a achetée; combien a-t-il payé son baril? Quel sera son bénéfice sur la vente?

890. Les recettes du chemin de fer du Nord ont été, du 8 au 14 octobre 1849, de 383 fr. par kilomètre en exploitation; le nombre de ces kilomètres sur cette ligne était alors de 541; à combien se sont élevées les recettes dans le temps indiqué?

891. Du 8 au 14 octobre 1849, les recettes du chemin de fer d'Orléans, qui avait alors en exploitation 153 kilomètres, se sont élevées à 1 747 fr. 94 c. par kilomètre; à combien ces recettes se sont-elles élevées dans le temps indiqué?

892. Le prix du change (1) à vue de Paris sur Londres est de 25 fr. 50 c. par 1 000 fr.; que fau-

---

(1) Le change d'une place à une autre est la prime qu'on paye au banquier pour la facilité qu'il donne de toucher dans telle ville la somme qu'on dépose entre ses mains.

drait-il payer à un banquier pour toucher à Londres une somme de 175 000 fr. déposée chez lui à Paris?

893. Pour obtenir 1 000 fr. en or, il faut payer au changeur 14 fr. 50 c.; combien devra-t-on lui donner pour changer 15 000 fr. d'argent contre de l'or?

894. On veut faire toucher à Lyon une somme de 13 800 fr. que l'on dépose chez un banquier à Paris; celui-ci demande 1 fr. 25 c. pour 100 de change; quelle somme doit-on lui payer pour le tout?

895. Une fontaine a fourni en 135 minutes 1 hectolitre d'eau; combien en emploiera-t-elle pour en fournir 376 hectolitres?

896. Une pièce de 40 fr. en or pèse 12 gr. 9 032; quel est le poids en grammes et la valeur en francs d'un sac contenant 3 595 de ces pièces?

897. Le prix d'entrée à Paris pour un hectolitre de charbon de bois est de 0 fr. 55 c.; combien doit-on payer pour entrer 1 245 hectolitres de ce charbon?

898. Un négociant veut entrer dans Paris 75 pièces de vin contenant chacune 218 litres; il doit payer à l'octroi 20 fr. par hectolitre; combien doit-il payer pour l'entrée de toutes ses pièces de vin?

899. Le stère de bois de chauffage paye pour entrer à Paris 2 fr.; combien aura-t-on à payer pour l'entrée de 25 bateaux contenant chacun 78 stères?

900. La voie de charbon de terre est de 15 hectol.; 1 hectol. paye 0 fr. 30 c. pour entrer dans Paris; une toue de Saint-Étienne contient 58 voies, et le poids de l'hectolitre de ce charbon est de 92 kilog.; combien la toue de Saint-Étienne contient-elle d'hectolitres? Quel est le poids du charbon qui y est contenu? Quelle somme doit-on payer à l'octroi pour l'entrée à Paris?

901. Une toue de charbon de terre du Nord en contient en moyenne 165 voies; la voie contient 15 hectol., l'hectolitre pèse 82 kilog., la voie vaut 39 fr. 75 c.;

combien y a-t-il d'hectolitres dans une toue du Nord? Quel est le poids de cette toue en kilogrammes? Quelle est sa valeur en francs?

902. Une voiture de bois en contient 6 stères 5 décistères; le prix du stère est de 17 fr. 75 c.; l'entrée coûte à Paris 2 fr. par stère; on y fait donner trois coups de scie pour chacun desquels on paye 0 fr. 25 c. par stère; à combien revient cette voiture de bois, sciage compris?

903. On fait venir un quarteau d'eau-de-vie de 75 litres, chaque litre coûte 1 fr. 35 c. d'achat, l'entrée à Paris coûte 0 fr. 45 c. par litre; à combien revient le quarteau d'eau-de-vie avant l'entrée à Paris? Combien gagnera-t-on à le laisser hors barrière?

904. Une treille contient 1 585 kilog. de raisins, estimés, l'un dans l'autre, à 0 fr. 65 c. le kilog.; un marchand a pris le tout pour 0 fr. 55 c. le kilog., il les a revendus à raison de 0 fr. 80 c., ou 0 fr. 25 c. de plus qu'il ne les a achetés; à combien s'élevait le prix d'estimation? Pour combien en a-t-on vendu? Quel bénéfice l'acheteur a-t-il fait sur son marché?

905. Un édifice public a 355 croisées renfermant chacune 16 carreaux, dont la pose est payée à raison de 0 fr. 35 c. l'un; combien cet édifice aura-t-il de carreaux? Quelle somme touchera le vitrier chargé de les poser?

906. Il y a dans une école 25 bancs contenant chacun 15 élèves, et chaque élève paye une rétribution mensuelle de 2 fr. 75 c.; combien cette école reçoit-elle d'élèves? Quel est le montant des rétributions mensuelles?

907. Un grain de blé jeté dans la terre produit un épi qui, en moyenne, contient 35 grains; combien 1 hectare produira-t-il de grains, l'are produisant une moyenne de 25 876 épis?

908. Un pré, composé de 178 ares, a fourni par are 12 bottes de fourrage pesant chacune 5^{kg} 3^{dg}; combien a-t-on récolté de bottes de fourrage? Quel est le poids de la récolte?

909. On a employé pour le sciage d'une provision de bois 34 ouvriers, qui en ont scié chacun 46 stères; ils ont donné trois coups de scie payés par stère 0 fr. 25 c. chacun; combien chaque ouvrier a-t-il gagné? Combien y avait-il de stères en tout? A combien est revenu le sciage?

910. On a acheté 48 caisses de savon contenant chacune autant de kilogrammes qu'il y a de caisses; le kilogramme coûte 0 fr. 85 c.; combien ces 48 caisses contiennent-elles de kilogrammes de savon, et pour quelle somme?

911. On a acheté 178 caisses d'oranges; chacune d'elles contient autant d'oranges qu'il y a de caisses, et chaque orange coûte autant de millimes qu'il y en a dans chaque caisse; quel est le nombre des oranges et quelle est la valeur de toutes ces caisses?

912. Un pépiniériste a dans une pépinière, dont l'étendue est de 345 ares, autant d'allées d'arbres que son terrain contient d'ares; chaque allée contient autant d'arbres qu'il y a d'allées; enfin, d'un arbre à l'autre, il y a autant de centimètres qu'il y a d'arbres; combien ce terrain contient-il d'arbres? Quelle serait la longueur de la corde qui serait égale à la distance entre tous les arbres d'une allée, entre tous les arbres de toutes les allées?

913. Un boucher a acheté au marché de Poissy 35 bœufs au prix de 0 fr. 68 c. le kilogramme; le poids moyen de chacun de ces bœufs est de 335 kilog.; combien pèsent-ils ensemble? Combien d'argent ce boucher a-t-il déboursé?

914. Un marchand de bœufs veut transporter

d'Orléans à Paris, par la voie du chemin de fer, 195 de ces animaux ; le tarif pour le transport de ce bétail est de 2 fr. 75 c. par tête ; combien coûtera le transport de ces animaux ?

915. On a vendu sur le marché de Poissy 404 veaux au prix de 1 fr. 16 c. le kilog. ; pour entrer ce bétail dans Paris, on a payé à l'octroi 0 fr. 12 c. par kilog., le poids moyen de chaque veau était de 53 kilog. ; combien a-t-on payé à Poissy pour leur achat ? Combien a-t-on payé pour leur entrée à Paris ? Quel est le prix de revient d'un veau ?

916. On a vendu à la halle de Paris 1 075 quintaux métriques de farine aux prix moyen de 29 fr. 88 c. le quintal ; quelle somme cette vente a-t-elle produit ?

917. Un boulanger a livré dans un jour 878 kilog. de pain à 0 fr. 29 c. le kilog. et 187 kilog. à 0 fr. 22 c. ; combien a-t-il touché pour chaque espèce de pain ? Combien le pain de deuxième qualité, ou à 0 fr. 22 c., a-t-il rapporté de moins que la même quantité de première qualité, c'est-à-dire à 0 fr. 29 c. ?

918. Un épicier achète de la bougie à trois prix différents et 1 255 kilog. de chaque espèce : la 1re qualité lui coûte 2 fr. 95 c., la 2e 2 fr. 65 c., la 3e 2 fr. 25 c. ; il gagne en revendant cette bougie 0 fr. 35 c. par kilogramme sur la 1re qualité, 0 fr. 25 c. sur la 2e et 0 fr. 15 c. sur la 3e ; pour combien a-t-il acheté de bougies de chaque espèce ? Quel bénéfice a-t-il réalisé sur chaque qualité ?

919. Une caisse remplie d'argent monnayé pèse, le poids de la caisse non compris, 45^{KG} 78^{DG} ; cette caisse contient 1 960 pièces de 5 fr. et 356 de 1 fr. ; quelle est la valeur de la somme contenue dans la caisse ? Quel est le poids des pièces de 5 fr., celui des pièces de 1 fr. ? (Le poids de 1 fr. est 5 gram.)

Mesures étrangères comparées aux mesures françaises.

920. Le *mille* d'Angleterre a une valeur en kilomètres de 1,609; combien 345 milles anglais valent-ils de myriamètres?

921. Le *werste* de Russie vaut en kilomètres 1,066; quelle est en myriamètres la valeur de 45 werstes de Russie?

922. Le *mille* d'Allemagne est en kilomètres de 7,407; combien 93 milles d'Allemagne valent-ils de myriamètres? Le mille romain vaut en myriamètres 0,1489; quelle est en kilomètres la valeur de 162 milles romains?

923. La *lieue* légale d'Espagne est en kilomètres de 4,238; quelle est la valeur de 345 lieues d'Espagne en myriamètres? Le mille de Portugal vaut 0,1851 myriamètres; combien 278 milles de Portugal valent-ils de kilomètres?

924. L'aune d'Angleterre, le *yard*, vaut $0^M,9144$; l'aune de Danemark vaut $0^M,6277$; l'aune de Francfort-sur-Mein vaut $0^M,5473$; combien valent en mètres 1257 yards anglais, 3547 aunes de Danemark, 537 aunes de Francfort-sur-Mein?

925. L'*archine* de Russie, employée pour la mesure des étoffes, vaut en mètres $0^M,7115$; la *brasse* de Florence, pour le même usage, vaut $0^M,5942$; l'*aune* de Genève vaut $1^M,1437$; combien valent en mètres 658 archines, 345 brasses, 768 aunes de Genève?

926. Le *yard carré*, mesure de superficie anglaise, vaut en mètres carrés 0,836; combien 145 *yards carrés* valent-ils de mètres carrés?

927. Le kilomètre vaut 0,6215 mille anglais, 0,13266 mille de Danemark, 0,135 mille d'Allemagne, 0,7387 mille romains, 0,2356 lieue d'Espagne, et 0,54 mille de Portugal; combien 375 kilomètres valent-ils de chacune de ces diverses mesures?

928. Le mètre équivaut à 1,0 936 yard anglais, à 1,5 927 aune de Danemark, à 1,8 271 aune de Francfort-sur-Mein, à 1,4 054 arshein de Russie, à 1,6 862 brasse de Florence, et à 0,8 743 aune de Genève; combien 1,585 mètres d'étoffes valent-ils de chacune de ces différentes mesures?

929. Le pied anglais, employé dans les travaux industriels, vaut 0^{M},3 048; le pied de Danemark, 0^{M},3 139, et le pied de Russie, 0^{M},3 491; quelle est en mètres la valeur de 354 pieds anglais, de 4,535 pieds de Danemark, de 3,765 pieds de Russie?

930. Le mètre vaut 3,2 808 pieds anglais, 3,1 889 pieds de Danemark, 2,8 645 pieds de Russie; quelle est la valeur de 1 875 mètres en chacune de ces diverses mesures?

931. Le *gallon anglais*, employé pour la mesure des liquides, vaut 5^{L},379 ; la *pinte* d'Amsterdam vaut 0^{L},597; la *canette* d'Autriche équivaut à 0^{L},562, et le *maas* de Bavière à 0^{L},617; quelle est en litres la valeur de 45 gallons anglais, de 248 pintes d'Amsterdam, de 354 canettes d'Autriche et de 445 maas de Bavière?

932. Le litre pour les liquides vaut 0,1 859 gallon anglais, 1,6 750 pinte d'Amsterdam, 1,7 791 canette d'Autriche, 1,6 207 maas de Bavière; combien 378 litres valent-ils de chacune de ces diverses mesures?

933. Le *quarter anglais* vaut en litres 281,874 : la *tonne de Danemark* en contient 139,11, le *sac d'Amsterdam* 81,071, le *malter de Francfort-sur-Mein* 107,99, le *scheffel de Bavière* 362,6; combien 356 de la 1re, 437 de la 2e, 678 de la 3e, 254 de la 4^{e}

et 485 de la 5ᵉ de ces mesures valent-elles d'hecto-litres?

934. Un hectolitre, mesure pour les grains, con-tient 0,3548 quarter anglais, 0,7181 tonne de Da-nemark, 1,0238 sac d'Amsterdam, 0,926 *malter de Francfort-sur-Mein*, 0,2756 *scheffel* de Bavière; com-bien 357 hectolitres contiennent-ils de chacune de ces diverses mesures?

935. La livre d'Angleterre pèse en grammes 453ᴳ,4; la livre de Danemark de 32 loth. pèse 500ᴳ,148; la livre d'Amsterdam pèse 493ᴳ,926; celle de Bavière pèse 560ᴳ,013; combien 1352 de la 1ʳᵉ, 3445 de la 2ᵉ, 2034 de la 3ᵉ et 905 de la 4ᵉ pèsent, elles de kilogrammes?

936. La *livre sterling* d'Angleterre, monnaie d'or vaut 25 fr. 21 c., le *chrétien d'or* de Danemark vaut 20 fr. 95 c., le *ducat* de Hollande vaut 11 fr. 78 c., le *ducat de l'aigle* de Russie vaut 11 fr. 59 c., les pièces de 10 et de 5 roubles de Paul Iᵉʳ et d'Alexandre Iᵉʳ valent 52 fr. 38 c.; combien 175 de la 1ʳᵉ, 156 de la 2ᵉ, 285 de la 3ᵉ, 342 de la 4ᵉ et 244 de la 5ᵉ de ces di-verses pièces de monnaie valent-elles de francs?

937. Le *souverain* d'Autriche, monnaie d'or, vaut 25 fr. 17 c., le *ducat fin* de Prusse vaut 11 fr. 85 c., le *souverain* d'Italie vaut 35 fr. 13 c.; le *quadruple* d'Es-pagne vaut 81 fr. 51 c.; combien 1387 de la 1ʳᵉ, 3478 de la 2ᵉ, 1589 de la 3ᵉ et 978 de la 4ᵉ de ces di-verses pièces de monnaie valent-elles de francs?

938. La pièce d'or de 40 fr. vaut 1,5874 livre sterling, 1,9098 chrétien d'or de Danemark, 3,3955 ducats de Hollande, 3,4513 ducats de l'aigle de Russie, 0,7651 pièces de 10 et 5 roubles de Paul Iᵉʳ et d'Alexandre Iᵉʳ; combien 185 pièces de 40 fr. valent-elles de ces diverses espèces de mon-naies?

939. La pièce d'or de 20 fr. vaut 0,7 946 souverain d'Autriche, 1,6 878 ducat fin de Prusse, 0,5 693 souverain d'Italie, 0,2 466 quadruple d'Espagne; combien 347 pièces d'or de 20 fr. valent-elles de pièces de ces diverses espèces de monnaies?

940. La *couronne* d'Angleterre (monnaie d'argent) vaut 5 fr. 81 c., le *schelling* vaut 1 fr. 16 c., le *rouble* de Russie vaut 4 fr., le *florin* d'Autriche vaut 2 fr. 60 c., le *thaler* de Prusse vaut 3 fr. 71 c.; quelle est la valeur en francs de 185 couronnes, de 1 875 schellings, de 480 roubles, de 25 000 florins, de 3 550 thalers de Prusse?

941. La *risdale* de Suède (monnaie d'argent) vaut 5 fr. 75 c., l'écu de Bavière vaut 5 fr. 19 c., le *demi-souverain* d'Italie vaut 17 fr. 56 c., la *piastre* d'Espagne vaut 5 fr. 49 c., la *cruzade neuve* vaut 2 fr. 94 c.; quelle est la valeur en francs de 1 500 risdales de Suède, de 3 000 écus, de 500 demi-souverains, de 4 500 piastres et de 730 cruzades.

942. 1 fr. vaut 0,173 de couronne d'Angleterre, 0,862 de schelling, 0,25 de rouble de Russie, 0,385 de florin d'Autriche, 0,269 de thaler de Prusse; quelle est la valeur d'une somme de 3 600 fr. en chacune de ces diverses monnaies?

943. 1 fr. vaut 0,519 d'écu de Bavière, 0,172 de risdale de Suède, 0,057 de demi-souverain d'Italie, 0,182 de piastre d'Espagne et 0,345 de *cruzade neuve*; quelle est la valeur d'une somme de 1 500 fr. en chacune de ces diverses monnaies?

Astronomie. — Physique.

944. La circonférence du globe terrestre a 360 degrés; chaque degré à l'équateur est en kilomètres de 111^{KM},1 112; quelle est à l'équateur la circonférence de la terre exprimée en kilomètres?

945. Un coup de canon a été entendu 45 secondes après l'explosion ; à quelle distance du lieu où il a été tiré a-t-il été entendu ? (Le son parcourt dans l'air 340 mètres par seconde.)

946. La lumière d'un phare a été vue en mer 0,055 de seconde après son illumination ; à quelle distance se trouvait le vaisseau duquel on l'a aperçue ? (Voir le problème 947.)

947. La lumière du soleil emploie, pour nous arriver, 489 secondes ; elle parcourt en une seconde 31 500 myriamètres ; quelle est la distance de la terre au soleil ?

948. La vitesse de la lumière étant regardée comme instantanée pour les petites distances, et par rapport à celle du son dans l'air, qui n'est que de 340 mètres par seconde, on demande à quelle distance se trouvent l'un de l'autre deux vaisseaux en pleine mer, le bruit d'un coup de canon tiré d'un de ces vaisseaux étant arrivé à l'autre 7 secondes 35 centièmes après l'apparition de la lumière produite par l'explosion.

949. Entre la perception d'un coup de tonnerre dans un lieu et l'apparition de l'éclair, il s'est écoulé 23 secondes ; à quelle distance de ce lieu le tonnerre a-t-il éclaté ? (Voir le problème 945.)

950. On a reconnu, d'après diverses expériences, que la vitesse du son dans l'eau de mer est 4,7 fois plus grande que dans l'air ; combien de kilomètres parcourrait-il par seconde dans ce milieu ?

951. Un mètre cube d'air contient 790 litres d'azote et 210 litres d'oxygène ; combien, dans 345 mètres cubes d'air, y a-t-il de litres de chacun de ces deux gaz ?

952. En 24 heures, un individu rend irrespirable

un volume d'air de 7 860 litres; combien en consomme-t-il dans l'espace de quinze jours?

953. Le kilogramme de charbon animal, tel qu'on l'emploie dans les arts, ne contient que 120 grammes de carbone pure; combien 7 885 kilogrammes en contiennent-ils de grammes?

Applications géométriques (1).

954. L'emplacement d'une tour de forme triangulaire a un côté dont la longueur est de 6^M,375; la distance de ce côté au sommet de l'angle opposé est 4^M,25; quelle est la surface du terrain occupé par la base de cette tour?

955. Une muraille a 1 278^M, 45 de longueur, et la hauteur est de 2^M,885; quelle est la superficie de cette muraille?

956. Le terrain occupé par les abattoirs Montmartre à Paris forme un rectangle dont la base a 750 mètres et la hauteur 125 mètres; quelle est la superficie de ce terrain?

957. L'arc de triomphe de la *porte Saint-Denis*, érigé par la ville de Paris à la gloire de Louis XIV, a une façade de 23^M,388 de long sur une hauteur de 23^M,713; quelle en est la surface?

958. Le palais de la Bourse à Paris occupe un terrain rectangulaire de 42^M,339 de largeur sur 74^M,614 de longueur? quelle est la superficie de ce terrain?

959. On a commandé une caisse devant tenir 192 volumes de même format et de même grandeur;

---

(1) Les problèmes compris sous le titre Applications géométriques exigent, pour être résolus, la connaissance des principes de la géométrie relatifs à la mesure des surfaces et des volumes; les élèves qui n'auraient pas ces notions pourront négliger ces problèmes jusqu'à ce qu'ils soient en état de les résoudre.

ces volumes seront disposés sur deux rangs dans la largeur et sur huit rangs dans la longueur de la caisse; chaque pile contiendra 12 volumes; quelles devront être les dimensions de la caisse, chaque volume ayant 0ᴹ,23 de longueur sur 0ᴹ,13 de largeur et 0ᴹ,04 d'épaisseur?

960. Une caisse contient dans sa largeur 7 piles de livres de chacune 54 volumes, et dans sa longueur 13 piles des mêmes volumes; combien cette caisse contient-elle de volumes?

961. La base d'un pavillon est un octogone régulier dont le côté à l'intérieur a 5ᴹ,15 de long, et la distance du centre de ce polygone à l'un des côtés est de 4ᴹ,32; quelle est la surface de ce pavillon?

962. On veut faire poser dans une pièce rectangulaire un parquet en chêne; les dimensions de cette pièce sont de 12ᴹ,35 de longueur sur 8ᴹ,87 de largeur; le prix du mètre tout posé est de 18 fr. 45 c.; combien coûtera ce parquet?

963. On veut paver une salle à manger en carreaux de marbre noir et blanc, ayant la forme rectangulaire et 0ᴹ,35 de longueur sur 0ᴹ,25 de largeur; la largeur de cette salle peut contenir 25 carreaux, et la longueur peut en contenir 35; quel sera le nombre des carreaux employés? Quelles sont les dimensions de la salle?

964. Une glace dans son cadre a 2ᴹ,25 de hauteur sur 1ᴹ,75 de largeur; quelles seront les dimensions intérieures de la caisse dans laquelle elle doit être emballée, en laissant 0ᴹ,05 de jeu sur toutes les faces? Le cadre, dans sa plus grande hauteur, porte 0ᴹ,9.

965. Si l'on remplit d'eau distillée une caisse dont les dimensions sont 1ᴹ,45 de long, 1ᴹ,15 de large et 0ᴹ,65 de haut, quel sera le poids de cette eau?

966. Une caisse contenant des meubles de prix a pour dimensions, après sa fermeture, 4^M,50 de long, 3^M,85 de large et 1^M,75 de haut; quel est son volume?

967. La longueur d'une chambre est de 12^M,85; sa largeur est de 9^M,95 et sa hauteur de 4^M,45; quel est le volume d'air contenu dans cette pièce?

968. Un réservoir d'eau a 2^M,20 de long sur 0^M,75 de large et 0^M,55 de hauteur; quelle est sa capacité?

969. La toiture d'un pavillon, éclairé par le haut, au moyen d'un vitrage, se compose de 4 trapèzes, ayant même base et même hauteur; la base moyenne de ces trapèzes est de 12^M,60, la hauteur est de 7^M,35; quelle est la surface de cette toiture?

970. Il reste à tapisser dans un appartement un pan de mur ayant 7^M,25 de longueur sur 3^M,45 de hauteur; quelle est la surface de ce pan de mur?

971. Le rayon d'un cercle est 3^M,07; quelle est la longueur de sa circonférence? Déterminez sa surface.

972. La profondeur d'un puits à partir de sa partie supérieure est de 28^M,50, la hauteur de l'eau est de 2^M,40, le diamètre intérieur du puits est 1^M,75; quel est le volume de l'eau qu'il contient, celui de l'eau qu'il pourrait contenir?

973. Un seau ayant la forme d'un tronc de cône dont les rayons des bases sont 0^M,37 et 0^M,52, sa hauteur entre les bases étant 0^M,35; en déterminer la capacité.

974. La hauteur d'un vase cylindrique est de 0^M,34, et le rayon de sa base est 0^M,15; quelle est la capacité de ce vase?

975. La hauteur d'un cylindre formé d'une feuille de zinc est 4^M,33; le rayon intérieur de ce cylindre est $0^M,25$; quelle est la quantité superficielle du zinc employée pour ce cylindre?

976. Le rayon d'une sphère est $0^M,27$; quelle est sa surface? Déterminez son volume.

977. La hauteur d'une zone sphérique est de $0^M,07$; le rayon de la sphère dont elle fait partie est $1^M,45$; quelle est l'étendue superficielle de cette zone?

978. Une caisse ayant pour base un trapèze, a pour hauteur $0^M,75$; la base moyenne du trapèze est de $1^M,55$, sa hauteur de $0^M,85$; quelle est la capacité de cette caisse?

979. Une caisse a pour base un pantagone régulier dont le côté est $0^M,19$, l'apothème est de $0^M,09$, la hauteur de la caisse est $0^M,35$; quelle est la capacité de cette caisse?

980. La hauteur d'un vase de forme conique est de $0^M,27$; le rayon du cercle qui lui sert de base est $0^M,07$; quelle est la capacité de ce vase?

981. Un prisme triangulaire, dont la hauteur est $0^M,65$, a pour base un triangle équilatéral dont le côté est $0^M,17$; quelle est sa surface convexe?

982. Un parallélipipède rectangle a pour base un hexagone régulier dont le côté est $0^M,35$; sa hauteur est $1^M,05$; quelle est la surface convexe de ce parallélipipède, quelle est la circonférence du cercle circonscrit à sa base, quelle serait la surface convexe d'un cylindre ayant ce cercle pour base et la même hauteur que le parallélipipède?

983. Un prisme a pour base un triangle dont la base est $0^M,15$, et la hauteur $0^M,08$; la hauteur du prisme est de $0^M,32$; quel est son volume?

984. Le rayon d'une sphère est $0^M,37$; déterminer la surface convexe de cette sphère, ainsi que la surface convexe du cylindre qui lui est circonscrit.

985. Calculer la surface convexe de l'exaèdre régulier dans lequel l'une des faces a pour périmètre 1^M,36, et pour apothème 0^M,17.

986. Une salle à manger a 15^M,25 de long sur 9^M,85 de large et 4^M,15 de haut; on demande pour peindre les murs 3 fr. 35 c. par mètre carré; à combien reviendra cette peinture?

987. Une table circulaire a 0^M,67 de rayon, et la distance de sa surface au parquet est de 0^M,85; quel est l'espace occupé par cette table dans l'appartement?

988. La surface de la base d'un bassin ayant la forme d'un prisme droit est de 25 mèt. car. 45; sa hauteur est de 3^M; quelle est sa capacité?

989. Un vase a la forme d'une pyramide régulière à base octogonale dont la surface est 15 décimètres carrés; sa hauteur est de 0^M,25; quelle est sa capacité?

990. Une pyramide régulière à base exagonale a pour côté de sa base 1^M,85; son apothème est 2^M,40; quelle est la surface convexe de cette pyramide, non compris la surface de la base?

991. Un verre à pied a la forme d'un tronc de cône dont les rayons des bases sont 0^M,03 et 0^M,07; la distance du fond du verre à sa surface, ou sa hauteur, est de 0^M,90; quelle est la capacité de ce verre?

992. Un pavillon a la forme d'un prisme dont la base inférieure est un exagone régulier de 2^M,25 de côté, et la hauteur de la maçonnerie est de 7^M,45; quelle est la surface convexe intérieure de ce pavillon?

|VI. PROBLÈMES

SUR L'ADDITION, LA SOUSTRACTION ET LA MULTIPLICATION
DES NOMBRES ENTIERS ET DÉCIMAUX.

993. Dans l'inventaire d'un magasin de nouveautés, les articles de laine s'élèvent à 378 542 fr.; ceux de soieries montent à 148 575 fr.; les toiles de coton sont estimées à 48 652 fr.; enfin les articles divers de mercerie et de confection forment une somme de 27 653 fr.; mais il est dû sur les lainages une somme de 47 850 fr.; sur les soieries 39 435 fr.; sur les cotons 23 057 fr., et sur les autres articles 18 200 fr.; à combien s'élève la valeur réelle du magasin?

SOLUTION. Pour résoudre cette question, il faut retrancher l'ensemble des sommes dues sur chaque article du total effectué des diverses sommes composant l'actif du magasin. Le calcul effectué donne pour réponse 474 880 fr.

994. Un négociant a acheté 185 kilog. de café à 3 fr. 15 c. le kilog., 378 kilog. de sucre à 1 fr. 75 c. et 655 kilog. de bougies à 2 fr. 85 c.; combien a-t-il dépensé en tout et pour chaque espèce de marchandise?

SOLUTION. Les 185 kilog. de café ont coûté 185 × 3,15; les 378 kilog. de sucre reviennent à 378 × 1,75; enfin, les 655 kilog. de bougie ont été payés 655 × 2 fr. 85 c. Maintenant, pour déterminer la somme dépensée, il suffira d'effectuer l'addition des divers produits obtenus. Les calculs effectués, on trouve que ce négociant a acheté pour 661 fr. 50 c. de sucre, pour 582 fr. 75 c. de café, pour 1 866 fr. 75 c. de bougies, et qu'il a dépensé en tout 3 111 fr.

995. Deux négociants ont fait entre eux un échange : l'un a donné à l'autre 23 pièces de toile de 54 mètres chacune, à 3 fr. 45 c. le mètre; celui-ci lui a rendu 12 pièces de drap de 32 mètres chacune, à

11 fr. 40 c.; combien celui des deux qui a reçu le plus doit-il rembourser à l'autre ?

SOLUTION. Pour savoir ce que chacun a donné ou reçu, il est évident qu'il faudra évaluer en francs les quantités de toile et de drap échangées, et en retranchant ensuite la plus petite somme de la plus forte on déterminera la différence à rembourser. Or, les 23 pièces de toile, chacune de 54 mètres, à 3 fr. 45 c. l'un, valent $23 \times 54 \times 3$ fr. 45; de même les 12 pièces de drap, chacune de 32 mètres, à 11 fr. 40 c., valent $12 \times 32 \times 11$ fr. 40 c. Ces calculs effectués, on trouve pour la valeur de la toile 4 284 fr. 90 c.; celle du drap est de 4 377 fr. 60 c.

Le marchand de toile redoit au marchand de drap 92 fr. 70 c.

996. Un négociant a acheté 142 mètres de drap à 22 fr. 25 c., 45 pièces de toile de 42 mètres chacune à 4 fr. 25 c. le mètre, 13 pièces de soie de 32 mètres à 5 fr. 35 c.; il vend le drap 26 fr. 35 c. le mètre, la toile 5 fr. 45 c., et la soierie 7 fr. 85 c.; combien a-t-il acheté de mètres d'étoffes ? Qu'a-t-il payé pour chaque espèce ? Quel a été son bénéfice total ?

SOLUTION. La somme faite des nombres 142; 45×42 et 13×32 exprimera la totalité des mètres achetés; le produit 142×22 fr. 25 c. indiquera le coût du drap; le produit $45 \times 42 \times 4$ fr. 25 c. exprimera celui de la toile, et le produit $13 \times 32 \times 5$ fr. 35 c. représentera le prix de la soie; enfin la différence entre la somme de ces trois derniers produits et celle des trois produits suivants $142 \times 26,85$; $45 \times 42 \times 5,45$ et $13 \times 32 \times 7,85$, exprimant, le 1er le prix de la vente du drap, le 2e le montant de la vente de la toile, le 3e enfin, le prix de la vente de la soierie, représentera le bénéfice total demandé.

Ce négociant a donc acheté 2 448 mètres d'étoffes diverses; il a payé pour le drap, 3 159 fr. 50 c.; pour la toile, 8 032 fr. 50 c., et pour la soierie, 2 225 fr. 60 c.; son bénéfice total s'est élevé à 3 890 fr. 20 c.

997. Un ouvrage in-12 de 25 volumes est divisé en deux parties, dont la 1re contient 12 volumes, renfermant chacun 648 pages; la 2e, formée du reste des volumes, qui contiennent chacun 720 pages, chaque page a deux colonnes composées chacune de 45 lignes formées chacune de 28 lettres ; quel est le nombre de pages, de colonnes, de lignes et de lettres que contient cet ouvrage? (La feuille in-12 a 24 pages.)

SOLUTION. La 1ʳᵉ devant renfermer 12 volumes ayant chacun 648 pages, contiendra évidemment ce nombre de pages répété 12 fois; de même, la 2ᵉ partie renfermera autant de fois 720 pages qu'elle aura de volumes, ou 720×13. La somme de ces deux produits indiquera le nombre des pages contenues dans l'ouvrage; ce nombre multiplié par 2 donnera celui des colonnes, et ce dernier produit multiplié par 45 donnera le nombre des lignes; enfin, ce dernier produit multiplié par 28 représentera le nombre des lettres contenues dans tout l'ouvrage.

L'ouvrage en question renferme donc 17 136 pages divisées en 34 272 colonnes, formées de 1,542 240 lignes, composées de 43 182 720 lettres.

996. Un horloger a acheté 137 montres en or à 235 fr. pièce, et 345 en argent à 28 fr. 75 c.; on demande combien il a acheté de montres, combien il a déboursé pour celles en or, pour celles en argent, pour toutes ensemble; quel est l'excès du nombre des montres en argent sur celui des montres en or, et la différence du prix d'achat de toutes celles-ci sur celui des autres.

SOLUTION. Le nombre total des montres achetées s'obtiendra en additionnant celles en or et celles en argent. Une seule montre en or coûtant 235 fr., les 137 montres de même métal coûteront nécessairement ce prix répété 137 fois, ou $235 \text{ fr.} \times 137$; de même, une montre en argent revenant à 28 fr. 75 c., les 345 montres de ce métal reviendront à $28 \text{ fr. } 75 \text{ c.} \times 345$; la somme d'argent donnée pour ces deux achats sera exprimée par le résultat de l'addition des deux produits ainsi obtenus; l'excès du nombre des montres en argent sur celui des montres en or s'obtiendra par la soustraction des deux nombres 345 et 137; enfin celui du prix de ces dernières sur le prix des autres s'obtiendra en soustrayant l'un de l'autre les nombres exprimant les prix de revient de ces deux achats.

Cet horloger a acheté 482 montres; le prix de celles en or s'est élevé à 32 195 fr.; celles en argent ont coûté 9 918 fr. 75 c.; il a donc dépensé en tout 42 113 fr. 75 c.; l'excès du nombre des montres en argent sur celles en or est 208, et le prix des montres en or excède de 22 276 fr. 25 c. le prix de celles en argent.

PROBLÈMES A RÉSOUDRE.

Problèmes usuels. — Système métrique.

999. Un voyageur a été absent de son domicile pendant 18 semaines 2 jours et 6 heures; combien de jours, combien d'heures a duré son absence?

1000. Un enfant est mort 8 jours 6 heures 35 minutes 15 secondes après sa naissance; combien d'heures, de minutes, de secondes, a-t-il vécu?

1001. Un épicier a acheté 945 kilog. 75 décag. de sucre à raison de 1 fr. 45 c. le kilog.; il le revend 1 fr. 75 c. le kilog., quel sera son bénéfice sur la totalité?

1002. Un écolier reçoit de son père 1 fr. 75 c. chaque fois qu'il obtient la première place dans sa classe; il a obtenu cette place 25 fois dans l'année, et il a dépensé 19 fr. 85 c.; combien a-t-il reçu? Que lui reste t-il?

1003. Un père de famille a acheté une caisse d'oranges pour donner en étrennes à ses visiteurs; il en a donné 6 à chacun des 7 premiers qui se sont présentés; il a doublé ce nombre pour chacun des 5 suivants; enfin il lui en reste autant qu'il en a donné; combien avait-il d'oranges? Combien lui en reste-t-il?

1004. Un ouvrier gagne 3 fr. 75 c. par jour; il travaille 285 jours dans l'année et dépense chaque jour 1 fr. 45 c.; que gagne-t-il? Que dépense-t-il par an? Combien économise-t-il?

1005. Chez un marchand de bois, on en a pris 7 stères à brûler au prix de 15 fr. 25 c. le stère; on lui fait donner 2 coups de scie qu'on paye aux scieurs

0,25 c. l'un par stère ; combien a-t-on payé le bois ? Combien les scieurs ont-ils reçu ? A combien revient le bois tout scié ?

1006. Un marchand de vin en a acheté de qualités différentes : 1° 1 375 litres à 0,35 c.; 2° 1 760 litres à 0,65 c.; 3° 645 litres à 1 fr. 15 c.; combien a-t-il acheté de litres de vin en tout ? Combien a-t-il payé pour le tout et pour chaque qualité ?

1007. On a acheté dans un magasin 8^M,40 d'indienne à 0 fr. 85 c. le mètre ; 15 mètres de soie à 3 fr. 95 c. le mètre, et 45 mètres de toile à 5 fr. 35 c.; quel est le montant de la facture ?

1008. Deux ouvriers imprimeurs composent en un jour l'un 12, l'autre 9 pages, qui leur sont payées à raison de 55 c. l'une; ils ont travaillé, le 1er, 45 jours, le 2e, 39 jours sans toucher leur argent; combien chacun d'eux gagne-t-il par jour? Combien est-il dû à chacun d'eux, à tous deux ensemble ?

1009. Un épicier a fourni dans une maison 17 pains de sucre de 7^{KG},45^{DG} chacun, au prix de 1 fr. 75 c. le kilog., et 45 kilog. de café à 2 fr. 45 c. le kilog.; pour combien a-t-il vendu de sucre et de café en tout et séparément?

1010. Un ouvrier charpentier avait demandé pour la façon et la pose de 28 décistères 364 millièmes 1 fr. 65 c. par décistère; il ne lui a été payé que 1 fr. 25 c.; quelle somme demandait-il ? Combien a-t-il reçu ? Quelle diminution a subie son mémoire?

1011. Un fabricant a vendu à un négociant un solde de 3 785 mètres de marchandises diverses au prix moyen de 1 fr. 65 c. le mètre; celui-ci a revendu son marché en détail au prix moyen de 2 fr. 85 c.; quel a été son bénéfice?

1012. Un fournisseur doit habiller 142 élèves d'une institution au prix convenu de 63 fr. par habillement complet : les draps fournis ne se trouvant pas de qualité voulue, et l'on ne reçoit la fourniture que moyennant une retenue de 7 fr. 75 c. par habillement ; quelle somme le fournisseur devait-il gagner ? Combien a-t-il reçu ? A combien s'est élevé le rabais qu'il a subi ?

1013. On a acheté 345 pieds de peupliers à 0,65 c. l'un, 83 poiriers à 1 fr. 25 c. le pied, 42 abricotiers à 1 fr. 15 c. le pied, 67 pommiers à 0 fr. 75 c. l'un ; on a payé 65 fr. pour planter le tout ; combien a-t-on acheté de pieds d'arbres en tout ? Combien a-t-on payé pour chaque espèce ? A combien sont-ils revenus tout plantés ?

1014. Une ménagère a acheté dans son marché 3 douzaines d'œufs à 85 c. la douzaine, $2^{kg},3^{hg}$ de beurre à 2 fr. 25 c. le kilog., $3^{kg},45^{dg}$ de viande à 1 fr. 40 c. le kilog., elle a ensuite dépensé pour divers autres articles 3 fr. 85 c. ; elle avait sur elle 35 fr. ; combien a-t-elle dépensé pour ses œufs, son beurre et sa boucherie ? Combien a-t-elle dépensé en tout ? Que lui reste-t-il ?

1015. On a acheté 475 stères de bois à brûler au prix de 14 fr. 75 c. le stère ; on a réalisé en le revendant un bénéfice de 1 380 fr. ; combien a coûté ce bois ? Combien l'a-t-on revendu ? Combien aurait produit la revente si, au lieu de gagner, on avait perdu la somme de 1 380 fr. ?

1016. Un chef d'institution a eu dans l'année une moyenne de 178 élèves qui lui ont payé chacun 475 fr. de pension ; il a dépensé, tant pour ces élèves que pour toute sa maison, une somme de 67 685 fr. 65 c. ; **quel** a été son bénéfice ?

1017. Un train direct sur le chemin de fer d'Orléans parcourt 36 kilomètres par heure ; un convoi de marchandises n'en parcourt que 22 dans le même temps; combien un train de chaque espèce parcourra-t-il de kilomètres en 25 heures? Combien le premier parcourra-t-il de kilomètres de plus que le second?

1018. Une compagnie composée de 150 tirailleurs a brûlé dans 1 h. 25 cartouches par homme; combien en aurait brûlé chaque homme, si le feu eût continué de même pendant 8 heures consécutives? Combien a-t-on brûlé de cartouches? Combien en aurait-on brûlé dans le 2ᵉ cas? Quel eût été l'excès de nombre des cartouches brûlées dans un cas sur celui des cartouches brûlées dans l'autre?

1019. Il y a dans une commune deux écoles, l'une communale, l'autre privée. La 1ʳᵉ reçoit 5 fois autant de garçons que l'autre, mais il n'y a que 8 petites filles; l'autre, au contraire, n'a que 15 garçons, mais il y a 6 fois autant de filles; combien y a-t-il d'enfants dans la commune qui fréquentent ces deux écoles? Combien chacune des écoles en contient-elle? Quel est l'excès du nombre total des garçons sur celui des filles?

1020. Un instituteur gagne, par année, y compris son traitement fixe, 2 475 fr.; il a pendant six mois 95 élèves payant 1 fr. 75 c. par mois, et 26 qui ne payent que 1 fr. 25 c.; pendant les six autres mois, le nombre des 1ᵉʳˢ élèves se réduit à 45, celui des 2ᵉˢ à 17; combien lui rapportent annuellement ses mois d'école? Quel est son traitement fixe, déduction faite d'une somme éventuelle de 175 fr. qui se trouve comprise dans la somme totale?

1021. Un boulanger consomme par jour 7 sacs de farine de 159 kilog.; chaque sac fournit 54 pains de 2 kilog.; le kilog. de pain vaut 27 c., le sac de farine 42 fr.; combien ce boulanger emploie-t-il de kilog. de farine? Combien fait-il de kilog. de pain par jour? Quel est l'excès du prix du pain fabriqué sur celui de la farine employée?

1022. Une bibliothèque publique est composée de deux pièces renfermant l'une 175 cases, l'autre 145 : les cases de la 1re contiennent chacune 15 rayons, sur chacun desquels sont placés 63 volumes; celles de la 2e renferment chacune 12 rayons contenant chacun 78 volumes; combien chaque pièce contient-elle de volumes? Quel est l'excès du nombre des volumes de l'une sur celui des volumes de l'autre? Combien y a-t-il de volumes en tout?

1023. Une propriété se compose de 21 355 ares de terrain évalués à 32 fr. 45 c. l'un, de 658 ares de bois estimés à 47 fr. 50 c. l'are; enfin, d'une maison de ferme évaluée avec son matériel 34 500 fr. ; on offre du tout une somme de 675 000 fr. ; quelle est la valeur donnée par l'estimation à la propriété? De combien dépasse-t-elle le prix qu'on en offre?

1024. Un ouvrier gagne 3 fr. 75 c. par jour et travaille 285 jours de l'année; sa femme ne travaille que 240 jours et gagne 1 fr. 75 c. par jour; sa fille travaille 307 jours, gagne par jour 1 fr. 25 c., et conserve pour son entretien 0 fr. 65 c. par jour de travail; combien cette famille gagne-t-elle dans une année? Combien la jeune fille conserve-t-elle pour son entretien?

1025. Trois enfants, avant de jouer aux billes, en avaient : le 1er 4, le 2e 3 fois autant que le 1er, le 3e 4 fois autant que les deux autres ensemble; la partie finie, le 1er se trouve en avoir alors 2 fois autant que le 2e, qui, lui-même, en a autant que le 3e; combien le 2e et le 3e enfants avaient-ils de billes en entrant au jeu? Combien chacun des trois en avait-il après la partie? Combien en avaient-ils en tout?

1026. On a acheté une coupe de bois de 478 hectares à raison de 840 fr. l'hectare : l'acquéreur a vendu pour 195 500 fr. de bois de charpente, pour

175 000 fr. de bois à brûler; il a fait 3 985 hectolitres de charbon qu'il a vendu au prix de 4 fr. 75 c. l'hectolitre; on a fait 9 355 pavillons d'écailles d'abattage qu'on a vendus 5 fr. 45 c. pièce, et 68 750 fagots qui ont été vendus à raison de 29 fr. le cent; combien a-t-on acheté cette coupe de bois? Quel a été le produit brut de la vente en détail? Quel a été l'excès du prix de revente sur le prix d'achat?

1027. Trois caisses d'oranges contiennent de ces fruits en nombre et à des prix différents : la 1re en contient 540 à 0 fr. 25 c. l'une, la 2e 675 à 0 fr. 35 c., la 3e 380 à 0 fr. 45 c. ; quelle est la valeur de chaque caisse d'oranges? Quel est l'excès de la plus grande sur chacune des deux autres, soit en nombre, soit en valeur? Combien y a-t-il d'oranges en tout? Combien coûtent les trois caisses ensemble ?

1028. Un fermier a donné, en échange de 15 sacs de farine à 42 fr. le sac , 25 hectolitres de blé à 23 fr. l'hectolitre; combien celui qui a reçu le plus redoit-il à l'autre?

1029. Deux des quatre faces d'un bâtiment contiennent chacune 68 croisées, et les deux autres faces en ont chacune 34; chaque croisée a 8 carreaux coûtant 1 fr. 25 c. l'un; combien ce bâtiment contient-il de croisées, de carreaux? Combien a-t-on payé au vitrier qui les a fournis et mis en place ?

1030. On a payé, pour achat d'un panier de vins différents, contenant 75 bouteilles, une somme de 337 fr. 50 c.; les frais de transport du panier ont été de 22 fr. 80 c.; on a payé pour droits d'entrée dans Paris 18 fr. 75 c. ; à combien est revenu ce panier de vins? Quel bénéfice a-t-on réalisé en le revendant au prix de 5 fr. 75 c. la bouteille?

1031. Un fermier a acheté, pour une somme de 1 800 fr., 180 toisons de brebis pesant ensemble

830 kilog.; il veut les revendre à raison de 2 fr. 55 c. le kilog., à combien s'élèvera alors son bénéfice?

1032. On emploie dans une fabrique 35 ouvriers gagnant chacun 4 fr. 25 c. par jour, 54 qui gagnent 3 fr. 75 c. et 78 qui ne gagnent que 3 fr.; que doit-on après 15 jours de travail à tous ces ouvriers réunis, à chaque série, à chaque ouvrier d'une série?

1033. Une pièce de vin contenant 287 bouteilles a coûté 185 fr.; on emploie pour la mettre en bouteilles des bouteilles à 15 c. pièce; les bouchons et la cire reviennent à 5 fr. 40; enfin, on a payé 4 fr. pour la mise en bouteilles; si l'on vend ce vin 1 fr. 25 c. la bouteille, verre perdu, quel bénéfice réalisera-t-on?

1034. Si un individu avait cinq fois la somme de 9 348 fr., dont il peut disposer, il pourrait acheter une propriété dont il a envie, payer 4 778 fr. de dettes diverses et garder encore pour ses besoins 4 622 fr.; quel est le prix estimatif de la propriété?

1035. Le mémoire d'un boulanger se compose de:

25 pains de 2 kilogrammes	à 34 centimes le kilogramme,				
37 — de 4	—	à 26	—		—
17 — de 2	—	à 33	—		—
28 — de 4	—	à 25	—		—

à combien s'élève le mémoire?

Mesures étrangères comparées aux mesures métriques.

1036. Un voyageur a parcouru dans un mois 465 *milles* en Angleterre, 4 485 *kilomètres* en France et 225 *lieues* en Espagne; combien a-t-il parcouru de kilomètres en tout? (V. probl. 920 et 923.)

1037. Un négociant français a acheté en Angleterre 35 pièces de mousseline contenant chacune 37 *yards*, et à Francfort-sur-Mein 25 pièces de toile contenant chacune 45 *aunes* du pays; combien a-t-il acheté de mètres d'étoffes en tout? (V. probl. 924.)

1038. On a fait venir de Russie 215 *archines* de fourrures, au prix de 5 *roubles* d'argent l'archine, et de Florence 22 pièces d'étoffes chacune de 52 *brasses*, au prix de 2 florins la brasse; combien a-t-on payé chaque commande en francs? Combien ont coûté ces deux acquisitions? (V. probl. 925 et 940.)

1039. Un négociant anglais a acheté à Lyon 35 pièces de soieries de 42 mètres chacune, à raison de 3 fr. 75 c. le mètre, et en Alsace 152 pièces de toiles diverses de 52 mètres chacune et à 1 fr. 35 c. le mètre; il revend en Angleterre la soie au prix de 6 *schellings* le *yard*, et la toile à raison de 2 schellings; quel bénéfice fait-il sur le prix de chacune de ces deux acquisitions, sur les deux réunies? (V. probl. 924 et 940).

1040. Un capitaliste possède à Londres 1 375 *livres sterlings*; il a en Russie 45 650 *roubles* d'argent, en Autriche 1 450 *souverains*, et en Espagne 585 *quadruples*; quelle est en francs la fortune de ce capitaliste dans chacun de ces pays? Combien en possède-t-il en tout? (V. probl. 936, 937 et 940.)

1041. Un entrepreneur anglais a payé pour une construction 235 *livres sterlings* aux maçons, 345 *couronnes* aux charpentiers et 1 245 *schellings* aux menuisiers; combien de francs a-t-il donné à chacun, combien a-t-il payé en tout? (V. probl. 936 et 940.)

1042. Un commissionnaire expédie en Russie 145 paniers de champagne contenant chacun 75 bouteilles; ce champagne lui revient à 2 fr. 35 c. la bouteille; il reçoit en échange un ballot de cuir de Russie pesant 1 880 *livres de Russie* et estimé 2 roubles la livre; quelle est la valeur des deux envois? Combien le commissionnaire a-t-il gagné? (V. probl. 940.) La livre russe vaut 0^{KG},408 790.

1043. On a acheté en Angleterre 25 tonnes d'*ale*; chaque tonne contient 25 *gallons* anglais, et le gallon coûte 6 *schellings;* on revend cette bière à Paris au prix de 2 fr. 75 c. le litre; combien a-t-on acheté de litres d'ale? A combien de francs reviennent les 25 tonnes? Quel bénéfice fait-on sur la vente, les frais pour amener le tout à Paris s'étant élevés à 78 c. par litre. (V. probl. 931 et 940.)

1044. On a payé en Angleterre une propriété 3578 *livres sterlings;* en Russie, on en a payé une autre 18545 *ducats de l'aigle;* exprimer en francs la somme versée pour ces deux acquisitions et la différence des deux prix. (V. probl. 936.)

1045. On a dépensé pour un voyage à Vienne (Autriche) 83 *souverains* payés à l'hôtellerie, 25 souverains pour diverses acquisitions, 85 *risdales* de Suède en menues dépenses et 130 *florins* pour frais de voyage; on avait, en quittant la France, 5875 fr.; combien a-t-on dépensé? Que possède-t-on encore? (V. probl. 937, 940 et 941.)

1046. On a acheté en Angleterre une caisse de thé pesant 125 *livres anglaises* et qu'on a payée à raison de 7 *schellings* la livre; combien en a-t-on acheté de kilog.? Quelle somme a-t-on payée pour le tout? Quel bénéfice a-t-on réalisé en le vendant en France 26 fr. 50 c. le kilog.? (V. probl. 935 et 940.).

1047. Un individu a dans sa bourse 5 *chrétiens d'or* de Danemark, 15 *ducats* de Hollande, 2 *souverains* d'Italie et 25 *ducats fins* de Prusse; il possède également en monnaie d'argent 25 *couronnes* d'Angleterre, 7 *roubles* de Russie, 4 *thalers* de Prusse et 8 *piastres* d'Espagne; exprimer en francs ce qu'il possède en or, en argent, en tout. (V. probl. 936, 937, 940 et 941.)

Applications géométriques.

1048. La toiture d'un bâtiment est composée de deux trapèzes ayant même base et même hauteur, et de deux triangles égaux en hauteur et de même base. La base moyenne des trapèzes est de 23^M,35 ; leur hauteur est de 6^M,45 comme celle des triangles, dont la base est 8^M,25 ; quelle est la superficie totale de cette couverture ?

1049. Une salle a 3^M,45 de haut, 8^M,50 de large et 9^M,30 de long ; dans l'un des murs se trouvent 2 croisées hautes chacune de 2^M,45 et larges de 1^M,20. Combien coûtera la peinture de cette salle, déduction faite des fenêtres, le mètre carré de peinture coûtant 2 fr. 75 c. ?

1050. On paye à raison de 6 fr. 25 c. le mètre superficiel un plancher qu'on fait poser dans une pièce régulière ayant 15^M de long sur 12 de large, en ajoutant d'une part 4 parties égales de renfoncement ayant 0^M,45 de profondeur sur 1^M,25 de longueur, et en diminuant d'autre part l'avance de deux foyers de cheminée ayant chacun 0^M,85 de profondeur sur 1^M,65 de long ; combien aura-t-on à payer ?

1051. Un terrain est divisé en deux parties, l'une rectangulaire ayant 125^M d'un côté et 47^M de l'autre, la 2e de la forme d'un trapèze ayant 39^M de base moyenne et 37^M de hauteur ; exprimer en ares la surface de ce terrain.

1052. Dans une propriété close de murs, les bâtiments et les cours occupent un terrain rectangulaire de 175^M de long sur 125 de profondeur ; le reste de la propriété se compose, tant en jardins qu'en bois et prairies, de 835 ares ; quelle est la superficie totale de cette propriété ?

1053. On veut faire peindre une salle de bains dont les dimensions sont de 4^M,25 de large sur 5^M,15 de long ; la cheminée a 1^M,25 de long sur 1^M,05 de haut, et la porte vitrée a 1^M,45 de large sur 2^M de haut. La hauteur de la pièce, à partir de la plinthe, est de 2ᴹ,60; combien coûtera la peinture des quatre pans et du plafond, déduction faite de la porte et de la cheminée, au prix de 2 fr. 50 c. le mètre?

1054. Un salon a 11ᴹ,35 de long sur 9ᴹ,45 de large et 4ᴹ,55 de hauteur; les renfoncements de 8 croisées de mêmes dimensions forment 8 parallélipipèdes rectangulaires de 1ᴹ,25 de long sur 0ᴹ,44 de profondeur et 3ᴹ,40 de hauteur; quel est le volume d'air contenu dans cette pièce?

1055. On a creusé un conduit souterrain de 125ᴹ de long sur 3ᴹ,45 de large et 2ᴹ de haut; les terres sont soutenues de chaque côté par deux murs parallèles, après la construction desquels la largeur du conduit n'est plus que de 3ᴹ,45, la longueur et la hauteur restant les mêmes; quel est le volume de la maçonnerie construite de part et d'autre? Combien a-t-elle coûté, le prix du mètre cube étant de 4 fr. 50 c.?

1056. Un bloc de marbre ayant la forme d'un parallélipipède rectangle a 1ᴹ,85 de largeur, 2ᴹ,35 de longueur et 0ᴹ,65 de hauteur; déterminer le volume de ce bloc de marbre; quelle est sa surface convexe?

1057. Le diamètre d'un puits pris à l'extérieur du revêtement (1) est de 2ᴹ,35, et le diamètre pris à l'intérieur est de 2ᴹ,85; quelle est la superficie de la couronne circulaire (2) qui termine ce revêtement? Quel est le volume du revêtement?

1058. Deux sphères concentriques ont pour rayons,

---

(1) Le revêtement d'un puits est une muraille circulaire partout de même épaisseur, servant à garnir l'intérieur du puits et à soutenir les terres qui l'entourent.

(2) Par couronne circulaire on entend la partie de l'espace contenue entre les circonférences de deux cercles concentriques; elle exprime la différence entre les surfaces de ces deux cercles.

l'une $2^M,15$ et l'autre $3^M,45$; quel est le volume d'air contenu entre ces deux sphères?

1059. Une galerie est éclairée par un vitrage composé de 4 compartiments égaux deux à deux; les deux plus grands, formant deux trapèzes égaux, contiennent dans leur hauteur 15 carreaux, ayant chacun $0^M,27$ de largeur sur $0^M,35$ de hauteur, et dans leur base moyenne 165 de ces carreaux; les deux autres compartiments, de forme triangulaire et de même hauteur que les premiers, ont chacun dans leur base 39 carreaux de mêmes dimensions que les autres; indiquer le nombre des carreaux compris dans les deux grands, dans les deux petits compartiments, dans tout le vitrage. Quelle est la surface totale?

1060. Un pavillon a pour base un octogone régulier dont le côté intérieur est $2^M,45$ et le côté extérieur $2^M,80$; l'apothème de la base intérieure est $7^M,35$, et celui de la base extérieure de $7^M,50$; la hauteur commune est de $8^M,75$; on demande quelles sont les superficies extérieure et intérieure de la maçonnerie de ce pavillon, et quelle est la solidité de cette maçonnerie.

1061. Une maison a 25^M de long sur 18^M de haut. La façade de cette maison a été couverte d'une couche superficielle de plâtre qu'on paye à raison de 3 fr. 25 c. le mètre carré; cette maison est percée à chacun des trois étages de 9 fenêtres de mêmes dimensions, ayant $2^M,20$ de haut et $1^M,40$ de large; il y a également au rez-de-chaussée 8 de ces fenêtres, et, de plus, une porte charretière de $3^M,50$ de haut et large de $2^M,35$; combien a-t-on payé pour la couche superficielle mise sur toute la façade et déduction faite de toutes les ouvertures?

1062. Les fondations d'un bâtiment carré ont

1^M,05 de profondeur sur 0^M,65 de largeur et 25^M de longueur ; la maçonnerie au sortir de terre a 15^M,50 de hauteur sur 24^M,90 de longueur et 0^M,55 de largeur ; quelle est la quantité de mètres cubes de maçonnerie contenue dans les murs extérieurs de ce bâtiment, fondations comprises, et déduction faite de 4 ouvertures, ayant chacune 3^M,50 de haut et 2^M,85 de large, et de 28 autres ouvertures ayant chacune 2^M,20 de haut et 1^M,40 de large ?

DIVISION

14. La DIVISION est une opération par laquelle on cherche combien de fois un nombre donné, appelé *dividende*, en contient un autre aussi donné, appelé *diviseur;* ou, en d'autres termes, la division a pour but, étant donné un produit (dividende) et l'un de ses facteurs (diviseur), de déterminer l'autre facteur. Le résultat de l'opération se nomme *quotient* (1).

15. La division sert à résoudre les questions générales suivantes, auxquelles il est facile de ramener toutes les autres.

1° *Diviser un nombre en tant de parties égales qu'on voudra;*

2° *Le prix de l'unité d'une quantité quelconque étant connu, déterminer combien on aurait de ces unités pour une somme donnée;*

3° *Déterminer le prix de l'unité d'une quantité, sachant qu'un nombre déterminé de ces unités a coûté une somme aussi déterminée;*

4° *Par quel nombre faut-il multiplier un nombre donné pour en obtenir un autre aussi donné?*

5° *Combien l'unité d'une certaine quantité de marchandises achetée pour une somme déterminée doit-elle être vendue pour que le vendeur fasse sur son achat un bénéfice déterminé?*

VIII. Exercices

SUR LA DIVISION DES NOMBRES ENTIERS ET DÉCIMAUX.

Nombres entiers.

1063. Effectuer la division des nombres 45 par 5; 64 par 8; 72 par 9; 49 par 7.

---

(1) Voir note. *Petite Arithmétique décimale,* nᵒˢ 188 à 238 inclus.

1064. Diviser 378 par 7 ; 528 par 4 ; 5 645 par 5.

1065. Trouver le quotient du nombre 3 357 par 9 ; de 391 par 17.

1066. Effectuer la division de 35 795 par 45 ; de 35 784 par 322.

1067. Trouver le quotient de 435 976 par 439.

1068. Effectuer la division de 357 409 par 56 002 ; de 43 578 par 2 004 ; de 3 002 506 par 472.

1069. Déterminer le quotient des nombres 735 600 par 579 ; 834 207 par 4 500.

1070. Effectuer la division des nombres 934 765 par 329 ; 645 004 par 2 380 ; 578 000 par 453.

1071. Le quotient du nombre 197 612 divisé par 127 exprime l'année de l'abdication de l'empereur *Charles-Quint* ; en quelle année a-t-il abdiqué ?

1072. Le quotient du nombre 57 603 divisé par 39 exprime l'année de la mort de *Charles le Téméraire* ; de quelle année date la mort de ce prince ?

1073. Le quotient du nombre 151 200 divisé par 378 exprime l'année de la mort de *Socrate* ; de quelle année av. J.-C. date la mort de ce philosophe ?

1074. Si on divise 257 184 par 342, le quotient représentera l'année de la fondation de Syracuse ; de quelle année av. J.-C. date l'existence de cette ville ?

1075. Le quotient de 143 764 par 127 exprime l'année de la mort de *Codrus*, roi d'Athènes ; en quelle année ce prince se dévoua-t-il pour sa patrie ?

1076. En divisant par 1 337 le nombre 431 851, on obtient au quotient le nombre exprimant l'année de la mort d'*Alexandre le Grand* ; quel est ce nombre ?

1077. Le quotient de 480 612 par 1 324 exprime l'année de la mort d'*Épaminondas* ; trouvez ce quotient.

1078. L'année où fut livrée la *bataille d'Hastings*, qui soumit l'Angleterre aux Normands, est exprimée par le quotient de 52 234 par 49 ; quelle est cette année ?

1079. L'année où fut entreprise la 3ᵉ croisade est représentée par le quotient de 1 087 935 par 915; trouver ce quotient.

1080. Le quotient de 834 412 par 619 exprime l'année où régna en Europe la peste désignée sous le nom de la *mort noire;* indiquer cette année.

1081. Le quotient d e 4 679 290 par 3 245 exprime l'époque à laquelle commença la traite des nègres par les Portugais ; désigner cette époque.

1082. L'époque de la mort de *Charles-Quint* est représentée par le quotient de 518 814 par 333; en quelle année mourut-il?

1083. L'année de l'avénement du pape *Sixte-Quint* est exprimée par le quotient de 2 079 620 par 1 312; en quelle année Sixte-Quint fut-il nommé pape?

1084. En divisant le nombre 531 981 par 323, le quotient exprimera l'année de la révolte de *Mazaniello* à Naples; quel est ce quotient?

1085. En divisant 760 264 par 452, on obtient pour quotient l'année de l'avénement du czar de Russie *Pierre le Grand;* trouver ce quotient.

1086. Le résultat de la division de 2 488 560 par 1 320 exprime l'année de la mort d'*Olivier Cromwell;* trouver ce quotient.

1087. Le quotient de 3 864 043 par 2 240, indique l'année de la mort de *Pierre le Grand,* et le reste de cette division donne la durée de son règne; en quelle année mourut-il? Combien de temps a-t-il régné?

1088. La division de 2 726 972 par 1 552 donne pour quotient l'époque du commencement de la guerre dite de *Sept ans* qui éclata entre la France, l'Autriche et la Russie, contre l'Angleterre et la Prusse; et pour reste, celle de l'avénement de *Charles II* au trône d'Angleterre; quelles sont ces deux époques?

1089. L'année de la mort de *Stanislas Leczinski*, duc de Lorraine, est exprimée par le quotient des nombres 2 159 789 et 1 222, et l'époque de son entrée en possession de ce duché est exprimée par le reste de cette division ; déterminer ces deux époques.

Nombres décimaux.

1090. Effectuer les divisions de 13,96 par 405 ; de 1 564,32 par 67 154.

1091. Trouver les quotients de 43 005 par 3,62 ; de 78 500 par 25,67 ; de 69 430 par 35,6.

1092. Effectuer les divisions de 357,62 par 3 500 ; de 37 800 par 5,024 ; de 379,42 par 470.

1093. Diviser l'un par l'autre les nombres décimaux 3 579,435 et 65,342.

1094. Effectuer la division de 405,632 par 2,346 ; de 67,0 432 par 5,64 ; de 4,30 507 par 2,35.

1095. Trouver les quotients de 43,782 par 35,624 ; de 35,6 745 par 3,052 ; de 4 567,05 par 3,046.

1096. Déterminer les quotients de 3,45 674 par 2,793 ; de 5,4 856 par 4,982.

1097. Effectuer les divisions de 356,02 par 4,785 ; de 4 367,4 par 35,6 732.

1098. Effectuer les divisions de 134,357 par 2,468 ; de 35,6 789 par 9,345 ; de 3 578,7 par 8,432.

1099. Effectuer les divisions de 4 567 par 0,45 ; de 6 740 par 0,034 ; de 47 000 par 0,567.

1100. Trouver les quotients de 345,47 par 0,482 ; de 750,43 par 0,278 ; de 643,2 par 0,356.

1101. Trouver les quotients de 35,307 par 1 465 ; de 4,5 673 par 0,4 236 ; de 36,574 par 0,952.

1102. Effectuer les divisions de 3,5 072 par 0,347 ; de 6,43 298 par 0,565.

1103. Effectuer les divisions de 0,9 745 par 0,3 562 ; de 0,6 743 par 0,00 579.

1104. Approcher à 0,1 près des quotients de 3 567 par 43; de 679 537 par 39.

1105. Approcher à 0,01 près des quotients de 3 956,07 par 356,4; de 4 756,32 par 4,57.

1106. Approcher à 0,001 près des quotients de 3 956 par 0,472; de 6 573 par 3,057.

1107. Approcher à 0,0001 près du quotient de 357 984 par 45,723.

1108. Approcher successivement à 0,1 et à 0,01 près du quotient de 35,7 874 par 3,0 702.

1109. Trouver à 0,000 001 près des quotients de 3 578 par 49; de 357,04 par 53.

1110. Le quotient du nombre décimal 14 652,80 par 0,32 exprime le chiffre de la population de la ville d'*Orléans;* quelle est cette population?

1111. Le quotient de 96 437,85 par 3,45 exprime le chiffre de la population de *Grenoble;* quelle est cette population?

1112. Si l'on divise 120 328 par 44,5, on obtient pour quotient le nombre exprimant en kilomètres carrés l'étendue territoriale du département du *Rhône;* quelle est cette étendue?

1113. Le quotient de 15 577,92 par 3,005 exprime en kilomètres carrés la superficie du département du *Doubs;* quelle est cette superficie?

1114. Si on divise 343,73 par 0,37, le quotient exprime l'année de la mort de *Charles le Simple;* trouver ce quotient.

1115. L'époque à laquelle remonte l'expulsion des juifs de France sous *Philippe-Auguste* est exprimée par le quotient de 32 505 par 27,5; quelle est-elle?

1116. L'époque de la première assemblée des états généraux depuis *Charlemagne* est exprimée par le quotient des nombres 6 519,114 et 5 007; en quelle année eut-elle lieu?

1117. L'année de la mort de *Henri II*, tué dans un tournoi par le *comte de Montgommery*, est exprimée par le quotient d e 550,6 388 par 0,3 532 ; quel est ce quotient ?

1118. Trouver le quotient de 11,43 par 0,0 075 exprimant l'année de la mort du chevalier *Bayard*.

1119. Trouver le quotient de 4 764,1 par 3,05, lequel exprime l'année du massacre des protestants à Vassy, par le *duc de Guise*.

1120. Déterminer le quotient de la division de 1 973,617 par 1,234 exprimant l'année de la révocation de l'*édit de Nantes*, et dont le reste indique l'année de sa promulgation ; indiquer ces deux dates.

1121. Le quotient de 663 par 0,375 indique l'époque à laquelle la Corse fut cédée à la France par les Génois ; en quelle année eut lieu cet abandon ?

1122. La division de 5 944,849 par 3,323 donne pour quotient l'année dans laquelle les biens ecclésiastiques furent déclarés biens nationaux, et pour reste la date du mois de novembre dans lequel le décret a été rendu ; trouver ces deux dates.

1123. Le quotient de la division de 5 288,04 par 3,33 exprime l'année dans laquelle *Henri III* fit assassiner les *Guise* aux états de Blois ; en quelle année eut lieu cet événement ?

1124. La division de 4 105,64 par 2,55 donne pour quotient l'année de l'assassinat de *Henri IV* par *Ravaillac*, et pour reste la date du mois de *mai*, dans lequel ce crime a été commis ; quelle est la date de la mort de Henri IV ?

PROBLÈMES

SUR LA DIVISION DES NOMBRES ENTIERS ET DÉCIMAUX.

1125. Un enfant avait 156 billes; il en a perdu le sixième dans la journée; combien lui en reste-t-il?

SOLUTION. Pour connaître ce qu'il reste de billes à cet enfant, il faut évidemment diviser par 6 le nombre primitif de ses billes, 156, et diminuer ensuite ce nombre du quotient obtenu. Le quotient de 156 divisé par 6 est 26, il reste donc à l'enfant 156 — 26 ou 130 billes.

1126. Une somme de 78 962 fr. est à partager entre 13 héritiers; que revient-il à chacun?

SOLUTION. Un héritier représentant la 13ᵉ partie des partageants, sa part dans la succession, qui doit être la même pour tous, sera nécessairement la 13ᵉ partie de la somme à partager, 78 962 fr.; on déterminera donc cette part en divisant 78 962 par 13. Le quotient obtenu est 6 074 fr.

Chaque héritier recevra donc 6 074 fr.

1127. Un bâtiment monté par 225 hommes a fait une prise qui est estimée à 147 825 fr.; quelle doit être la part de chaque homme?

SOLUTION. Il suffirait évidemment, pour que chaque homme reçût 1 fr., que la somme à partager fût égale au nombre des partageants, c'est-à-dire qu'elle fût de 225 fr.; par conséquent chacun d'eux devra recevoir 1 fr. autant de fois que 225 fr. seront contenus dans le montant de la prise; il faut donc diviser 147 825 par 225. La division effectuée donne pour quotient 657.

Chaque partageant devra donc recevoir 657 fr.

1128. Un bureau de bienfaisance partage entre 1 885 pauvres une somme de 1 413 fr. 75 c.; combien chaque pauvre doit-il recevoir?

SOLUTION. Si le nombre des pauvres se réduisait à un seul, il toucherait la somme tout entière, c'est-à-dire 1 413 fr. 75 c.; mais comme un pauvre n'est que la 1 885ᵉ partie des partageants, il ne devra recevoir que la 1 885ᵉ partie de la somme à partager, c'est-à-dire 1 413,75 : 1 885 ou 0 fr. 75 c.

1129. Un volume in-18 renferme 1 149 984 lettres, 26 136 lignes et 792 pages ; combien y a-t-il de feuilles dans le volume ? Quel est le nombre de lettres contenues dans une ligne, le nombre de lettres et de lignes contenues dans une page, dans une feuille ?

Solution. Ce problème peut se diviser en quatre autres distincts :

1° Le premier, répondant à la première question, s'énoncera ainsi : *Un volume in-18 renferme 792 pages, combien a-t-il de feuilles ?*

Solution. La feuille in-18 contenant 36 pages, ce volume contiendra autant de fois une feuille que le nombre 792 contiendra de fois 36 ; le quotient de 792 par 36 répondra donc à cette première question.

2° Le deuxième répondant à la deuxième question, s'énoncera ainsi : *Un volume renfermant 1 149 984 lettres contient 26 136 lignes ; combien chaque ligne a-t-elle de lettres ?*

Solution. 26 136 lignes étant composées de 1 149 984 lettres, une seule ligne sera évidemment composée d'un nombre de lettres exprimé par le quotient de 1 149 984 par 26 136.

3° Le troisième, répondant à la troisième question, s'énoncera ainsi : *Un volume de 792 pages contient 26 136 lignes et 1 149 984 lettres ; combien chaque page contient-elle de lignes, de lettres ?*

Solution. 792 pages étant formées de 26 136 lignes et de 1 149 984 lettres, une seule page se composera d'un nombre de lignes exprimé par le quotient de 26 136 par 792 et d'un nombre de lettres également exprimé par le quotient de 1 149 984 par 792.

4° Enfin, le quatrième, répondant à la dernière question, s'énoncera ainsi : *Un volume, formé de 22 feuilles, est composé de 26 136 lignes et de 1 149 984 lettres ; combien une feuille contient-elle de lignes, de lettres ?*

Solution. En suivant un raisonnement semblable au précédent, on trouvera que les quotients de 26 136 par 22 et de 1 149 984 par 22 répondront à la question.

Donc le volume en question renferme 22 feuilles, chaque ligne renferme 44 lettres, chaque page contient 33 lignes et 1 452 lettres, enfin chaque feuille contient 1 188 lignes et 52 772 lettres.

PROBLÈMES A RÉSOUDRE.

Problèmes usuels. — Système métrique.

1130. On a payé 12 fauteuils 648 fr. ; quel est le prix de l'un d'eux ?

1131. 25 ouvriers ont fait ensemble 3 650 mètres d'ouvrage ; combien chacun d'eux a-t-il fait de mètres ?

1132. Une rame de papier à lettres contient 180 feuilles disposées en cahiers de 6 feuilles chacun ; combien y a-t-il de cahiers dans la rame ?

1133. Une ouvrière a gagné en 45 jours une somme de 83 fr. 25 c. ; combien gagnait-elle par jour ?

1134. Une rame de papier a 500 feuilles divisées en plusieurs mains ayant chacune 25 feuilles ; combien y a-t-il de mains dans une rame ?

1135. Un ouvrage est formé de 284 pages renfermant ensemble 13 348 lignes ; combien chaque page en contient-elle ?

1136. On a 36 pièces de vin d'égale grandeur, qui contiennent ensemble 8 460 litres ; combien chacune en contient-elle ?

1137. Un particulier a dépensé 6 205 fr. dans une année ; combien a-t-il dépensé par jour ? (V. probl. 848.)

1138. On a acheté pour une somme de 456 fr. 25 c. de la toile coûtant 6 fr. 25 c. le mètre ; combien en a-t-on acheté de mètres ?

1139. Connaissant le produit de deux nombres, 98 201, et l'un de ces nombres 283 ; trouver l'autre.

1140. Quel est le nombre qui, multiplié par 57, 35, a donné pour produit 1 834,97 060 ?

1141. Combien de fois le nombre 3 644 peut-il être retranché de 590 328 ?

7.

1142. Une fontaine a donné dans 45 minutes 146^{L},25 d'eau ; combien en a-t-elle fourni en 1 minute?

1143. On veut remplir du contenu d'une pièce de vin de 215^{L},25 des bouteilles de la contenance de 0^{L},75 ; combien devra-t-on en employer?

1144. Un fermier a récolté 1 935 hectol. de froment; combien emploiera-t-il, pour le transporter, de sacs contenant 1^{HL},25^{L}.

1145. Un propriétaire a récolté 20 017^{KG},95^{DG} de fourrage ; combien a-t-il eu de bottes pesant chacune 5^{KG},65^{DG}.

1146. Une plantation renferme dans 35 rangées 12 320 pieds d'arbres; combien chaque rangée en contient-elle ?

1147. Une plate-forme se trouve élevée à 101^{M},25 du sol; on y arrive par des escaliers ayant chacun 0^{M},27 de hauteur; combien y a-t-il d'escaliers à monter?

1148. On a employé pour l'habillement d'une compagnie de gardes nationaux 145 pièces de drap renfermant ensemble 6 090 mètres; combien y avait-il de mètres dans une pièce?

1149. On a distribué à 2 780 hommes 102 860 cartouches; combien chacun en a-t-il reçu?

1150. On a partagé entre 6 personnes un terrain de 245^{HA},70^{CA} ; quelle a été la part de chacune?

1151. Une bibliothèque renferme 34 040 volumes répartis sur 296 rayons ; combien chaque rayon contient-il de volumes?

1152. Une ouvrière a acheté pour une robe 8^{M},60 d'étoffe qu'elle a payés 24 fr. 51 c. ; combien coûte le mètre de cette étoffe?

1153. On a acheté pour meubler un appartement pour 423 fr. de velours à 11 fr. 75 c. le mètre ; combien en a-t-on acheté de mètres?

1154. Un sac d'argent contient 1 565 fr. en pièces de 0,25 c. ; combien contient-il de pièces ?

1155. Un sac rempli de pièces de 40 fr. en or pèse 10 206ᵍ,4 312 ; la pièce de 40 fr. pèse 12ᵍ,9 032 ; combien ce sac contient-il de pièces de 40 fr. ?

1156. Le poids d'une pièce de 5 fr. est 25ᵍ ; combien vaut de pièces de 5 fr. un poids d'argent monnayé de 385ᵏᵍ.

1157. Un tailleur a fourni 145 habillements complets pour la somme de 11 310 fr.; quel est le prix de l'un de ces habillements ?

1158. Un tonneau de vin de 228 litres a coûté 148 fr. 20 c.; à combien revient le litre ?

1159. Il y a dans un jour 1 440 minutes; une semaine en contient 10 080; combien y a-t-il de jours dans la semaine ?

1160. Il y a dans le mois de janvier 44 640 minutes, 1 440 dans un jour, et 60 dans une heure; combien ce mois contient il de jours et d'heures ?

1161. Un piéton marchant pendant 33 jours a parcouru 1 385 kilomètres; combien en a-t-il parcouru chaque jour ?

1162. Un compositeur d'imprimerie a fait en 26 jours 338 pages de composition, et a gagné 152 fr. 10 c. ; combien a-t-il fait de pages, combien gagnait-il par jour ?

1163. On a donné à un imprimeur pour le tirage d'un ouvrage de 12 feuilles, 52 800 feuilles de papier ; à combien d'exemplaires cet ouvrage doit-il être tiré ? Combien a-t-on donné de rames, de mains ?

1164. On a payé à un maître maçon, pour 88 mètres superficiels de légers ouvrages en plâtre, une somme de 277 fr. 20 c. ; à combien revient le mètre ?

1165. On a payé à des terrassiers, pour la fouille de terres d'une tranchée de 67 mètres cubes 5, une somme de 94 fr. 50 c. ; à combien revenait le mètre cube ?

1166. Pour 53 mètres cubes 8 de construction d'une tranchée, hourdée en chaux et sable, *pierre à façon*, on a payé 295 fr. 90 c. ; à combien revient le mètre cube ?

1167. On a payé, pour 295 mètres cubes de pierres à bâtir, une somme de 1 135 fr. 75 c. ; quel est le prix du mètre cube ?

1168. Une pièce de canon tirant pendant 34 heures consécutives, a consommé 3 842 gargousses ; combien a-t-elle tiré de coups par heure ?

1169. Un convoi de marchandises sur un chemin de fer a mis 72 heures pour parcourir 1 656 kilomètres ; combien en parcourait-il dans une heure ?

1170. Un chef d'atelier doit à 275 ouvriers, après 15 jours de travail, une somme de 13 406 fr. 25 c. ; combien doit-il à chacun d'eux ? Combien reçoivent-ils par jour ensemble et séparément ?

1171. Une administration fait dans l'année pour le chauffage de ses bureaux une dépense de 973 fr. 50 c. de bois à brûler, qu'elle paye 16 fr. 50 c. le stère ; le chauffage dure pendant 150 jours ; combien brûle-t-on de stères de bois ? A combien revient le chauffage journalier ?

1172. Le prix de la pension dans un établissement d'instruction publique est de 475 fr. ; cet établissement a reçu dans l'année 62 700 fr. ; combien avait-il de pensionnaires ?

1173. Un tailleur a fourni à une compagnie de gardes nationaux 132 uniformes complets, pour une somme de 9 636 fr. ; il a gagné sur la fourniture 1 168 fr. 20 c. ; à combien revenait chaque uniforme ? Combien le tailleur a-t-il gagné sur chacun ?

1174. Un architecte chargé de la vérification d'un

mémoire, l'a réduit de 2 754 fr. 22 c. à 1 924 fr. 56 c. ; à combien l'eût-il réduit s'il eût été de 1 fr. seulement? Trouver la solution à 0,001 près.

1175. Un ouvrier gagne 1 485 fr. par an ; il en économise le tiers ; combien dépense-t-il par an?

1176. On a acheté, pour 31 619 fr. 70 c., 21 pièces de drap, contenant ensemble 882 mètres ; quel est le prix de revient du mètre? Combien chaque pièce en contient-elle?

1177. La contribution moyenne annuelle prélevée par l'État sur chacun des ménages d'une commune s'élève à la somme de 12 fr. 65 c., et produit une somme de 20 062 fr. 90 c. ; quel est le nombre des ménages de cette commune?

1178. On a acheté, pour 218 925 fr., 45 hectares de terrain ; combien coûte l'are de ce terrain?

1179. Les 750 membres de l'Assemblée constituante coûtent à l'État 6 843 750 fr. par an ; combien touche chacun d'eux (1849)?

1180. Un tailleur fournit à une institution 235 habillements complets, pour une somme de 18 330 fr.; le prix des pantalons doit être le tiers de celui de l'habillement ; à combien reviennent les pantalons, les tuniques, l'habillement complet?

1181. On a rempli un tonneau de vin de la contenance de 345 litres avec 38 litres d'eau ; combien chaque litre du mélange contient-il d'eau?

1182. Un boulanger emploie dans l'année 1 460 sacs ou 232 140 kilog. de farine ; combien emploie-t-il de sacs, de kilogrammes par jour, et combien le sac contient-il de kilogrammes?

1183. Six sacs ou 954 kilog. de farine ont fourni 1 296 kilog. de pain ; combien un sac de farine fournit-il de kilogrammes de pain? Combien un kilog. de farine donne-t-il de kilog. de pain à 1ᶜ près?

1184. De 358 642 kilog. d'eau de mer, on a tiré 23 321 kilog. 750 gram. de sel; combien 1 kilog. d'eau en a-t-il fourni à 0ᶜ,001 près?

1185. Un maître de pension prend, pour envoyer ses élèves de Paris à Corbeille, deux wagons de 3ᵉ classe tenant chacun 40 places, et paye pour ces deux voitures 128 fr.; combien a-t-il payé par place?

1186. On a acheté 375 douzaines d'oranges, pour une somme de 843 fr. 75 c.; à combien revient la douzaine d'oranges?

1187. Un meunier a vendu 158 sacs de farine pour une somme de 6 952 fr., et a fait un gain de 189 fr. 60 c.; combien a-t-il gagné par sac? Combien a-t-il vendu le sac?

1188. Le poids d'une chaîne en or est de 77ᶜ,4 192; elle est composée de 145 anneaux égaux en poids; quel est à 0ᶜ,001 près le poids d'un anneau? Quelle est la valeur de la chaîne en francs? (Une pièce d'or de 20 fr. pèse 6ᶜ,4 516.)

1189. On a placé sur toute la longueur d'une table longue de 4ᴹ,342 une rangée de pièces d'or de 40 fr. Le diamètre de chacune de ces pièces est de 0ᴹ,026; combien cette rangée contient-elle de pièces?

1190. Des ouvriers doivent défricher un terrain de 202 hectares 32 ares; ils en défrichent 5 hectares 62 ares par jour; combien mettront-ils de jours pour défricher le tout?

1191. Un libraire a payé à un cartonneur, pour le cartonnage de 1 860 exemplaires d'un ouvrage, 139 fr. 50 c.; à combien revient le cartonnage de cent exemplaires?

1192. Une pièce d'or de 40 fr. pèse 12ᶜ,9 032 et comporte 0,1 de son poids d'alliage, dont moitié est argent; exprimer en grammes le poids du cuivre contenu dans une pièce de 40 fr.

1193. L'orfévrerie fine contient 0,2 d'alliage; quel est le poids du cuivre contenu dans un service d'argenterie de 24 couverts pesant ensemble 4 440 grammes? Quel est le poids de chaque couvert? Quel est le poids du cuivre contenu dans l'un d'eux?

1194. La roue d'un moulin a fait en 352 minutes 26 048 tours; combien de tours fait-elle par minute?

1195. La vitesse d'un boulet de canon est 80 000 fois moindre que celle de la lumière, qui parcourt en 1 seconde 31 500 myriamètres; quel est à $0^M,1$ près l'espace parcouru dans le même temps par un boulet?

1196. L'explosion d'une poudrière a été entendue à 49 300 mètres du lieu de l'événement : le son parcourt 340 mètres par seconde; depuis combien de temps l'explosion avait-elle eu lieu lorsqu'elle fut entendue ?

1197. La distance moyenne de la terre au soleil est de 15 403 500 myriamètres; la lumière parcourt par seconde 31 500 myriamètres; combien la lumière de cet astre met-elle de secondes à nous arriver?

1198. Un négociant a acheté en fabrique 1 255 mètres d'indienne pour 1 443 fr. 25 c.; il a revendu le tout pour 1 671 fr. 24 c.; combien a-t-il payé le mètre de cette indienne? Combien a-t-il gagné sur le tout?

1199. Un marchand de chevaux en a fourni à l'État 3 275 pour une somme de 1 608 200 fr.; il a gagné sur le prix qu'il les avait achetés 49 125 fr.; combien a-t-il vendu chaque cheval? Combien avait-il payé chacun d'eux? Qu'a-t-il gagné par tête?

1200. Un épicier a acheté 345 décalitres de haricots et 57 hectolitres de lentilles; il a payé les haricots 862 fr. 50 c., les lentilles 1 995 fr.; il a gagné sur la vente des haricots 172 fr. 50 c., et sur les lentilles

570 fr.; combien lui avait coûté le litre de chaque espèce ? Combien l'a-t-il vendu?

1201. Un marchand de vin en a acheté 7 980 litres pour une somme de 2 793 fr.; à combien lui revient le litre? Pour gagner sur le tout 798 fr., de combien doit-il augmenter ce prix de revient?

1202. Un particulier a acheté une tonne d'huile d'olives de 35^K,350^G pour 132 fr. 45 c., une pièce de bordeaux contenant 215 litres pour 526 fr. 75 c.; combien a-t-il payé le kilogramme d'huile, le litre de bordeaux?

1203. Dans une pension de 233 élèves, ces élèves consomment journellement 146^{KG},170^G de pain, 93^L,2 de vin; quelle est la consommation moyenne d'un élève en pain et en vin?

1204. Une quête pour les pauvres, faite parmi les 357 élèves d'un collége, a produit 428 fr. 40 c., qui ont été partagés également entre 119 familles pauvres; quelle est en moyenne la somme donnée par chaque élève? Combien chaque famille a-t-elle reçu?

1205. On a vendu à la halle de Paris pour 6 086 376 fr. de marée dans une année; à combien s'est montée la vente moyenne par jour? (V. probl. 848.)

1206. L'armée et la marine figurent au budget de 1849 en France pour 465 526 415 fr.; quelle est la dépense moyenne par jour pour ces deux objets?

1207. On a consommé à Paris dans une année pour 12 388 044 fr. de beurre; ce produit est estimé en moyenne à 2 fr. 25 c. le kilog.; combien en a-t-on consommé de kilog. dans l'année? Quelle est en grammes et en francs la consommation moyenne d'un jour?

1208. Il y a eu dans Paris, en 1848, 23 911 inhumations, pour lesquelles la ville a versé à l'entrepreneur des pompes funèbres la somme de 167 377 fr.; combien la ville donne-t-elle par inhumation?

1209. L'entrepôt des boissons et des liquides dans

Paris a donné lieu, en 1848, à une recette de 327 845 fr. 11 c. pour la location des caves, selliers et chantiers et pour droit d'emmagasinage des marchandises en dépôt; quelle a été la recette moyenne par jour?

1210. 3 691 405 hectolitres d'eau, livrés en 1848 aux porteurs à tonneaux dans Paris, ont rapporté à la ville 332 226 fr. 45 c.; que perçoit-elle par hectolitre?

1211. Le chemin de fer du Nord a produit en totalité dans les 280 premiers jours de 1849, une somme de 14 292 336 fr. 55 c. sur une exploitation de 541 kilom.; quelle somme a-t-il produit par kilomètre? Quelle a été la recette moyenne par jour?

1212. Le chemin de fer d'Orléans a produit en totalité dans les 280 premiers jours de 1849, 7 771 254 fr. 51 c., ce qui équivaut à une recette de 58 430 fr. 48 c. par kilomètre; combien cette ligne avait-elle alors de kilomètres en exploitation?

1213. Une pièce de terre contenant 9^{ha},38^{a},60^{ca} a été adjugée au prix de 8 900 fr.; une pièce de pré contenant 1^{ha},55^{a},50^{ca} a été payée 1 650 fr.; à combien revient l'are de terre, l'are de pré?

1214. Un épicier a acheté trois sortes de café : 145 kilog. de Moka pour 442 fr. 25 c., 234 kilog. de Martinique pour 655 fr. 20 c., et 327 kilog. de Havane pour 635 fr. 75 c.; à combien lui revient le kilogramme de chaque sorte? Combien devra-t-il le vendre pour tirer de la 1re espèce 507 fr. 50 c., de la 2e 760 fr. 58 c., et de la 3e 882 fr. 90 c.?

1215. Le chemin de fer de Paris à Strasbourg avait, en 1849, 142 kilom. en exploitation : il a produit, depuis son ouverture jusqu'au 28 octobre 1849, la somme totale de 66 725 fr. 65 c., dont 48 230 fr. 65 c. des voyageurs et 18 495 fr. pour transport de bagages; quelle est la somme produite par kilomètre pour le tout, par les voyageurs, par les bagages?

Mesures étrangères.

1216. Un voyageur a parcouru en France 1 345 kilomètres ; combien a-t-il parcouru de milles anglais ? (Le mille d'Angleterre vaut 1^{KM},609.)

1217. Un courrier a parcouru 175 *milles de Danemark*, 355 *werstes de Russie*, et 237 *milles romains* ; combien a-t-il parcouru de kilomètres ? (Le kilomètre vaut 0,1 327 mille de Danemark, 0,938 werste, 0,6 783 mille romain.)

1218. On a acheté en *Angleterre* 1 275 *yards* d'étoffes pour une somme de 2 840 fr. ; à combien revient le mètre de cette étoffe ? Combien faudra-t-il le vendre pour réaliser une somme de 3 350 fr.? (Le yard d'Angleterre vaut en mètre 0^{M},9444.)

1219. Le *pied anglais* vaut en mètre 0^{M},3048, le *pied de Danemark* vaut 0^{M},3 139, le *pied de Russie* vaut 0^{M},3 491 ; exprimer la valeur du mètre en pieds anglais, de Danemark et de Russie.

1220. Le *gallon anglais* vaut en litres 5^{L},379, la *pinte d'Amsterdam* vaut 0^{L},597, la *canette d'Autriche* vaut 0^{L}562 ; exprimer la valeur du litre en chacune de ces mesures.

1221. Le *quarter anglais*, le *sac d'Amsterdam*, la *tonne de Danemark* (mesures pour les grains) valent en hectolitres, le 1er, 2^{HL}81^{L},874 ; le 2e, 0^{HL}81^{L},074 ; le 3e, 1^{HL}39^{L},11 ; que vaut l'hectolitre en chacune de ces mesures ?

1222. L'*achtel d'Autriche*, le *scheffel de Prusse*, la *tonne de Suède* (mesures pour les grains) valent en hectolitres, le 1er, 0^{HL}07^{L},687 ; le 2e, 0^{HL}52^{L},11 ; le 3e, 1^{HL}46^{L},51 ; que vaut l'hectolitre en chacune de ces mesures ?

1223. Les *livres d'Angleterre*, du *Danemark* (de 32 loth), d'*Amsterdam* (poids de commerce) pèsent en kilog., la 1re, 0KG453G,4 ; la 2e, 0KG500G,148 ; la 3e, 0KG473G,926 ; que vaut un kilog. en chacun de ces poids ?

1224. Les *livres de Suède, de Russie, d'Autriche, de Prusse* (chacune de 32 loth) valent en kilogrammes, la 1re, 0KG425G,123 ; la 2e, 0KG408G,970 ; la 3e, 0KG360G,012 ; enfin la 4e, 0KG46G,77 ; quelle est la valeur du kilogramme en chacun de ces poids ?

1225. La *guinée de 21 schellings ;* le *souverain de 20 schellings* et la *livre sterling* (monnaies d'or anglaises) valent, la 1re, 26 fr. 47 c., ; la 2e et la 3e, 25 fr. 21 c.; exprimer ce que valent en chacune de ces pièces chacune de nos pièces d'or de 20 et de 40 fr.

1226. Le *ducat de l'aigle de Russie,* le *ducat impérial d'Autriche,* le *souverain* depuis 1749, le *frédéric . de Prusse* depuis 1752 valent, le 1er, 11 fr. 59 c. ; le 2e, 11 fr. 85 c., le 3e, 25 fr. 17 c. ; le 4e, 20 fr. 78 c. ; exprimer ce que valent chacune de nos pièces d'or de 20 et de 40 fr. en chacune de ces pièces.

1227. Le *quadruple d'Espagne,* avant 1772, valait 85 fr. 42 c., de 1772 à 1786, sa valeur fut de 83 fr. 93 c. ; enfin, depuis 1786, il ne vaut plus que 81 fr. 51 c. ; quelle est la valeur d'une pièce d'or de 20 ou de 40 fr. en quadruples d'Espagne de chaque date ?

1228. Le *chrétien d'or de Danemark,* le *ducat de Hollande,* le *ryders,* le *lion de Belgique* valent, le 1er, 20 fr. 95 c.; le 2e, 11 fr. 78 c.; le 3e, 31 fr. 40 c.; le 4e, 26 fr. 17 c. ; quelle est la valeur d'une pièce d'or de 20 ou de 40 fr. exprimée en l'une quelconque de ces diverses monnaies ?

1229. La *couronne d'Angleterre,* depuis 1818, le *rouble de Russie,* la *risdale d'Autriche,* le *thaler de Prusse* (monnaies d'argent) valent, la 1re, 5 fr. 81 c.; le 2e, 4 fr. ; la 3e, 5 fr. 19 c.; le 4e, 3 fr. 71 c.; combien 1 fr. vaut-il de chacune de ces monnaies ?

1230. Exprimer en *livres sterlings* une somme composée de 387 pièces d'or de 20 ou de 40 fr. (V. probl. 1225.)

1231. Exprimer en ducat impérial d'Autriche et en quadruples d'Espagne, depuis 1786, une somme de 35 795 fr. (V. probl. 1226 et 1227.)

Applications géométriques.

1232. La circonférence d'un cercle est de $27^M,75$; quel est son rayon?

1233. La superficie d'un terrain occupé par un bâtiment rectangulaire est de 3 378 mètres carrés; la longueur de ce bâtiment est de 72^M; quelle est sa largeur?

1234. Le mur d'enceinte d'un parc de figure rectangulaire, et dont la superficie est de 152 hectares, a une longueur de $1 875^M$; quelle est sa largeur?

1235. La façade d'un bâtiment est de 1 356 mètres carrés, et sa longueur de $55^M,50$; quelle est sa hauteur?

1236. Le volume de l'eau contenue dans un réservoir est de 40 mètres cubes 725, et la hauteur de l'eau est de $1^M,50$; quelle est la surface du fond de ce bassin?

1237. La surface du cercle servant de base à un cylindre droit est de 13 mèt. car. 3875, et la solidité du cylindre est de 53 mèt. cub. 550; quelle est sa hauteur?

1238. La surface convexe d'une pièce à six pans, ayant pour base un hexagone régulier dont le côté a $2^M,20$ est de 43 mèt. car. 56; quelle en est la hauteur?

1239. La superficie d'un parquet rectangulaire est de 59 mètres carrés 20; l'un des côtés a $9^M,25$; le parquet a coûté 917 fr. 60 c.; quelle est la longueur de l'autre côté? A combien revient le mètre carré?

1240. Le carrelage d'une pièce ayant de superficie 39 mèt. car. 15, coûte 133 fr. 11 c.; la longueur de la pièce est de 7^M,25; quelle est sa largeur, quel est le prix d'un mèt. car. du carrelage?

1241. On a fait construire un mur dont la maçonnerie contient 141 mèt. cub. 750, et la surface de la base est de 47 mèt. car. 25; ce mur a coûté pour le construire 793 fr. 80 c.; quelle est sa hauteur? A combien revient le mèt. cube de maçonnerie?

1242. La toiture d'un bâtiment est composée de deux trapèzes ayant base et hauteur égales; la superficie totale de cette toiture est de 560 mèt. car.; la hauteur des trapèzes est de 8^M, et la couverture a coûté 1 260 fr.; quelle est la base moyenne des trapèzes? A combien revient le mètre carré de couverture?

1243. La surface convexe d'un parallélipipède droit ayant pour base un hexagone régulier est de 0,4 050 mèt. car.; sa hauteur est de 0^M,45; quel est le côté de l'hexagone qui lui sert de base?

1244. La maçonnerie d'un puits est de 17 mèt. cub. 390, et a coûté 97 fr. 38 c.; la surface de la couronne circulaire du revêtement de ce puits (1) est de 2 mèt. car. 35; quelle est la profondeur du puits? A combien revient le mètre cube de maçonnerie?

1245. L'étendue superficielle d'une zone sphérique est 4^M,25, et sa hauteur est 0^M,07; quel est le rayon de la sphère dont elle fait partie?

1246. On a employé 38 mètres carrés 22 de papier pour tapisser un plafond dont la longueur est de 7^M,35; quelle est la largeur de ce plafond?

---

(1) Voir la note 1 de la page 142.

PROBLÈMES

SUR L'ADDITION, LA SOUSTRACTION, LA MULTIPLICATION ET LA DIVISION DES NOMBRES ENTIERS ET DÉCIMAUX.

1247. Diviser le nombre 3 129 en deux parties telles que l'une surpasse l'autre de 537.

SOLUTION. La plus grande partie devant surpasser la plus petite de 537, elle équivaut évidemment à celle-ci augmentée de 537; par conséquent, si l'on soustrait du nombre 3 129 le nombre 537, et qu'on divise le résultat par 2, on aura sûrement la plus petite partie. Or, 3 129 — 537 = 2 592, et 2 592 : 2 = 1 296; ainsi, la plus petite partie est 1 296, et la plus grande 1 296 + 537 ou 1 833.

1248. On a payé 103 477 fr. 50 c. 135 pièces de drap de 42 mètres chacune; combien a-t-on payé le mètre? A combien revient chaque pièce?

SOLUTION. Les 135 pièces de drap étant composées chacune de 42 mètres en renferment 135 × 42, ou 5 670 mètres. Ces 5 670 mètres ayant coûté 103 477 fr. 50 c., un mètre n'a coûté que la 5 670ᵉ partie de cette somme, c'est-à-dire 103 477,50 : 5 670, ou 18 fr. 25 c. Le prix du mètre étant connu, pour avoir le prix d'une pièce qui contient 42 mètres, il suffira de faire le produit de 42 par 18,25, ce qui donne 766,50 pour résultat; chaque mètre a donc coûté 18 fr. 25 c., et chaque pièce de drap 766 fr. 50 c.

1249. 24 ouvriers ont creusé en huit jours un fossé de 7 200 mètres de long; quelle serait la longueur du fossé creusé dans le même temps par 37 ouvriers de même force?

SOLUTION. Il est facile de concevoir qu'un seul ouvrier a creusé la 24ᵉ partie du fossé, c'est-à-dire 7 200 : 24, ou 300 mètres, et que 37 ouvriers creuseront une longueur 37 fois plus grande, ou 300 × 37 = 11 100 mètres.

Ce problème peut encore se résoudre en raisonnant comme il suit : si un fossé de 7 200 mètres avait été creusé par un seul ouvrier, 7 200 × 37, ou 266 400 mètres seraient la longueur du fossé creusé par 37 ouvriers. Mais les 7 200 mètres creusés étant le travail de 24 ouvriers, chacun d'eux n'en a fait que la 24ᵉ partie; il faut donc prendre le 24ᵉ de 266 400 ou diviser ce nombre par 24; ce qui donne 11 100 pour le résultat demandé.

1250. 125 hectolitres de vin ont été payés 1 875 fr.; 142 hectolitres d'eau-de-vie ont été achetés 3 150 fr.; combien 45 hectolitres de vin valent-ils d'hectolitres d'eau-de-vie?

SOLUTION. 125 hectolitres de vin coûtant 1 875 fr., 1 hectolitre a été payé 1 875 : 125, ou 15 fr., et les 42 hectolitres d'eau-de-vie ayant été achetés 3 150 fr., un seul a coûté 3 150 : 42, ou 75 fr.

Maintenant, puisqu'un hectolitre de vin coûte 15 fr., il faudrait payer pour 45 hectolitres 45 × 15, ou 675 fr. Mais le prix d'un hectolitre d'eau-de-vie est 75 fr.; en divisant 675 par 75, on déterminera donc le nombre d'hectolitres d'eau-de-vie qu'on aura pour 45 hectolitres de vin. Le quotient de la division est 9. Ainsi, pour 45 hectolitres de vin on aura 9 hectolitres d'eau-de-vie.

1251. Trois individus possèdent chacun une somme d'argent : si le 1ᵉʳ ajoute sa somme à celle du 3ᵉ, ils possèdent ensemble 1 283 fr.; s'il l'ajoute à celle du 2ᵉ, ils ont ensemble 1 572 fr.; enfin, si le second ajoute sa somme à celle du 2ᵉ, elles formeront ensemble 1 445 fr.; quelle est la somme possédée par chacun d'eux?

SOLUTION. Si on ajoute ensemble les trois sommes 1 283, 1 572 et 1 445, le résultat 4 300 fr. renfermera évidemment 2 fois chacune des sommes cherchées; et si l'on prend la moitié de cette nouvelle somme, on aura 4 300 : 2 = 2 150, qui représentera alors l'ensemble des trois sommes; si maintenant de 2 150 on ôte 1 445, on aura pour reste la somme du 1ᵉʳ; puis en retranchant du même nombre 2 150 successivement les nombres 1 572 et 1 283, on aura les sommes respectives du 2ᵉ et du 3ᵉ. Ces soustractions effectuées, on trouve que le 1ᵉʳ avait 705 fr., le 2ᵒ 578 fr. et le 3ᵉ 867 fr.

Ces nombres satisfont en effet aux diverses conditions du problème.

1252. Quatre entrepreneurs ont reçu, pour construire une maison, une somme de 224 588 fr. qu'ils doivent se partager à raison du nombre d'ouvriers employés par chacun d'eux : le 1er a employé 15; le 2e 18; le 3e 32; le 4e 26; combien revient-il à chacun des entrepreneurs?

SOLUTION. La part qui revient à chacun dépendant du nombre des ouvriers employés par lui, on conçoit que si la somme qu'il faut donner pour chaque ouvrier était connue, on déterminerait la part du 1er entrepreneur en multipliant cette somme par 15, et celle de chacun des autres en multipliant successivement cette même somme par chacun des nombres 18, 32 et 26. Or, il est facile de trouver la somme qui revient pour chaque ouvrier; car en observant que les 224 588 fr. ont été payés à raison des 15 + 18 + 32 + 26 = 91 ouvriers employés à la construction de la maison, il est certain que la 91e partie de cette somme, ou 2 468 fr., exprime ce qu'il convient de donner pour chacun.

Ainsi, chaque entrepreneur recevra :

Le premier......	2 468 fr. × 15 ou	37 020 fr.
Le deuxième....	2 468 fr. × 18 ou	44 424
Le troisième....	2 468 fr. × 32 ou	78 976
Le quatrième....	2 468 fr. × 26 ou	64 168

En effet, la somme de ces quatre nombres est 225 588 fr.

1253. Un épicier a fait un mélange de trois espèces de café, savoir : 35 kilog. à 2 fr. 85 c. le kilog., 42 kil. à 2 fr. 35 c. le kilog., et enfin 53 kilog. à 2 fr. 10 c. le kilog.; combien doit-il vendre le kilog. du mélange? Exprimez ce prix à 0,01 près.

SOLUTION. Pour résoudre cette question, on devra trouver la valeur de chaque qualité de café, en faire l'addition, additionner également les nombres représentant les quantités de chaque espèce; ayant ainsi obtenu la quantité des kilogrammes mélangés et la somme qu'il faut les vendre, en divisant cette dernière somme par la première, on trouvera le prix cherché du kilogramme du mélange : on a :

35 kilog. de café	à 2 fr. 85 c. =	35 × 2,85 =	99 fr. 75 c.
42 id.	à 2 fr. 25 c. =	42 × 2,35 =	94 fr. 50 c.
53 id.	à 2 fr. 10 c. =	53 × 2,10 =	111 fr. 30 c.

ou 130 kilog. de café valent ensemble   305 fr. 55 c.

Un kilog. du mélange vaudra donc 309 fr. 75 c. : 130, ou 2 fr. 38 c.

PROBLÈMES A RÉSOUDRE.

Problèmes usuels. — Système métrique.

1254. Il y a dans l'année ordinaire 52 semaines et 1 jour; tous les 4 ans l'année est bissextile et contient 1 jour de plus; un homme a vécu 85 années et 20 jours; la semaine est de 7 jours; combien de semaines a-t-il vécu?

1255. Trois enfants ont chacun un certain nombre de billes : si le premier et le second mélangent les leurs, ils en ont ensemble 65; si, au contraire, le premier ajoute les siennes à celles du troisième, ils n'en auront ensemble que 47; enfin, si le deuxième et le troisième ajoutent les leurs, ils en auront 58; quelle est la quantité de billes que possède chacun de ces trois enfants?

1256. On tire à une presse mécanique 16 feuilles par minute; on a tiré dans un jour 1 152 feuilles; combien d'heures a duré le tirage?

1257. On a acheté une pièce de vin de 245 litres à raison de 1 fr. 35 c. le litre; on l'a revendue pour une somme de 404 fr. 25 c.; quel bénéfice a-t-on réalisé? Combien a-t-on revendu le litre?

1258. On a acheté 345 kilog. de café à raison de 2 fr. 85 c. le kilog.; combien devra-t-on le revendre le kilogramme pour faire sur cet achat un bénéfice de 103 fr. 50 c.?

1259. La somme de deux nombres est 142, et leur différence est 58; quels sont ces deux nombres?

1260. Un marchand de bois a acheté 175 stères de bois à raison de 13 fr. 25 c. le stère, et 25 000 bourrées à raison de 24 fr. le cent; combien a-t-il dû vendre le stère de bois et le cent de bourrées pour gagner sur le premier 490 fr., et sur les bourrées

937 fr. 50 c. ? Combien a-t-il payé, combien a-t-il gagné en tout ?

1261. On a acheté 445 kilog. de bougie à 2 fr. 80 c. le kilogramme, et l'on a revendu le tout pour une somme de 1 446 fr. 25 c. ; quel bénéfice a-t-on réalisé sur cet achat ? Combien a-t-on revendu le kilogramme de bougie ?

1262. Quinze héritiers ont à se partager une succession qui se compose de 12 billets de 795 fr. chacun et d'une autre somme d'argent de 37 632 fr. ; il est dû par la succession 3 435 fr. d'une part, 478 fr. 35 c. de l'autre, enfin la valeur de 3 billets en circulation de 285 fr. chacun ; que revient-il à chaque héritier ?

1263. Deux individus font un échange de marchandises : le 1ᵉʳ donne au second 15 pièces de vin, qu'il évalue à 78 fr. chacune ; celui-ci lui cède en échange une petite pièce de vigne qui lui revient à 1 475 fr. Le 1ᵉʳ a augmenté son vin de 12 fr. par pièce ; de combien le second doit-il augmenter la valeur de son terrain pour ne pas perdre ? Quelle somme devra-t-il recevoir en retour ?

1264. Diviser la somme de 7 877 fr. 75 c. en deux parties telles que l'une dépasse l'autre de 143 fr. 25 c.

1265. On a acheté pour une somme de 8 675 fr. 15 pièces de toile contenant chacune 35 mètres ; quel est le prix d'un mètre, d'une pièce de cette toile ?

1266. En deux jours, 35 ouvriers ont défriché un terrain de 85 ares ; combien 47 ouvriers de même force défricheront-ils d'ares dans le même temps ?

1267. On a acheté 15 pièces de draps de 45 mètres chacune pour une somme de 11 677 fr. 50 c., et revendu le tout pour la somme de 13 263 fr. 75 c. ; combien a-t-on acheté de mètres de draps ? A combien le mètre est-il revenu ? Combien l'a-t-on vendu ? Quel bénéfice a-t-on réalisé ?

1268. On a acheté pour 785 fr. une pièce de vin contenant 295 bouteilles; combien devra-t-on vendre la bouteille de ce vin pour gagner, déduction faite du verre, qui revient à 44 fr. 25 c., 115 fr. sur cet achat? Quel est le prix d'une bouteille vide?

1269. Deux particuliers ont fait un échange : le 1er a donné au 2e 45 bouteilles de vin à 3 fr. 25 c. la bouteille; celui-ci lui a rendu 25 bouteilles de rhum et 35 fr. de retour; à quel prix est comptée la bouteille de rhum dans cet échange?

1270. Un marchand de volailles a acheté 75 perdreaux pour une somme de 112 fr. 50 c.; il en a vendu 45 à 1 fr. 65 c.; combien doit-il vendre les autres pour gagner sur son marché 14 fr. 25 c.?

1271. Un négociant a vendu 1575 kilog. de sucre pour une somme de 2679 fr. 75 c.; il en a vendu 830 kilog. à 1 fr. 75 c. le kilogramme; quel est le prix du kilogramme du reste?

1272. Un ouvrier gagne dans son année 2880 fr.; il veut mettre de côté 2 fr. 25 c. par jour; combien lui restera-t-il à dépenser par jour (l'année étant de 365 jours)?

1273. Une somme de 15500 fr. doit être partagée entre 5 personnes dont la 1re doit avoir le 5e de la somme, la 2e le quart du reste, la 3e le tiers du reste, et la 4e la moitié du reste; quelle est la somme qui revient à chaque partageant?

1274. Un négociant a acheté pour 1481 fr. 40 c. de bougie à des prix différents; il en a acheté 125 kilog. à 2 fr. 20 et 247 kilog. à 2 fr. 60, en tout 554 kilog.; combien a-t-il payé le reste de son achat? Combien a-t-il payé le kilogramme?

1275. Un convoi de chemin de fer part avec

246 voyageurs : à une première station, on dépose le 6ᵉ de ces voyageurs et on en reprend 19 ; à une seconde, on dépose encore le quart des voyageurs et on en reprend 16 ; enfin, à une dernière station, on en dépose la 8ᵉ partie et on en reprend le 7ᵉ de ce qui reste ; combien le convoi contient-il de voyageurs en arrivant à destination ? Combien en a-t-on descendu à chaque station ? Combien en a-t-on repris à la dernière ?

1276. On a payé pour 15 personnes, dans une voiture de 1ʳᵉ classe, de Paris à Orléans, une somme de 189 fr. ; combien a-t-on payé par personne ? Qu'aurait-on payé dans une voiture de 2ᵉ classe où le prix des places est de 9 fr. 50 c. par personne ? Quelle économie aurait-on faite ?

1277. On a transporté, comme articles de messagerie dans un convoi de chemin de fer de Rouen à Paris, 35 ballots du poids de 70 à 80 kilog. chacun, au prix de 5 fr. 35 c. l'un ; on a reçu une somme de 831 fr. 85 c. pour le transport de 127 colis du poids de 90 à 100 kilog. chacun ? combien a-t-on reçu pour les premiers ballots ? Quel est le prix du transport pour l'un des colis ? Quel est l'excès de ce prix sur celui d'un des ballots ?

1278. On a payé pour 6 personnes, allant de Paris à Angers par le chemin de fer en voitures de 1ʳᵉ classe, 213 fr. 60 c. ; en prenant les voitures de 2ᵉ classe, le même trajet n'eût coûté que 161 fr. 10 c. ; enfin, le prix d'une place en voiture de 3ᵉ classe est de 7 fr. 05 de Paris à Orléans, 6 fr. 65 d'Orléans à Tours, et 6 fr. 25 de Tours à Angers ; quel est le prix d'une place dans chaque classe ? Combien aurait coûté le voyage des 6 personnes en voiture de 3ᵉ classe ? Quelle économie eût-on faite alors sur chacune des deux premières classes ?

1279. On a payé à un imprimeur, pour la composition d'un ouvrage de 192 feuilles, une somme de 3 792 fr. ; il a reçu pour le tirage, qui lui a été payé à raison de 4 fr. 25 c. la rame, 576 rames de papier, pour lequel on a payé 4 896 fr. ; à combien d'exemplaires l'ouvrage a-t-il été tiré ? A combien revient la feuille de composition ? A combien revient le tirage des 576 rames ? Quel est le prix d'impression de l'ouvrage, papier compris ? A combien revient l'exemplaire en feuilles ?

1280. On a payé 4 218 fr. 75 c. pour 15 paniers de vin de Champagne contenant chacun 75 bouteilles; quel est le prix d'une bouteille ?

1281. Un chapelier a vendu dans l'année un certain nombre de chapeaux à des prix différents; il a d'abord vendu 378 chapeaux pour 5 292 fr.; il en a vendu ensuite à 12 fr. 50 pour la somme de 3 062 fr. 50 c.; enfin, il en a vendu 362 à 16 fr. pièce; combien a-t-il vendu de chapeaux et pour combien d'argent? A quel prix a-t-il vendu les premiers ?

1282. Un fermier a vendu dans un marché 945 hectolitres de blé à 16 fr. 75 c. l'hectolitre; au marché suivant, il en a vendu pour 4 372 fr. 50 c. au prix de 16 fr. 50 c.; enfin, à un 3ᵉ marché, il en a encore vendu 555 hectolitres pour 9 518 fr. 25 c.; pour combien a-t-il vendu au 1ᵉʳ marché? Combien d'hectolitres a-t-il vendu au 2ᵉ? A quel prix a-t-il vendu l'hectolitre au 3ᵉ? Pour quelle somme et combien d'hectolitres a-t-il vendu en tout?

1283. Trois joueurs se réunissent et font bourse commune : ils ont ensemble 32 760 fr.; l'un d'eux n'a mis dans cette somme que 8 540 fr., un 2ᵉ en a fourni 10 300; on demande ce que l'un et l'autre doivent remettre au 3ᵉ pour que les trois mises soient égales.

1284. Trois joueurs ont perdu ensemble une

somme de 385 fr.; le 1ᵉʳ joueur a perdu trois fois autant que le 2ᵉ, qui lui-même a perdu le 7ᵉ de la somme totale; quelle est la perte faite par chaque joueur?

1285. Trois enfants ont reçu des oranges qu'ils veulent partager également entre eux : l'un d'eux en a reçu trois fois autant que le deuxième, qui en a moitié moins que le troisième; ce dernier en a 16; combien chacun en a-t-il reçu? Combien chacun en aura-t-il après le partage?

1286. Les enfants de chœur d'une paroisse ont reçu dans leur tournée du samedi saint 25 douzaines d'œufs et 35 fr. 25 c. en argent; après avoir partagé le tout également, chacun d'eux avait reçu 2 fr. 35 c. en argent; combien étaient-ils? Combien chacun a-t-il reçu d'œufs?

1287. Une quête pour les pauvres a produit dans une commune 6 pièces d'or de 20 fr., 27 pièces de 5 fr., 26 pièces de 2 fr., 59 pièces de 50 c. et 67 pièces de 25 c.; on a distribué le tout entre les familles les plus pauvres de la commune, qui ont reçu chacune 7 fr. 85 c.; combien la quête avait-elle produit? Quel a été le nombre des partageants?

1288. Deux cultivateurs se réunissent pour acheter des bœufs; l'un donne comptant le *cinquième* de la somme, et l'autre en donne aussi le *quart;* ils ont acheté pour une somme de 1 265 fr.; combien chacun d'eux a-t-il donné? Que reste-t-il à payer en tout? Combien chacun devra-t-il payer encore pour s'acquitter, la dette étant également partagée?

1289. Un instituteur ne gagne que la rétribution mensuelle payée par ses élèves; ceux-ci, au nombre de 35 dans la petite classe, payent 1 fr. 75 c. par mois; au nombre de 87 dans la seconde classe, ils payent 2 fr. 50 c.; enfin, ceux de la première classe, qui payent 3 fr. 25 c., ont payé dans le mois 134 fr. 50 c.; combien y a-t-il d'élèves dans la première classe? Combien l'instituteur a-t-il gagné dans le mois?

1290. Trois personnes réunissent dans leur bourse commune une somme de 340 fr. Si l'une d'elles avait mis 14 fr. de moins, qu'une seconde ait mis 22 fr. de plus et que la troisième ait pu donner en plus le quart de 14×22, tous trois auraient fourni la même somme; combien chacun a-t-il donné?

1291. Des ouvriers travaillant dans un vieux bâtiment ont trouvé 1 529 fr. en argent cachés dans un mur; après avoir donné 75 fr. à chacun des trois d'entre ceux qui avaient fait la trouvaille, et avoir mis de côté 100 fr. pour les pauvres, ils ont partagé le reste également entre tous et ont eu chacun 43 fr.; combien étaient-ils?

1292. Un fournisseur devait fournir à un pensionnat pour 7245 fr. d'habillements estimés à 63 fr. l'un; lors de la livraison, on a retenu, pour défaut de confection, 5 fr. 75 c. par habillement; combien devait-il fournir d'habillements? Combien a-t-il touché? Combien lui a-t-on retenu?

1293. On a acheté dans un magasin 15 mètres de soie pour une robe qui a coûté 48 fr. 75 c.; on a acheté aussi 17 mètres d'indienne à 1 fr. 25 c. le mètre et une robe de mérinos à 5 fr. 85 c. le mètre pour 40 fr. 95 c.; combien a coûté le mètre de soie? Combien a-t-on payé pour l'indienne? Combien a-t-on pris de mètres de mérinos? Combien a-t-on dépensé en tout?

1294. Un menuisier avait demandé pour parqueter une chambre de 17 mètres carrés 75 de surface une somme de 213 fr.; il lui a été accordé par l'architecte 9 fr. par mètre carré? Combien avait-il demandé du mètre carré? Combien a-t-il reçu? Quelle diminution a subie son mémoire?

1295. Un maître maçon présente un mémoire sur

lequel figurent 88 mètres superficiels de légers ouvrages en plâtre qu'il compte à raison de 3 fr. 90 c. le mètre ; il ne lui est alloué par l'architecte pour cet article que 277 fr. 20 c. ; combien demandait-il ? A combien l'architecte a-t-il évalué le mètre de l'ouvrage ? Quelle diminution a été faite ?

1296. Un ouvrier, en travaillant 295 jours dans l'année, a gagné 1106 fr. 25 c. ; sa femme, gagnant 1 fr. 75 c. par jour, a eu 235 journées de travail, et ils ont dépensé dans leur année 1 058 fr. 50 c. ; combien cet ouvrier gagnait-il par jour ? Combien sa femme a-t-elle gagné dans l'année ? Quelles ont été leur dépense journalière, leurs économies ?

1297. Une propriété se compose de 2 534 ares de terres arables évaluées à 114 030 fr. et de 115 hectares de bois dont l'hectare est estimé 5 730 fr. ; un acquéreur offre du tout 675 000 fr. ; combien est estimé l'are de terrain ? A quelle somme s'élève l'estimation des bois ? Quelle est la différence entre le chiffre de l'estimation et le prix offert ?

1298. Un fermier a vendu des toisons de brebis pesant ensemble 395^{KG},25^{DG}, à raison de 1 fr. 45 c. le kilogramme ; l'acquéreur a gagné sur cet achat une somme de 158 fr. 10 c. ; à raison de combien le kilogramme a-t-il cédé son marché ?

1299. On a acheté pour 281 fr. 25 c. un panier de champagne de 75 bouteilles ; on a payé en plus 37 fr. 50 c. pour le transport et l'entrée dans Paris ; à combien est revenue la bouteille de ce vin ?

1300. Un négociant a acheté 12 barriques d'huile d'olive, en contenant chacune 63 kilog., au prix de 3 fr. 15 c. le kilogramme ; il a réalisé sur la vente de cette huile au détail un bénéfice de 491 fr. 40 c. ; combien l'a-t-il vendue le kilogramme ?

1301. Un négociant a acheté 17 pièces de toile de

42 mètres chacune pour une somme de 2 391 fr. 90 c.; combien l'a-t-il payée le mètre? Quel est le prix d'une pièce?

1302. Un écolier reçoit une récompense pécuniaire de son père chaque fois qu'il obtient la 1re et la 2e place dans sa classe; il a obtenu 17 fois la 1re place dans l'année et 19 fois la 2e; il reçoit 75 c. lorsqu'il obtient cette dernière; il a reçu en tout 44 fr; que recevait-il quand il avait la 1re place?

1303. Trois jeunes gens voyageant ensemble ont fait bourse commune : le 1er a versé 3 343 fr., le 2e a versé 3 575 fr., enfin le 3e a complété la somme de 10,000 fr.; il leur reste à leur retour 1 756 fr.; combien chacun d'eux doit-il retirer de cette somme pour que la dépense soit également partagée?

1304. Un marchand de vin a mélangé 3 sortes de vins de qualités et de prix différents : le mélange se compose de 145 litres à 25 c., de 276 litres à 45 c. et de 189 litres à 60 c.; combien doit-il vendre, pour n'y rien perdre, le litre de ce mélange?

1305. Un marchand boucher fournit à une institution de Paris trois sortes de viandes 1re qualité; il vend le bœuf, 1 fr. 15 c. le kilogramme; le mouton, 1 fr. 35 c. le kilogramme, et le veau, 1 fr. 55 c.; on veut payer toute la viande le même prix, en faisant observer toutefois qu'on consomme 3 fois autant de mouton que de veau et 2 fois autant de bœuf que de mouton; combien ce fournisseur devra-t-il vendre le kilogramme de viande pour n'y pas perdre?

1306. Trois individus se sont réunis pour faire les fonds d'acquisition d'une propriété sur la vente de laquelle ils ont gagné 17 550 fr. qu'ils doivent se partager en raison des sommes avancées par chacun d'eux, et après un prélèvement de 2 300 fr. au profit du 1er, qui a dirigé l'affaire et a versé 12 400 fr.; le

2ᵉ en a versé 17 500 et le 3ᵉ 22 100 ; combien a-t-on payé la propriété ? Combien l'a-t-on revendue ? Combien chacun a-t-il gagné ?

1307. Un panier de vin du prix de 141 fr. 75 c. contient 15 bouteilles à 2 fr. 25 c., 18 bouteilles à 2 fr. 75 c., et les bouteilles qui complètent ce panier sont à 3 fr. 25 c ; combien y a-t-il de bouteilles de ce prix ? Combien le panier en contient-il ?

1308. Un courrier marchant 12 heures par jour et parcourant 12 kilomètres par heure a fait, sans prendre un jour de repos, 2 448 kilomètres ; un second courrier, parti du même lieu que le premier et 2 jours après lui, et marchant également 12 heures par jour, est arrivé en même temps à la même destination ; pendant combien de jours le *premier* a-t-il marché ? Combien le *second* faisait-il de kilomètres par heure ?

1309. On a ensemencé 47 ares de terres : chaque are a rapporté 25 876 épis pleins ou 828 032 grains ; combien les 47 ares ont-ils rapporté d'épis et de grains ? Combien y avait-il de grains dans un épi ?

1310. Une treille porte 1 250 kilog. de raisin, qu'on vend à 45 c. le kilogramme ; l'acheteur aurait fait sur son marché un bénéfice de 437 fr. 50 c., s'il n'avait perdu une somme de 165 fr. 75 c. tant en faux frais qu'en raisins invendables ; combien avait-il acheté le tout ? Combien a-t-il revendu le kilogramme de raisin ? Quel a été son bénéfice réel ?

1311. Il y a dans une école communale 9 bancs, sur lesquels sont répartis également les 153 enfants qui la fréquentent ; 35 de ces enfants y sont admis gratuitement, et chacun des autres paye par mois 2 fr. 25 c. ; combien chaque banc contient-il d'élèves ? A combien s'élève dans le mois la rétribution mensuelle ?

1312. Une toue de charbon de terre du Nord coṇtenant 162 voies de charbon de 15 hectolitres chacun, a été payée 5 346 fr. ; combien cette toue contenait-elle d'hectolitres de charbon ? Combien a-t-on payé la voie ? Combien l'hectolitre ?

1312. Une bibliothèque composée de 2 pièces contient dans l'une 17.550 volumes répartis sur 78 rayons, et l'autre renferme 115 rayons contenant chacun 97 volumes ; combien cette bibliothèque contient-elle de volumes ? Combien chaque rayon de la première chambre en porte-t-il ?

1313. Une année bissextile contient 525 600 minutes, le jour 24 heures et l'heure 60 minutes ; combien l'année bissextile a-t-elle de jours ?

1314. Une bibliothèque composée de 18 rayons contenant chacun 65 volumes est estimée 3 802 fr. 50 c. ; à combien évalue-t-on chaque volume ?

1315. Un maître de forges a acheté 475 stères de bois, pour la somme de 5 795 fr. ; il en consomme en moyenne pour 14 fr. 03 c. par jour ; pour combien en brûle-t-il par an ? Combien de stères lui restera-t-il après la consommation d'une année ?

1317. Pendant 18 mois, à partir du dimanche 1er janvier, un ouvrier a déposé à la caisse d'épargne la même somme chaque dimanche ; ces divers versements ont produit une somme de 256 fr. 75 c., non compris les intérêts ; combien versait-il chaque fois ?

Mesures étrangères.

1318. Le *dollar* des États-Unis d'Amérique vaut 5 fr. 42 c. ; combien 178 pièces d'or de 20 fr. valent-elles de dollars ?

1319. Un voyageur arrivant en Angleterre reçoit d'un de ses amis, en échange de la monnaie de France qu'il avait sur lui, 25 *livres sterlings* 7 *couronnes* et

18 *schellings;* combien ce voyageur possédait-il en monnaie de France?

1320. On a acheté pour 54 *livres sterlings* 18 mètres de point d'Angleterre; à combien de francs revient le mètre?

1321. On a payé, à raison de 9 fr. 25 c. la *livre anglaise* de thé; combien a-t-on payé 45 kilog. de cette denrée? (Voir probl. 935.)

1322. On a payé 3 fr. 45 c. l'un, 45 *gallons anglais* de bière; à combien revient le litre de cette bière? Combien a-t-on payé le tout? (Voir probl. 931.)

1323. Un négociant a acheté en Angleterre 135 mètres de dentelle pour 245 *livres sterlings;* il a revendu en France cette dentelle au prix de 65 fr. le mètre; combien a-t-il gagné sur son acquisition? A combien de francs lui revenait le mètre?

1324. Un commissionnaire a envoyé en Angleterre 6 paniers de champagne contenant chacun 50 bouteilles; sa facture s'élevait à 1 200 fr.; il a reçu en échange 5 pièces de mousseline anglaise cotée 6 *schellings* le mètre; cette nouvelle facture s'élevait à 972 *schellings;* combien coûtait la bouteille de champagne? Combien y avait-il de mètres de mousseline dans une pièce? Quelle était la différence entre ces deux factures? (Voir probl. 940.)

1325. On a acheté en Angleterre 745 kilog. de thé pour 600 *livres sterlings,* et l'on a revendu ce thé en Russie à raison de 12 *roubles la livre de Russie;* combien avait-on payé le kilogramme de thé? Qu'a-t-on gagné sur cette acquisition? (Voir probl. 1229.)

1326. On a acheté 1 855 chevaux à raison de 25 *ducats d'Autriche* l'un; on a revendu ces chevaux pour 556 500 fr.; combien chaque cheval a-t-il été vendu? Quel bénéfice a-t-on réalisé? (Voir probl. 1226.)

1327. On a acheté en France 25 pièces de drap, contenant chacune 29 mètres, pour une somme de 8 700 fr. ; on a revendu en Prusse ce drap à raison de 5 *thalers* le mètre ; à combien de thalers revenait le mètre de drap ? Quel bénéfice a-t-on réalisé ? (Voir probl. 1229.)

1328. On a acheté pour 30 *quadruples d'Espagne* de 1 786, 578 bouteilles de vin d'Espagne, et l'on a revendu ce vin avec un bénéfice de 850 fr. ; combien l'a-t-on vendu la bouteille ? (Voir probl. 1227.)

Applications géométriques.

1329. La solidité du plus grand de deux cylindres concentriques et de même hauteur est de $3^M,102$; le rayon de sa base est de $1^M,15$; le rayon de la base du cylindre intérieur est de $0^M,95$; quelle est la hauteur commune aux deux cylindres ? Quel est le volume d'air compris entre leurs surfaces convexes ?

1330. La surface de la base d'une pyramide sphérique quadrangulaire est de 7 mètres car. 35 ; le rayon de la sphère est de $3^M,15$; quel est le volume de cette pyramide ?

1331. Déterminer le volume d'un dôme (1) dans lequel le rayon de la sphère extérieure est 3 mètres, et celui de la sphère intérieure $2^M,85$?

1332. Un rouleau de papier peint a 9^M de long sur $0^M,45$ de large ; combien emploiera-t-on de rouleaux de ce papier pour tapisser une pièce dont la surface des murs est de 52 mètres car. 65.

1333. Une table rectangulaire, dont la surface est entièrement couverte de pièces de 2 francs, contient dans sa longueur 75 de ces pièces et 4 275 sur toute sa surface ; le diamètre d'une pièce est de $0^M,27$;

---

(1) Un dôme est une voûte demi-sphérique élevée au-dessus d'un édifice.

combien cette table contient-elle de pièces dans sa largeur ? Quelles sont ses dimensions ?

1334. On a payé 385 fr. une pile de bois ayant $13^M,50$ de large et $1^M,20$ de haut; à combien est revenu le stère ?

1335. Une pile de bois de 36 stères a par sa base une surface de 12 mètres car.; quelle est la hauteur de cette pile ? Combien coûtera-t-elle, si on vend le stère au prix de 14 fr. 75 c.?

1336. On a fourni pour un bâtiment quatre poutres égales en chêne équarries d'une longueur de $11^M,946$; le volume de l'une d'elles est de $11^{ds},997$; quelle est la surface de la base d'une de ces deux poutres en mètres carrés, le décistère étant à 8 fr. 75 c.? A combien reviennent ces 4 poutres ?

1337. Combien devra-t-on employer de planches de 4^M de long sur $0^M,15$ de large, pour parqueter une salle longue de 15^M et large de 12^M ?

1338. On veut couvrir en ardoises un appentis présentant une surface de 45 m. car. 35 ; combien devra-t-on employer d'ardoises d'une surface de 0 m. car. 15 pour cette couverture, un tiers de l'ardoise étant caché ? Combien coûtera cette couverture, le mètre carré se payant à raison de 3 fr. 50 c.?

1339. Le volume d'un cylindre est égal à celui d'un parallélipipède rectangle dont les dimensions sont 3^M de hauteur et une base de 4 m. car. 50 de surface; déterminer la hauteur de ce cylindre, le rayon de la base étant $2^M,35$.

1340. Combien une caisse dont les dimensions sont 2^M de long, $0^M,95$ de haut et $1^M,10$ de large, contiendra-t-elle de volumes ayant $0^M,20$ de long, 11^M de large et $0^M,08$ de hauteur ?

DIVISIBILITÉ DES NOMBRES

16. Pour simplifier et abréger les calculs d'arithmétique, il est très-utile de savoir juger si un nombre est exactement divisible par un autre, et spécialement par les nombres simples 2, 3, 4, 5, 9, sans effectuer d'opérations. Les questions suivantes ont pour objet d'exercer les élèves à l'application des principes sur lesquels reposent les divers caractères de divisibilité (1).

IX. Exercices

SUR LA DIVISIBILITÉ DES NOMBRES.

1341. A quel indice reconnaît-on que le nombre 156 est divisible par 2 et par 6?

1342. A quoi voit-on que 147 est divisible par 3?

1343. A quel indice reconnaîtra-t-on que le nombre 360 est divisible par les nombres 2, 3 et 5?

1344. Comment peut-on reconnaître que le nombre 135 est divisible par 9 et par 5?

1345. A quoi voit-on que 328 est divisible par 4?

1346. Indiquer quels sont, parmi les nombres 338, 472, 542, 1536 ceux qui sont divisibles par 4.

1347. Quels sont, parmi les nombres 157, 342 et 576 ceux qui sont divisibles par 9?

1348. A quel indice reconnaît-on que les nombres 457 457 et 3 850 sont divisibles par 11 ?

1349. Quels sont ceux des nombres suivants, 35 786, 457 391, 223 355, qui sont divisibles par 11?

1350. A quels indices reconnaîtra-t-on que le nombre 1 350 est divisible par 2, par 5 et par 9?

---

(1) Voir notre *Arithmétique* in-18, n°⁵ 339 à 358 inclus, et notre *Arithmétique* in-8° *des colléges*, n°⁵ 107 à 121 inclus,

1351. Quels sont les diviseurs du nombre 27 ?

1352. Quels sont les diviseurs premiers du nombre 156 ?

1353. Déterminer tous les facteurs simples contenus dans le nombre 1 680.

1354. Quels sont les facteurs premiers de 30 030 ?

1355. Combien 1 116 320 a-t-il de diviseurs premiers ? A quelle puissance contient-il chacun d'eux ?

1356. Les nombres 147 et 78 ont-ils des diviseurs communs ? A quoi peut-on s'en apercevoir ?

1357. Indiquer quels sont les diviseurs communs aux deux nombres 15 et 45.

X. Exercices

SUR LA RECHERCHE DU PLUS GRAND COMMUN DIVISEUR.

1358. Déterminer quel est le plus grand commun diviseur entre les deux nombres 3 564 et 1 242.

1359. Trouver le plus grand commun diviseur aux trois nombres suivants 2 520, 3 304 et 3 528.

1360. Existe-t-il un plus grand commun diviseur entre les nombres 168 et 384 ? Quel est-il ?

1361. Déterminer le plus grand commun diviseur entre les nombres suivants 9 492, 10 164 et 10 668.

1362. Existe-t-il un plus grand commun diviseur entre les nombres 3 795, 2 645 et 1 128 ? Quel est-il ?

1363. Chercher le plus grand commun diviseur aux nombres 1 357, 2 349.

1364. Quel est le plus grand commun diviseur aux quatre nombres 3 726, 2 634, 1 428 et 954 ; peut-on voir à l'avance s'ils ont un diviseur commun ?

1365. Quels sont les plus grands communs diviseurs aux nombres 24 357 et 5 783 ; à 7 857 et 4 536 ?

1366. Existe-t-il un plus grand commun diviseur entre les nombres 2 184, 882, 798 et 398 ? Quel est-il ?

FRACTIONS ORDINAIRES

17. On entend par Fraction une quantité plus petite que l'unité et qui en représente une ou plusieurs parties égales.

18. Bien que l'usage des fractions et expressions décimales ait rendu bien moins fréquent l'emploi des fractions ordinaires et des expressions fractionnaires qui s'y rattachent, il était cependant indispensable de placer dans ce Recueil des exercices et des problèmes sur les transformations qu'elles peuvent subir et sur les diverses opérations auxquelles on les soumet (1).

XI. Exercices

SUR LES FRACTIONS ORDINAIRES ET SUR LES EXPRESSIONS FRACTIONNAIRES.

Manière d'écrire et d'énoncer les fractions.

1367. Énoncer les fractions suivantes : $\frac{4}{6}$. $\frac{3}{5}$. $\frac{7}{8}$. $\frac{4}{13}$.

1368. Énoncer les fractions $\frac{17}{27}$. $\frac{15}{27}$. $\frac{27}{34}$. $\frac{43}{67}$. $\frac{79}{95}$. $\frac{83}{117}$. $\frac{409}{248}$. $\frac{409}{845}$. $\frac{154}{866}$.

1369. Énoncer les fractions $\frac{234}{876}$. $\frac{152}{437}$. $\frac{46}{788}$. $\frac{369}{8672}$. $\frac{266}{742}$. $\frac{6476}{4752}$. $\frac{13059}{12487}$.

1370. Énoncer les fractions $\frac{1}{2}$. $\frac{2}{3}$. $\frac{3}{4}$.

1371. Énoncer les expressions fractionnaires $4\,357\frac{5}{4}$. $534\frac{22}{7}$. $642\frac{445}{697}$. $\frac{3456}{567}$. $\frac{55795}{47843}$.

1372. Écrire les fractions énoncées : deux *tiers*, trois *quarts*; sept *huitièmes*; quarante-sept-vingt-qua-

---

(1) Voir notre *Arithmétique décimale* in-18, nos 226 à 349, et notre *Cours d'Arithmétique approuvé pour les colléges*, 14e édition, nos 127 à 141 inclus, et 161 et 176 inclus.

trièmes; soixante-dix-huit quarante-quatrièmes; quatre-vingt-dix-neuf cent dix-septièmes; cent quarante-cinq trois cent soixante-dix-huitièmes.

1372. Écrire les fractions énoncées : quarante-cinq cent quatre-vingt-deuxièmes; trente-sept deux cent soixante-douzièmes; cent quarante-sept trois cent soixante-septièmes; six cent cinquante-trois neuf cent soixante-neuvièmes; neuf cent quarante-sept quinze cent cinquante-septièmes; dix-neuf cent vingt-deux trois cent soixante-quatrièmes.

1374. Écrire les fractions énoncées deux mille six cent quarante-deux trois mille cinq cent trente-huitièmes; dix-sept cent trente-quatre cinq mille huit cent vingt-septièmes; quatre mille vingt-trois six mille cinquièmes; neuf mille quatre cent quatre-vingt-cinq dix-huit mille trois cent soixante-dix-neuvièmes.

1375. Écrire les fractions énoncées trois cent quatre-vingt-sept mille deux cent vingt-cinq six cent soixante-trois-mille sept cent trente-quatrièmes; neuf cent sept mille vingt-trois douze cent quarante mille deux cent septièmes; quinze cents trois mille quarante-sept millions vingt-sept mille trente-deuxièmes.

1376. Écrire en chiffres les expressions fractionnaires trois cent cinquante unités, vingt-trois trente cinquièmes; quinze cent cinquante-sept unités, quatre-vingt-quatorze quarante-septièmes ; dix-neuf cent trente-huit unités, douze cent trente-quatre deux mille cent trente-deuxièmes, trois mille sept unités, cent trois deux cent cinquièmes.

1377. Exprimer en chiffres qu'un objet a été divisé en 6 parties égales, et qu'on a pris 5 de ces parties.

1378. Indiquer qu'une quantité a été divisée en 37 parties égales et qu'on a pris 17 de ces parties.

1379. Le nombre 9 997 divisé par 222 a donné

pour quotient entier 45 plus un reste; exprimer ce quotient dans toutes ses parties.

1380. Indiquer qu'on a partagé un objet en 43 parties égales et qu'on a pris 39 de ces parties.

1381. Quel est le nombre 7 fois plus petit que 3?

1382. Écrire les nombres qui représentent la 5° partie de 2, la 9° partie de 7, la 15° partie de 11.

1383. Exprimer en chiffres qu'on a partagé un objet en 582 parties égales et qu'on a pris 335 de ces parties.

1384. Écrire les nombres qui représentent la trente-deuxième partie de 27, la cent quatrième partie de 63, la trois cent quatre-vingt-dix-neuvième partie de 254.

1385. Exprimer en chiffres que divers objets ont été divisés, l'un en 243 parties égales et qu'on a pris 495 de ces parties; l'autre en trois cent soixante-dix-huit parties égales et qu'on a pris deux cent trente-neuf de ces parties.

1386. Quel est le nombre 25 fois plus petit que 22?

1387. Quel est le nombre douze cent quatre-vingt-treize fois plus petit que 869?

1388. Écrire en chiffres les nombres qui représentent la quinze cent trente-troisième partie de 1182; la deux mille six cent troisième partie de 1756 et la six mille neuf cent quatre-vingt-dix-huitième partie de 3785.

1389. Le nombre 1 019 598 divisé par 5 452 a pour quotient entier 137 et pour reste 134; exprimer ce quotient dans toutes ses parties.

1390. Quel est le nombre dix-huit mille six cent soixante-quatre fois plus petit que 12 359?

1391. La partie entière du quotient provenant de la division de 43 997 par 357 est 123, et le reste de la division est 86; exprimer la partie fractionnaire de ce quotient.

1392. Quel est le nombre un million six cent quatre-vingt-cinq mille huit cent cinquante-trois fois plus petit que 1 435 764 ?

1393. Exprimer en chiffres les nombres qui représentent la soixante-douze mille six cent cinquante-cinquième partie de 48 342 ; la cent quarante-trois mille six cent dix-septième partie de 137 978 ; la dix-huit cent soixante-quinze mille neuf cent quatre-vingt-quinzième partie de 1 748 579..

1394. Quel est le nombre vingt-trois millions six cent trente-quatre mille sept cent quarante-cinq fois plus petit que 1 579 673 ?

1395. Exprimer en chiffres que plusieurs quantités ont été divisées, l'une en 137 852 parties égales, et qu'on a pris 125 764 de ces parties ; l'autre en 3 578 975 parties égales et qu'on en a pris 3 247 895.

Transformation des fractions et des nombres fractionnaires.

1396. Que deviendra la fraction $\frac{5}{7}$ si on multiplie son numérateur par 3 ?

1397. Que deviendra la fraction $\frac{22}{24}$ si on multiplie son dénominateur par 6 ?

1398. Que deviendra la valeur de la fraction $\frac{9}{25}$ si on multiplie ses deux termes par 4 ?

1399. Que deviendra la fraction $\frac{4}{6}$ si on divise son numérateur par 2 ?

1400. Quel changement fera-t-on subir à la valeur de $\frac{7}{15}$ en divisant son dénominateur par 5 ?

1401. Quel changement subira la valeur de $\frac{6}{24}$ si on divise ses deux termes par 8 ?

1402. Rendre 8 fois plus grande la fraction $\frac{5}{7}$.

1403. Rendre 7 fois plus petite la fraction $\frac{2}{5}$.

1404. Rendre 15 fois plus grande la fraction $\frac{357}{6642}$.

1405. Rendre 8 fois plus petites les fractions $\frac{64}{182}$. et $\frac{27}{25}$.

1406. Trouver une expression fractionnaire 8 fois plus petite que $\frac{28}{81}$.

1407. Quelle sera l'expression fractionnaire 6 fois plus grande que $\frac{54}{24}$?

1408. Déterminer l'expression fractionnaire qui est 35 fois plus grande que $\frac{22}{7}$.

1409. Combien y aurait-il de vingt-cinquièmes dans l'expression fractionnaire $332 + \frac{14}{25}$?

1410. Trouver une expression fractionnaire égale au nombre 25 et qui représente des septièmes.

1411. Indiquer combien il y a de cinquièmes dans le nombre entier 33?

1412. Combien l'expression $9 + \frac{5}{6}$ contient-elle de sixièmes?

1413. Que deviendra l'expression $7 + \frac{9}{12}$, si on divise par 3 les deux termes de la fraction? Combien l'expression transformée contiendra-t-elle de quarts?

1414. Que deviendra la fraction $\frac{35}{45}$ si on divise les deux termes par 12, si on les multiplie par 4?

1415. Que deviendra la fraction $\frac{32}{47}$, soit qu'on divise son numérateur par 8, soit qu'on le multiplie par ce même nombre?

1416. Que deviendra la fraction $\frac{12}{66}$, si on multiplie son numérateur par 4 et si on divise en même temps son dénominateur par 6?

1417. Mettre le nombre entier 39 sous la forme d'une fraction qui aurait 7 pour dénominateur.

1418. Mettre l'expression fractionnaire $23 + \frac{8}{12}$ sous la forme d'une fraction ordinaire qui aurait pour dénominateur le nombre 6.

1419. Combien y a-t-il de treizièmes dans l'expression fractionnaire $42 + \frac{7}{13}$?

1420. Combien y a-t-il de cinquante-sixièmes dans le nombre entier 197?

1421. Exprimer qu'on a divisé deux pommes égales en grosseur, l'une en 7 parties égales, l'autre en 8, et qu'on a pris 5 des parties de la première et 6 des parties de l'autre. Quelle est la plus grande des deux expressions?

1422. On a augmenté de 2 les deux termes de la fraction $\frac{7}{13}$; quelle est la plus grande des deux fractions? Si au lieu d'augmenter ces deux termes de 2 on les avait diminués de ce nombre, quelle eût été alors la plus grande des deux fractions?

1423. Si on augmente ou diminue les deux termes de l'expression fractionnaire $\frac{11}{7}$ d'un même nombre 2, quelle sera la plus grande des deux expressions?

1424. Que deviendra la valeur de l'expression fractionnaire $\frac{23}{23}$ qui représente l'unité sous la forme d'une fraction, si on augmente les deux termes d'un même nombre?

1425. Extraire les entiers contenus dans les expressions fractionnaires $\frac{23}{7}$, $\frac{47}{5}$, $\frac{349}{5}$.

1426. Combien chacune des expressions $\frac{42}{5}$, $\frac{36}{8}$, $\frac{37}{8}$, contient-elle d'entiers?

1427. Mettre les nombres fractionnaires $354+\frac{32}{7}$, $739+\frac{57}{43}$, $1952+\frac{334}{845}$, $2347+\frac{356}{422}$ sous la forme de fractions ordinaires.

1428. Combien y a-t-il d'entiers dans la fraction $\frac{343}{27}$?

1429. Quel est le nombre fractionnaire qui a donné lieu à l'expression fractionnaire $\frac{254}{24}$?

1430. Combien y a-t-il de francs dans l'expression $\frac{235}{23}$?

1431. Combien l'expression $\frac{1246}{566}$ contient-elle de kilogrammes?

1432. Trouver le nombre fractionnaire duquel provient l'expression $\frac{345}{24}$.

1433. Réduire les termes de la fraction $\frac{8}{24}$ sans changer la valeur de cette fraction.

1434. Quelle est la plus simple expression de la fraction $\frac{27}{81}$?

1435. Réduire à ses moindres termes la fraction $\frac{176}{226}$.

1436. Quelle est la plus simple expression à laquelle puisse être ramenée la fraction $\frac{5678}{4394}$?

1437. Réduire à leurs moindres termes les fractions suivantes $\frac{462}{64}$. $\frac{6643}{432}$. $\frac{1844}{756}$.

1438. Mettre les fractions décimales suivantes : 0,357. 0,24. 0,40. 0,065. 0,0042 sous la forme de fractions ordinaires.

1439. Mettre sous la forme de fractions ordinaires les expressions décimales 3,072. 57,43. 645,05.

1440. Mettre sous la forme de fractions ordinaires les expressions décimales 4,5789. 0,3456. 32,4735.

1441. Réduire en fractions décimales les fractions ordinaires $\frac{357}{433}$. $\frac{569}{603}$. $\frac{4566}{187}$.

1442. Réduire en expressions décimales les expressions fractionnaires $\frac{528}{65}$. $\frac{575}{88}$. $\frac{7492}{187}$.

1443. Réduire au même dénominateur les fractions $\frac{3}{4}$. $\frac{5}{6}$. $\frac{7}{8}$. $\frac{5}{7}$.

1444. Réduire au même dénominateur les fractions $\frac{35}{45}$. $\frac{27}{66}$. $\frac{54}{76}$. $\frac{42}{27}$.

1445. Donner un numérateur commun aux fractions $\frac{5}{7}$. $\frac{3}{9}$. $\frac{4}{11}$. $\frac{7}{8}$.

1446. Réduire au même dénominateur les fractions $\frac{15}{17}$. $\frac{16}{21}$. $\frac{23}{17}$. $\frac{55}{89}$.

1447. Trouver le plus petit dénominateur commun aux fractions $\frac{9}{16}$. $\frac{12}{16}$. $\frac{4}{12}$.

1448. Ramener la fraction périodique 0,37 37 37 à la fraction ordinaire qui lui a donné naissance.

1449. Rendre à la fraction périodique mixte 0,45 327 327 la forme de la fraction ordinaire dont elle provient.

1450. Mettre la fraction périodique 0,345 345 sous la forme d'une fraction ordinaire.

1451. Quelle est la fraction ordinaire qui a donné naissance à la fraction périodique mixte 35 702 702?

1452. Quelle est la fraction ordinaire qui correspond à la fraction périodique simple 0,35 563 456?

1453. Quelle est la fraction ordinaire qui a donné naissance à la fraction périodique mixte 0,02 368 368?

1454. Réduire en fraction continue la fraction ordinaire $\frac{43}{252}$.

1455. Revenir de la fraction continue

$$\cfrac{1}{3\times\cfrac{1}{7\times\cfrac{1}{56\times\cfrac{1}{247}}}}$$

à la fraction ordinaire qui lui a donné naissance.

1456. Réduire la fraction $\frac{132}{256}$ en fraction continue.

1457. Quelle est la fraction ordinaire qui a produit la fraction continue

$$\cfrac{1}{3\times\cfrac{1}{4\times\cfrac{1}{3\times\cfrac{1}{6\times\cfrac{1}{7\times\cfrac{1}{54}}}}}}\ ?$$

1458. Réduire en fractions continues les fractions suivantes : $\frac{4353}{9785}$. $\frac{78658}{95785}$. $\frac{98542}{4057000}$. $\frac{80025}{4500025}$.

1459. Revenir de la fraction continue

$$\cfrac{1}{2+\cfrac{1}{6+\cfrac{1}{4+\cfrac{1}{5\times\cfrac{1}{12}}}}}$$

à la fraction ordinaire qui lui a donné naissance.

CALCUL DES FRACTIONS

ET DES NOMBRES FRACTIONNAIRES

19. Les fractions se composant d'unités fractionnaires de même espèce, comme les nombres entiers se composent de la réunion d'unités entières, il en résulte qu'on peut faire sur elles toutes les opérations qu'on effectue sur ces derniers, c'est-à-dire qu'on peut les *additionner*, les *soustraire*, les *multiplier* et les *diviser*.

20. Tout nombre fractionnaire pouvant se ramener à une fraction ordinaire dont le numérateur est plus grand que le dénominateur, il en résulte qu'on peut effectuer sur ces nombres les mêmes opérations que sur les fractions et sur les nombres entiers.

21. Les opérations à effectuer sur les nombres fractionnaires et sur les fractions donnent lieu à des questions analogues à celles que l'on résout sur les nombres entiers; nous allons en indiquer quelques-unes.

XII. Exercices

SUR L'ADDITION, LA SOUSTRACTION, LA MULTIPLICATION ET LA DIVISION DES FRACTIONS ET DES NOMBRES FRACTIONNAIRES.

Addition.

1460. Additionner les fractions $\frac{5}{24}$. $\frac{7}{24}$. $\frac{12}{24}$. $\frac{19}{24}$. $\frac{28}{24}$.

1461. Faire l'addition des expressions $\frac{32}{45}$. $\frac{43}{28}$. $\frac{84}{19}$.

1462. Additionner les fractions suivantes : $4\frac{52}{327}$. $3\frac{43}{648}$.

1463. Quelle est la somme des expressions fractionnaires $7\frac{42}{56}$. $325 + \frac{35}{56}$?

1464. Faire l'addition des expressions suivantes : $34 + \frac{25}{24}$. $35 + \frac{52}{39}$. $1\frac{54}{98}$.

1465. Quelle est la somme des fractions $\frac{35}{75}$. $\frac{17}{19}$. $\frac{23}{27}$. $\frac{35}{39}$. $\frac{49}{66}$?

1466. Additionner les nombres fractionnaires $7+\frac{5}{6}$. $8+\frac{15}{17}$. $9+\frac{12}{19}$.

1467. Faire la somme des expressions $342+\frac{7}{18}$. $127+\frac{13}{18}$. $332+\frac{17}{18}$. $345+\frac{11}{18}$.

1468. Quelle est la somme des expressions $1\,340+\frac{6}{7}$. $\frac{41}{25}$. $\frac{7}{12}$. $\frac{842}{24}$. $527+\frac{17}{25}$?

1469. Faire la somme des fractions $\frac{35}{64}$. $\frac{24}{32}$. $\frac{12}{16}$. $\frac{5}{8}$. $\frac{3}{4}$ et $\frac{1}{2}$.

Soustraction.

1470. Faire la soustraction des deux fractions $\frac{37}{24}$ et $\frac{52}{24}$.

1471. Quel est l'excès de la fraction $\frac{842}{455}$ sur la fraction $\frac{357}{555}$?

1472. Quelle est la plus grande des deux fractions $\frac{125}{247}$ et $\frac{248}{835}$? Quelle est leur différence?

1473. Trouver la différence qui existe entre les deux expressions $435+\frac{6}{7}$ et $\frac{35}{42}$.

1474. Soustraire les diverses fractions $\frac{3857}{2642}$ de $\frac{3456}{3574}$; $\frac{7853}{5947}$ de $\frac{548}{567}$.

1475. Quel reste obtiendra-t-on en soustrayant $34+\frac{5}{7}$, de $42+\frac{8}{9}$?

1476. Quelle est la différence qui existe entre les nombres $345+\frac{85}{47}$ et $278+\frac{22}{27}$?

1477. Trouver le reste de la soustraction effectuée des deux expressions fractionnaires $345+\frac{557}{1622}$ et $359+\frac{785}{963}$?

1478. Quelle est la plus grande des deux fractions $\frac{3457}{5669}$ et $\frac{564}{835}$? De quelle quantité surpasse-t-elle la plus petite?

1479. Effectuer les soustractions suivantes : $345+\frac{3}{7}$ de $654+\frac{25}{29}$; $124+\frac{5}{7}$ de $2\,501$; enfin $347+\frac{85}{39}$ de $\frac{3452}{47}$.

Multiplication.

1480. Effectuer les multiplications de $\frac{35}{24}$ par $\frac{17}{19}$; de $\frac{12}{17}$ par $\frac{48}{72}$; de $\frac{125}{147}$ par $\frac{15}{45}$.

1481. Trouver les produits de 245 par $\frac{7}{9}$; de 154 par $\frac{26}{27}$; de 1375 par $\frac{847}{668}$.

1482. Déterminer les produits de $\frac{5}{7}$ par 574; de $\frac{65}{73}$ par 347; de $\frac{236}{367}$ par 1598.

1483. Effectuer les multiplications de $337+\frac{2}{8}$ par $\frac{7}{15}$; de $578+\frac{42}{64}$ par $\frac{44}{56}$.

1484. Trouver les produits de $\frac{7}{9}$ par $422+\frac{5}{6}$; de $\frac{80}{118}$ par $648+\frac{74}{92}$; de $\frac{12}{32}$ par $137+\frac{17}{49}$.

1485. Déterminer les produits de 456 par $432+\frac{5}{7}$; de $789+\frac{34}{44}$ par 572; de $654+\frac{47}{62}$ par 334; de 1567 par $56+\frac{33}{66}$.

1486. Multiplier les expressions $4+\frac{35}{44}$ par $7+\frac{42}{54}$; $3+\frac{24}{32}$ par $11+\frac{13}{47}$; $56+\frac{846}{679}$ par $49+\frac{27}{86}$; $352+\frac{47}{66}$ par $286+\frac{39}{46}$.

1487. Effectuer les produits divers $\frac{3}{7} \times (41+\frac{5}{9}) \times 471$; $(49+\frac{11}{17}) \times 57 \times \frac{32}{39}$; $\frac{8}{9} \times 452 \times (37+\frac{22}{24})$.

1488. Effectuer les produits divers $\frac{5}{7} \times \frac{9}{44} \times \frac{14}{19} \times \frac{32}{39}$; $(49+\frac{15}{32}) \times 52 \times \frac{35}{47} \times (67+\frac{29}{24})$.

1489. Élever au carré les fractions $\frac{55}{38}$, $\frac{45}{49}$, $\frac{54}{65}$, $\frac{335}{349}$.

1490. Former la deuxième puissance des expressions fractionnaires $53+\frac{4}{10}$, $67+\frac{11}{22}$, $49+\frac{19}{26}$.

1491. Élever au cube les fractions $\frac{22}{24}$, $\frac{36}{47}$, $\frac{23}{37}$, $\frac{466}{542}$.

1492. Former la quatrième puissance des expressions $425+\frac{7}{23}$, $347+\frac{16}{24}$, $245+\frac{6}{18}$.

1493. Calculer la troisième puissance de $\frac{3}{4}$, la cinquième puissance de $\frac{2}{3}$, la quatrième puissance de $2+\frac{4}{7}$, la cinquième puissance de $3+\frac{4}{6}$, enfin la huitième puissance de $2+\frac{1}{2}$.

Division.

1494. Diviser les fractions $\frac{3}{4}$ par 7; $\frac{36}{42}$ par 19; $\frac{552}{572}$ par 16; $\frac{432}{469}$ par 9.

1495. Effectuer la division de $\frac{4}{6}$ par $\frac{5}{7}$; de $\frac{12}{25}$ par $\frac{42}{56}$; de $\frac{567}{986}$ par $\frac{822}{436}$.

1496. Trouver le quotient de 345 par $\frac{2}{8}$; de 334 par $\frac{19}{27}$; de 156 par $\frac{15}{25}$.

1497. Déterminer le quotient de $235 + \frac{4}{7}$ par $\frac{22}{24}$; de $448 + \frac{9}{15}$ par $\frac{32}{48}$.

1498. Déterminer le quotient de $\frac{4}{7}$ par $345 + \frac{2}{12}$; de $\frac{21}{27}$ par $547 \times \frac{7}{21}$.

1499. Effectuer la division de $437 + \frac{7}{12}$ par $34 + \frac{19}{67}$; de $1586 + \frac{6}{32}$ par $315 + \frac{6}{8}$.

1500. Trouver le quotient des expressions $482 + \frac{7}{9}$ par 45; de $15 + \frac{86}{78}$ par 56.

1501. Quel est le nombre qui, multiplié par $37 + \frac{6}{8}$, a donné pour produit $42 + \frac{5}{8}$?

1502. Quel est le nombre qui, multiplié par 24, a donné pour produit $49 + \frac{6}{12}$?

1503. Combien de fois l'expression $325 + \frac{7}{8}$ est-elle contenue dans $535 + \frac{6}{9}$.

1504. Quelle est l'expression qui, multipliée par $\frac{2}{5}$, a donné pour produit $\frac{2}{8}$?

1505. Combien de fois $\frac{9}{11}$ contient-il $\frac{3}{4}$?

1506. Trouver le quotient de 54 par $\frac{7}{15}$.

1507. Combien de fois l'expression $35 + \frac{5}{7}$ est-elle contenue dans l'expression $247 + \frac{8}{9}$?

1508. Déterminer l'expression qui, multipliée par $5 + \frac{4}{7}$, a donné pour résultat $3 + \frac{6}{7}$.

1509. Quelle est l'expression qui, multipliée par 4, a donné pour produit $5 + \frac{3}{4}$?

1510. Déterminer par quelle expression il faudrait multiplier la fraction $\frac{4}{5}$ pour avoir $\frac{22}{25}$ pour produit.

1511. Le produit de deux fractions est 10, l'une de ces fractions est $\frac{4}{5}$; quelle est l'autre?

1512. Déterminer le quotient de $\frac{3}{4}$ par $\frac{4}{5}$.

PROBLÈMES

SUR LE CALCUL DES FRACTIONS ET DES NOMBRES FRACTIONNAIRES.

Addition.

1513. Un tailleur a employé pour faire un habillement $\frac{2}{3}$. $\frac{3}{4}$. $\frac{5}{6}$ et $\frac{3}{8}$ de mètres de drap; combien a-t-il employé de mètres?

Solution. En ajoutant les diverses fractions de mètres de drap employées, on obtiendra évidemment la réponse demandée; mais comme ces diverses fractions n'expriment pas des parties de même espèce, on est conduit d'abord à les réduire au même dénominateur et à faire ensuite la somme des numérateurs des nouvelles fractions; cette somme est représentée par l'expression fractionnaire $\frac{63}{24}$ qui, mise sous la forme d'un nombre fractionnaire, devient $2 + \frac{15}{24}$, expression qui, simplifiée, devient $2 + \frac{5}{8}$. Ce tailleur a donc employé 2 mètres $\frac{5}{8}$ de drap.

1514. Un ouvrier a travaillé trois jours dans une semaine : le 1er jour, il a fait 9 heures$+ \frac{3}{4}$ de travail; le 2e jour, il a fait 10 heures $+ \frac{5}{6}$; le 3e jour, il a fait 12 heures$+ \frac{2}{3}$; combien a-t-il fait d'heures de travail dans la semaine?

Solution. Additionnant les expressions $9 + \frac{3}{4}$ avec $10 + \frac{5}{6}$ et $12 + \frac{2}{3}$, on trouve pour résultat l'expression $31 + \frac{27}{12}$, qui devient, en simplifiant l'expression $\frac{27}{12}$ et en extrayant les entiers, $33 + \frac{1}{4}$. Cet ouvrier a donc travaillé dans sa semaine pendant 33 h. $+ \frac{1}{4}$.

PROBLÈMES À RÉSOUDRE.

1515. On a vendu dans un jour 115 mètres $\frac{3}{4}$ d'étoffes de laine, 178 mètres $\frac{2}{3}$ d'étoffes de soie et 135 mètres $\frac{5}{6}$ de toile; combien a-t-on vendu de mètres en tout?

1516. Un vase vide pèse $\frac{5}{6}$ de kilogramme, il peut contenir un poids d'eau de 2 kilogrammes $\frac{4}{5}$, et son bouchon pèse $\frac{2}{27}$ de kilogramme ; quel est le poids de ce vase plein d'eau et bouché ?.

1517. Un boucher a fourni à une cuisinière 1 kilogramme $\frac{2}{6}$ de bœuf ; 2 kilogrammes $\frac{1}{4}$ de mouton et $\frac{2}{8}$ de kilogramme de veau ; combien a-t-il fourni de kilogrammes en tout ?

1518. Trois voies d'eau fournissent, par minute, l'une $\frac{3}{4}$ d'hectolitre, l'autre $\frac{5}{12}$ de kilolitre, la troisième $\frac{15}{16}$ de décalitre ; combien ces voies d'eau donnent-elles ensemble de décalitres par minute ?

1519. On a payé à un créancier les $\frac{2}{7}$ de sa créance ; une seconde fois, il en a touché les $\frac{3}{8}$; une troisième fois, il en a touché encore les $\frac{3}{11}$; combien a-t-il reçu en tout ?

1520. Un tailleur demande 2 mètres $\frac{4}{5}$ d'étoffe pour un habit, 1 mètre $\frac{7}{8}$ pour un pantalon, et $\frac{3}{7}$ de mètre pour un gilet ; combien demande-t-il de mètres en tout ?

1521. Un boulanger a employé, dans un jour, 3 sacs $\frac{2}{3}$ de farine ; le jour suivant, il en a employé 3 sacs $\frac{4}{5}$; enfin, le troisième jour, il en a employé 4 sacs $\frac{2}{7}$; combien de sacs a-t-il employés ?

1522. Trois écoliers voulant faire bourse commune ont, le 1ᵉʳ, $\frac{3}{4}$ de franc ; le 2ᵉ, $\frac{4}{5}$ de franc ; le 3ᵉ, $\frac{2}{6}$ de franc ; combien possèdent-ils en tout ?

1523. On a vendu, sur une pièce de drap, 25 mètres $\frac{3}{4}$, il en reste 6 mètres $\frac{2}{5}$; combien contenait-elle de mètres ?

1524. Une caisse vide pèse 2 kilogrammes $\frac{2}{9}$; on y met successivement 2 kilogrammes $\frac{3}{4}$ de bonbons divers, 3 kilogrammes $\frac{2}{6}$ de jouets d'enfants et $\frac{5}{7}$ de kilogrammes d'autres objets ; quel est le poids total de la caisse ?

Soustraction.

1525. On a donné $\frac{3}{4}$ d'heure à un écolier pour étudier sa leçon; il n'a mis que $\frac{3}{7}$ d'heure à l'apprendre; combien lui avait-on donné de temps de trop?

SOLUTION. Il est évident que le temps en trop accordé à l'écolier sera représenté par la différence existant entre le temps accordé et celui qu'il a employé; ce qui revient à soustraire $\frac{3}{7}$ de $\frac{4}{4}$ ou $\frac{12}{21}$ de $\frac{21}{24}$; cette soustraction effectuée donne pour reste $\frac{9}{21}$, fraction qui ne peut être réduite à une expression plus simple. On avait donc accordé à l'écolier $\frac{9}{21}$ d'heure de plus qu'il ne lui en fallait.

1526. Un coupon d'étoffe avait 7 mètres $\frac{7}{8}$ de longueur, et l'on en a vendu 3 mètres $\frac{5}{6}$; combien en reste-t-il?

SOLUTION. La quantité d'étoffe qui reste devant être représentée, par la différence entre la quantité vendue et celle qui existait en magasin, on est conduit pour la déterminer à soustraire l'expression $(3+\frac{5}{6})$ de $(7+\frac{7}{8})$; or $(7+\frac{7}{8}) - (3+\frac{5}{6}) = (7+\frac{21}{24}) - (3+\frac{20}{24}) = 4+\frac{1}{24}$. Il reste donc 4 mètres $\frac{1}{24}$ d'étoffe.

PROBLÈMES A RÉSOUDRE.

1527. Un vase plein d'eau pèse $\frac{7}{8}$ de kilogramme; lorsqu'il est vide, il ne pèse plus que $\frac{3}{11}$ de kilogramme; quel est le poids de l'eau contenue dans ce vase?

1528. Une pièce de toile en contenait 42 mètres $\frac{5}{8}$; on en a vendu 17 mètres $\frac{4}{5}$; combien en reste-t-il?

1529. Un écolier avait à étudier $\frac{2}{3}$ de page, et il en a appris $\frac{2}{7}$; que lui reste-t-il à apprendre?

1530. Un ouvrier, au lieu de travailler 11 heures $\frac{1}{2}$, n'a travaillé que 7 heures $\frac{3}{4}$ dans sa journée; combien a-t-il perdu de temps?

1531. Le prix de l'hectolitre de blé, qui s'élevait à 15 fr. $\frac{4}{5}$, a subi une diminution de $\frac{1}{2}$ franc; à quel prix est-il descendu?

1532. Le niveau de l'eau, qui s'élevait à 1 mètre $\frac{5}{7}$ au-dessus de 0, est monté dans une nuit à 2 mètres $\frac{3}{4}$; de combien a-t-il monté?

1533. Deux sources coulant ensemble remplissent

un bassin d'une contenance de $\frac{345}{17}$ d'hectolitre; l'une d'elles a fourni $\frac{137}{15}$; combien l'autre a-t-elle fourni?

1534. Un courrier a parcouru en 18 heures 145 kilomètres; un autre en 13 heures en a parcouru 128; quel est celui des deux qui a fait le plus de chemin dans une heure?

1535. Pour mesurer la quantité de liquide contenue dans un tonneau, on emploie une baguette de 1 mètre $\frac{2}{5}$ de longueur; lorsqu'on la retire, il y a de son extrémité extérieure à la marque du liquide $\frac{5}{6}$ de mètre; quelle est la hauteur du liquide dans le tonneau?

1536. Un enfant a reçu $\frac{2}{5}$ de kilogramme de dragées; après en avoir donné à quelques-uns de ses camarades, il ne lui en reste plus que $\frac{3}{8}$; combien en a-t-il donné?

1537. Un ouvrier devait terminer dans la semaine une pièce de toile de 33 mètres $\frac{5}{6}$; il n'a pu en faire que 27 mètres $\frac{4}{5}$; combien lui en reste-t-il à faire?

1538. Une caisse pleine de marchandises pèse 15 kilogrammes $\frac{7}{12}$; cette caisse vide pèse 3 kilogrammes $\frac{4}{5}$; quel est le poids de la marchandise qu'elle contient?

Multiplication.

1539. Un ouvrier, gagnant 3 fr. 75 c. par jour, a travaillé pendant 25 jours sans recevoir de salaire; toutefois il n'a fait en moyenne que $\frac{3}{4}$ de journée chaque jour; combien doit-il recevoir?

SOLUTION. Pour déterminer la somme due à cet ouvrier, il faut d'abord connaître le nombre des journées qu'il a faites. Puisque pendant 25 jours il a fait $\frac{3}{4}$ de journée par jour, il a fait $\frac{3}{4} \times 25$ journées ou $\frac{75}{4}$, ou enfin 18 jours $\frac{3}{4}$; or pendant 18 journées $\frac{3}{4}$ à raison de 3 fr. 50 c. par journée, il a dû gagner 3 fr. 50 c. répété $18 + \frac{3}{4}$ de fois ou $3,50 \times \frac{75}{4}$ ou $\frac{3,50 \times 75}{4}$ ou $\frac{262,50}{4}$ ou enfin 65 fr. 625.

1540. Une machine peut filer dans une heure 1 kilogramme $\frac{3}{7}$ de coton; combien en filera-t-elle dans l'espace de 15 heures $\frac{1}{2}$?

SOLUTION. Cette machine filera autant de coton que l'indiquera le produit de la multiplication de $1 + \frac{3}{7}$ par $15 + \frac{1}{2}$ ou de $\frac{10}{7}$ par $\frac{31}{2}$; ce produit est $\frac{310}{14}$ ou $22 + \frac{2}{14}$, ou enfin $22 + \frac{1}{7}$. Elle filera donc dans le temps indiqué $22 + \frac{1}{7}$ kilog. de coton.

1541. Un ouvrier travaille pendant les douze mois de l'année 25 jours par mois et gagne par journée de travail 5 fr. 50 c.; mais au lieu de faire les journées entières, il n'en fait en moyenne que $\frac{3}{4}$ par jour; il dépense les $\frac{7}{8}$ de ce qu'il gagne pour son entretien et ses menues dépenses; combien gagne-t-il, combien dépense-t-il par an?

SOLUTION. 25 jours de travail par mois font en 12 mois 12 fois 25 ou 300 jours de travail; si l'ouvrier avait fait des journées complètes, il suffirait, pour savoir ce qu'il a gagné, de multiplier 300 par 5,50; mais comme il n'a fait que $\frac{3}{4}$ de journée chaque jour de travail, il n'a donc fait que 300 fois $\frac{3}{4}$ de jour ou $\frac{900}{4}$ de journées ou 225 journées, il a donc gagné 225 fois 5,50 ou 1 237 fr. 50 c. Ce résultat obtenu, pour savoir la somme dépensée par an, il suffit de la multiplier par $\frac{7}{8}$, et on obtient pour produit 1 082,81. Donc cet ouvrier gagne par an 1 237 fr. 50 c. et dépense 1 082 fr. 81 c.

PROBLÈMES A RÉSOUDRE.

1542. Un ouvrier fait dans un jour les $\frac{5}{6}$ d'un ouvrage; un autre ouvrier ne fait dans le meme temps que les $\frac{5}{6}$ de ce qu'a fait le premier; quelle est la portion d'ouvrage faite par le second?

1543. On est convenu de payer pour un travail une somme de 175 fr.; les $\frac{4}{5}$ de ce travail terminés, l'ouvrier ne peut le continuer; combien lui doit-on?

1544. Un voyageur fait $\frac{5}{8}$ de myriamètre par heure; combien en parcourra-t-il en 7 heures $\frac{3}{4}$?

1545. Trouver les $\frac{5}{6}$ des $\frac{4}{7}$ d'un mètre.

9.

1546. Quels sont les $\frac{2}{5}$ d'une pièce de 20 francs?

1547. Une fontaine remplit en une heure un bassin de 15 litres $\frac{3}{4}$; quelle partie de ce bassin remplira-t-elle en $\frac{3}{7}$ d'heure?

1548. Un créancier, pour être payé comptant, fait remise à son débiteur de $\frac{3}{14}$ de ce qu'il lui doit; la dette s'élevait à 1275 fr.; combien doit-il recevoir?

1549. Un écolier a reçu de son père, pour récompense de son travail, les $\frac{2}{5}$ de 15 fr. qu'il avait dans sa bourse; combien a-t-il reçu?

1550. On a réduit dans une ville assiégée la ration de pain de chaque soldat à $\frac{4}{5}$ de kilogramme par jour, et la garnison est composée de 2 650 hommes; combien consommera-t-elle de kilogrammes de pain en un jour?

1551. On a employé 3 mètres $\frac{2}{5}$ de drap pour habiller 1 soldat; combien en emploiera-t-on pour en habiller 15 de même taille?

1552. Un kilogramme de café coûte 3 fr. 75 c.; combien coûteront $\frac{2}{3}$ de kilogramme?

1553. On donne en échange de $\frac{3}{7}$ de kilogramme de café $\frac{15}{17}$ de kilogramme de sucre; combien recevra-t-on de café pour $\frac{2}{3}$ de kilogramme de sucre?

1554. Un ouvrier a tissé 32 mètres $\frac{7}{8}$ d'étoffe, à raison de $\frac{4}{5}$ de franc par mètre; combien a-t-il gagné?

1555. Un jeune homme a les $\frac{2}{3}$ de l'âge de son père; ce dernier a 45 ans; quel est l'âge du fils?

1556. Une jeune personne a les $\frac{2}{5}$ de l'âge de sa mère, qui elle-même a les $\frac{4}{5}$ de l'âge de son mari; ce dernier a 45 ans; quels sont les âges de la mère et de la fille?

1557. On a payé 27 fr. $\frac{3}{5}$ pour un mètre de drap; combien payera-t-on pour 25 mètres $\frac{2}{3}$?

1558. Un copiste a fait dans 1 heure 4 pages $\frac{5}{7}$; combien en copiera-t-il dans huit heures $\frac{3}{4}$?

1559. Une locomotive parcourt dans une heure 36 kilomètres $\frac{5}{7}$; combien en a-t-elle parcouru dans $\frac{2}{4}$ d'heure?

1560. Un individu laisse par testament à l'un de ses neveux les $\frac{3}{11}$ de sa fortune, qui s'élève à 351 890 fr.; à combien monte cette donation?

Division.

1561. On a payé une somme de 162 fr. pour l'acquisition de 6 mètres $\frac{3}{4}$ de velours; combien a-t-on payé le mètre?

SOLUTION. Il est évident que le prix du mètre doit être représenté par le quotient de 162 fr. par $6 + \frac{3}{4}$; réduisant $6 + \frac{3}{4}$ en la fraction équivalente $\frac{27}{4}$, on a 162 à diviser par $\frac{27}{4}$; le quotient est 24. Donc le mètre de velours revient à 24 fr.

1562. On a payé 276 fr. les $\frac{3}{7}$ d'une pièce de drap; quelle était la valeur de la pièce entière?

SOLUTION. Si l'on connaissait le prix de la pièce entière, pour avoir le prix des $\frac{3}{7}$ de cette pièce, il faudrait répéter ce prix $\frac{3}{7}$ de fois; 276 fr. représentent donc le produit de $\frac{3}{7}$ par le prix cherché; il faut donc, pour obtenir ce prix, diviser 276 par $\frac{3}{7}$, division qui donne pour quotient 644. La pièce de drap valait donc 644 fr.

1563. Un ouvrier, au lieu de travailler toute la semaine, a travaillé seulement pendant les $\frac{5}{6}$ de cette semaine, et il a reçu 35 fr. pour son travail; combien aurait-il reçu s'il avait employé tout son temps?

SOLUTION. Puisque pour $\frac{5}{6}$ de semaine cet ouvrier a reçu 35 fr., pour $\frac{1}{6}$ de semaine il a gagné $\frac{35}{5}$ de fr.; pour la semaine entière, il aurait donc gagné $\frac{35 \times 6}{5}$ fr. Cet ouvrier aurait gagné dans sa semaine 42 fr.

PROBLÈMES A RÉSOUDRE.

1564. Pour $\frac{3}{4}$ de journée de travail, un ouvrier a reçu 2 fr. 20 c.; quel est le prix de la journée entière ?

1565. Quel est le nombre qui, multiplié par $3 + \frac{4}{7}$ reproduira l'expression 34 ?

1566. Un ouvrier a fait 9 mètres $\frac{3}{4}$ d'ouvrage en 6 heures $\frac{5}{8}$; combien fait-il de mètres par heure ?

1567. Une fontaine met $\frac{3}{4}$ d'heure pour remplir les $\frac{5}{7}$ d'un bassin; en combien de temps l'emplira-t-elle entièrement ?

1568. On a payé à un ouvrier 36 fr. 45 c. pour les $\frac{5}{8}$ d'un ouvrage; combien recevra-t-il pour le travail entier ?

1569. Un coupon d'étoffe de 6 mètres $\frac{5}{8}$ a été vendu pour 17 fr. 60 c.; combien a-t-on vendu le mètre de cette étoffe ?

1570. On a vendu pour 25 fr. 40 c. un coupon d'étoffe à raison de 2 fr. $\frac{5}{7}$ le mètre; combien ce coupon contenait-il de mètres ?

1571. Un courrier a parcouru 15 myriamètres $\frac{7}{11}$ en 12 heures $\frac{3}{7}$; combien en avait-il parcouru en 1 heure ?

1572. Pour 15 douzaines $\frac{3}{4}$ d'oranges, on a payé 37 fr. $\frac{4}{5}$; à combien revient la douzaine d'oranges ?

1573. On a acheté pour 345 fr. 28 mètres $\frac{5}{8}$ de drap qu'on a replacé ensuite pour 417 fr. $\frac{7}{8}$; combien a-t-on payé le mètre de drap ? Combien l'a-t-on revendu ?

1574. Un voyageur a employé 3 heures $\frac{2}{3}$ pour faire les $\frac{3}{4}$ de sa route; en combien de temps en aura-t-il fait la totalité ?

1575. Une manufacture, dans l'espace de 2 heures $\frac{3}{4}$, a produit 135 mètres d'étoffes; combien produit-elle de mètres par heure ?

1576. Pour doubler une tenture de 12 mètres $\frac{5}{10}$ de velours à $\frac{2}{5}$ de large, on veut employer de la soie à $\frac{3}{5}$

de large ; combien devra-t-on prendre de mètres de
cette doublure ?

1577. On a employé 7 mètres de laine à $\frac{3}{4}$ de large
pour doubler un manteau contenant 5 mètres de drap;
quelle était la largeur du drap?

1578. On a rempli avec 645 bouteilles de vin 2 pièces $\frac{3}{4}$; combien chaque pièce contient-elle de bouteilles ?

1579. On a fait, avec 5 kilogrammes $\frac{1}{4}$ de dragées, 3 douzaines $\frac{1}{2}$ de cornets ; combien 1 kilogramme
fournit-il de cornets?

1580. On a acheté 3 douzaines $\frac{1}{2}$ de mouchoirs
pour une somme de 42 fr.; à combien revient la douzaine de ces mouchoirs?

PROBLÈMES DIVERS

SUR LES FRACTIONS ET LES NOMBRES FRACTIONNAIRES.

1581. Déterminer quelle est la plus grande des trois fractions $\frac{3}{7}$, $\frac{6}{11}$ et $\frac{4}{9}$.

SOLUTION. Comme plusieurs fractions ne peuvent être comparées entre elles qu'autant qu'elles expriment des parties de même espèce, pour voir quelle est celle de ces fractions qui est la plus grande, il faut les réduire au même dénominateur ; la comparaison des numérateurs fera connaître alors quelle est celle qui renferme le plus de parties, c'est-à-dire la plus grande des trois. Ces trois fractions ramenées à un dénominateur commun deviennent $\frac{297}{693}$; $\frac{378}{693}$; $\frac{308}{693}$, d'où l'on voit que la deuxième fraction est la plus grande des trois.

1582. Il y a dans ma bourse, dit un père à son fils, la $\frac{1}{2}$, les $\frac{3}{4}$, les $\frac{4}{5}$ et les $\frac{19}{20}$ d'une pièce de 5 francs en diverses pièces de monnaie ; si je te donne les $\frac{2}{5}$ de cette somme, combien me restera-t-il de francs ?

SOLUTION. Pour arriver à la solution du problème, il est évident qu'il faudra d'abord déterminer la somme contenue dans la bourse du père, puis trouver les $\frac{2}{5}$ de cette somme, soustraire ensuite ces $\frac{2}{5}$ de la somme totale, enfin réduire en francs, s'il y a lieu, le reste de cette soustraction.

Or, l'addition des fractions $\frac{1}{2}+\frac{3}{4}+\frac{4}{5}+\frac{19}{20}$ donnera pour résultat la somme qui se trouve dans la bourse du père ; cette somme est 3. Le père possède donc 15 fr. ; les $\frac{2}{5}$ de cette somme s'obtiendront en multipliant les deux expressions 15 et $\frac{2}{5}$ l'une par l'autre ; on aura donc pour l'expression du reste $15 - \frac{15 \times 2}{5}$ ou 9. Le père avait donc dans sa bourse 15 fr., le fils a reçu 6 fr. ; il reste au père 9 fr.

1583. On a payé 142 fr. pour 14 mètres $\frac{4}{8}$ de drap ; combien auraient coûté 5 mètres $\frac{2}{3}$?

SOLUTION. En réduisant les nombres $14+\frac{4}{8}$ et $5+\frac{2}{3}$ en expressions fractionnaires, ayant le même dénominateur, ils deviennent $\frac{355}{24}$ et $\frac{136}{24}$. On dira alors :

si $\frac{355}{24}$ ont coûté............................ 142 fr.

$\frac{1}{24}$ a coûté la 355e partie de 142 fr., ou...... $\frac{142}{355}$ fr. = 40 c.

$\frac{136}{24}$ vaudront donc 0 fr. 40 × 136, ou....... 54 fr. 40 c.

On aurait pu chercher le prix du mètre de velours en divisant 142 par $14\frac{19}{24}$, et le quotient multiplié par $5\frac{16}{24}$ eût donné également 54 fr. 40 c. pour résultat.

1584. Deux fontaines alimentent un bassin : l'une le remplirait en 8 jours, et l'autre le remplirait seule en 5 jours ; en combien de temps le rempliront-elles en coulant ensemble ?

Solution : La première fontaine remplira en un jour $\frac{1}{8}$ du bassin ; la deuxième dans le même temps en remplira $\frac{1}{5}$; en coulant ensemble, elles rempliront $\frac{1}{8}+\frac{1}{5}$ du bassin ou $\frac{5+8}{40}$. $\frac{5+8}{40}$ ou $\frac{13}{40}$ du bassin étant remplis en un jour, $\frac{1}{40}$ le sera en $\frac{1}{13}$ de jour. Le bassin entier sera rempli en $\frac{40}{13}$ de jour ou en 3 jours $\frac{1}{13}$.

PROBLÈMES A RÉSOUDRE.

1585. Trois écoliers réunissent leurs billes : le 1er en possède les $\frac{2}{5}$ du nombre que possède le 2e, qui lui-même a les $\frac{4}{5}$ de ce que possède le 3e ; ce dernier en a 45 ; combien chacun a-t-il de billes ? Combien en ont-ils ensemble ?

1586. Un père a donné à chacun de ses trois enfants une petite somme d'argent ; au 1er il a donné $\frac{1}{7}$, au 2e $\frac{3}{10}$, et au 3e les $\frac{9}{20}$ de 100 fr. ; combien a-t-il donné en tout ? Combien chacun a-t-il reçu ?

1587. Une caisse d'oranges en contient 780 ; un commerçant en a acheté les $\frac{2}{3}$; un autre en a pris $\frac{1}{5}$, un 3e enfin en a pris $\frac{1}{4}$; combien chacun a-t-il pris d'oranges ? Combien en reste-t-il ?

1588. Deux ouvriers ont fait, l'un, pendant six jours, $\frac{2}{3}$ de journée de travail chaque jour ; l'autre, pendant cinq jours seulement, $\frac{3}{4}$ de journée de travail chaque jour; quel est celui des deux qui a le plus travaillé? Indiquez l'excès du travail de l'un sur celui de l'autre.

1589. Un ouvrier pourrait faire un travail en 7 jours $\frac{1}{2}$; un autre ferait le même travail en 6 jours $\frac{1}{4}$; tous deux sont chargés de le faire ensemble; combien de temps emploieront-ils pour le terminer?

1590. Un ouvrier n'a employé que les $\frac{5}{6}$ de sa journée; il a reçu 5 fr. 60 c.; combien gagne-t-il par jour? Combien a-t-il perdu à ne pas faire sa journée complète?

1591. Trois fontaines rempliraient en 1 heure, l'une les $\frac{3}{5}$, l'autre les $\frac{2}{3}$ et la troisième les $\frac{3}{4}$ d'un bassin; combien de temps emploieront-elles à le remplir en coulant toutes trois ensemble?

1592. D'une pièce de vin contenant 2 hectolitres $\frac{1}{4}$ on a tiré $\frac{3}{5}$ d'hectolitre au moyen d'un fausset fournissant 1 litre $\frac{1}{2}$ par minute; combien de temps a-t-on employé à tirer ce vin? Combien en reste-t-il dans la pièce?

1593. Un père donne à l'un de ses fils les $\frac{2}{7}$ de sa fortune; il donne au second les $\frac{2}{5}$ de ce qui lui reste et garde pour lui 105 000 fr.; combien chacun des fils a-t-il reçu? Quelle était la fortune du père?

1594. On a vendu sur une pièce d'étoffe de 35 mètres $\frac{5}{8}$ de longueur, 7 mètres $\frac{1}{2}$ à une personne, 8 mètres $\frac{1}{4}$ à une autre, et 12 mètres $\frac{1}{5}$ à une troisième; combien reste-t-il de mètres de cette pièce après ces trois ventes?

1595. On a acheté 3 mètres $\frac{1}{2}$ d'étoffe à 1 fr. 70 c. le mètre, 7 mètres $\frac{2}{3}$ d'une autre étoffe à 3 fr. 75 c. le mètre; à combien s'élève la facture?

1596. Une jeune fille rencontrant des pauvres donne à l'un $\frac{2}{7}$ de fr., à l'autre $\frac{1}{4}$ de franc, à un troisième elle donne 1 fr. $+\frac{3}{5}$ de franc; enfin elle donne à un quatrième les $\frac{2}{7}$ de ce qui lui reste, et rentre avec 1 fr. 75 c.; combien avait-elle en sortant?

1597. Un ouvrier doit livrer en trois jours une commande : le premier jour, il fait les $\frac{2}{5}$ de son ouvrage; le second jour, il en fait les $\frac{2}{7}$; que lui reste-t-il à faire dans la troisième journée?

1598. Un joueur a perdu les $\frac{2}{3}$ des $\frac{3}{4}$ des $\frac{4}{5}$ d'une somme de 780 fr. qu'il avait en entrant au jeu; que lui reste-t-il de cette somme?

1599. Un négociant a acheté 345 kilogrammes $\frac{2}{3}$ de café pour 1086 fr. 75 c.; combien aurait-il payé 25 kilogrammes $+\frac{2}{5}$?

1600. Un flacon vide pèse 3 hectogrammes $+\frac{5}{8}$; son bouchon pèse 1 hectogramme $+\frac{2}{7}$; lorsqu'il est plein d'eau et bouché, son poids est de 5 hectogrammes $+\frac{2}{5}$; quel est le poids de l'eau que contient ce vase?

1601. Un ouvrier, gagnant par jour 3 fr. $\frac{3}{4}$, a travaillé pendant 27 jours; seulement, pendant 9 jours, il n'a fait chaque jour que $\frac{2}{3}$ de journée; quelle est la somme qui lui est due pour son travail? Combien aurait-il gagné s'il eût employé complétement ses journées?

1602. Un piéton a parcouru les $\frac{2}{3}$ des $\frac{3}{4}$ des $\frac{7}{8}$ des 47 kilomètres $\frac{5}{6}$ qu'il devait parcourir; quel chemin lui reste-t-il à faire?

1603. On a donné à un enfant les $\frac{2}{5}$ des $\frac{4}{4}$ des $\frac{4}{6}$ de 1 fr.; il a dépensé les $\frac{2}{8}$ de cette somme; combien lui reste-t-il?

1604. Un voyageur reste quatre jours à Londres; le premier jour, il y dépense les $\frac{2}{9}$ de son argent; le deuxième, il en dépense $\frac{1}{3}$; le troisième, il en dépense les $\frac{2}{5}$; le quatrième, il dépense 75 fr. qui lui restent

et part avec une dette de 47 fr. ; combien a-t-il dépensé ?

1605. On demande à un instituteur combien il a
touché de rétribution mensuelle dans le mois; il ré-
pond : le $\frac{1}{3}$ de mes élèves paye 2 fr. 25 c.; le $\frac{1}{6}$ paye
1 fr. 75 c.; le $\frac{1}{7}$ paye 1 fr. 25 c., et 34 ne payent rien;
combien avait-il d'élèves ? Combien a-t-il touché ?

1606. On veut sonder une fosse avec une lance;
on trouve que l'eau s'élève au tiers de la lance, que la
distance du niveau de l'eau au bord du fossé en prend
la moitié, enfin que 9 décimètres restent au dehors;
quelle est la longueur de cette lance ?

1607. Un individu qui devait une somme de
1.260 fr., en a payé successivement $\frac{1}{3}$, puis $\frac{1}{4}$, puis $\frac{4}{7}$;
on demande combien il doit encore.

1608. On a touché en à-compte sur un mémoire
la somme de 48 fr., qui ne représente que les $\frac{2}{3}$ des
$\frac{5}{7}$ du montant de ce mémoire ; à combien s'élevait-il ?

1609. La roue d'un moulin fait 1 200 tours en
8 heures $\frac{2}{3}$; celle d'un moulin voisin en fait 960 dans
6 heures $\frac{1}{3}$; combien ces deux roues tournant ensemble font-elles de tours dans une heure ?

1610. Un ouvrier peut faire en 5 jours les $\frac{3}{6}$ d'une
commande ; un autre ouvrier demande 6 jours pour
en faire les $\frac{4}{7}$; combien emploieront-ils de jours, en
travaillant ensemble, pour faire cette commande ?

1611. Un fournisseur a reçu en divers payements
les $\frac{4}{5}$ de 20 fr., les $\frac{5}{6}$ de 48 fr. et les $\frac{2}{11}$ de 66 fr., sommes
auxquelles s'élevait respectivement chacune des
trois notes qu'il avait fournies; que lui reste-t-il dû en
tout ?

1612. On a acheté, dans un magasin, 5 mètres $\frac{3}{4}$
d'étoffe à 3 fr. 50 c., 7 mètres $\frac{5}{8}$ de soie à 5 fr. 60 c.,
et un coupon de dentelle de 17 fr. 85 c. ; à combien
montait la facture ?

1613. Un oncle laisse en mourant les $\frac{2}{3}$ des $\frac{4}{5}$ des $\frac{5}{7}$ des $\frac{2}{9}$ de 34560 fr. à l'un de ses neveux ; il en laisse à l'autre les $\frac{2}{3}$ des $\frac{4}{7}$ des $\frac{5}{6}$ des $\frac{2}{8}$; quel est celui des deux qui est le plus avantagé ? Quelle est la différence entre les deux legs ?

1614. Une jeune fille distribue en aumônes les $\frac{2}{7}$ de ce qu'on lui donne annuellement pour ses dépenses personnelles ; elle en dépense les $\frac{2}{7}$ pour sa toilette, et $\frac{1}{4}$ pour son agrément ; il lui reste 58 fr. ; combien reçoit-elle par an ? Combien dépense-t-elle ?

1615. Deux écoliers avaient ensemble 54 billes ; le premier en a perdu $\frac{4}{3}$ de ce qu'il possède ; le deuxième a perdu les $\frac{2}{3}$ des siennes ; il leur en reste en tout 33 ; combien chacun en avait-il ?

1616. Un voyageur a dépensé dans une journée $\frac{1}{5}$ de ce qu'il avait dans sa bourse ; la deuxième journée, il en a dépensé $\frac{1}{3}$; la troisième, il en a dépensé $\frac{2}{7}$; enfin il lui reste 7 fr. ; combien a-t-il dépensé dans ses trois jours ?

1617. Deux fontaines coulant ensemble remplissent un bassin en 4 heures $\frac{3}{4}$; l'une d'elles le remplirait en 6 heures $\frac{2}{3}$; combien l'autre mettrait-elle de temps à le remplir ?

1618. Une fontaine remplirait un bassin en 3 heures $\frac{1}{2}$; mais un orifice inférieur perd dans le même temps les $\frac{2}{5}$ de l'eau qu'elle fournit ; combien de temps mettra-t-elle à le remplir ?

1619. On a servi sur une table une assiette d'oranges ; une personne a mangé $\frac{2}{3}$, une autre $\frac{1}{5}$, une troisième $\frac{2}{4}$ d'oranges, enfin une quatrième a mangé la fraction restante, il en reste 3 entières sur l'assiette ; combien avait-on servi d'oranges ? Quelle fraction la quatrième personne a-t-elle mangée ?

1620. On possède diverses pièces de terre, dont l'une contient 37 ares $\frac{2}{5}$; une deuxième contient 46 ares

$\frac{3}{4}$; enfin une troisième renferme 85 ares $\frac{4}{5}$; l'are est estimé 34 fr. ; combien valent ces pièces de terre ?

1621. Un père en mourant laisse à l'aîné de ses enfants les $\frac{3}{4}$ de ce qu'il donne au second, qui, lui-même, n'a que les $\frac{4}{5}$ de ce que doit toucher le troisième; enfin celui-ci touche les $\frac{5}{6}$ de ce que reçoit la mère, qui doit recevoir 48 000 fr. ; quelle était la fortune de ce père de famille? Quelle a été la part de chaque enfant ?

1622. Deux courriers partant ensemble du même point et marchant dans la même direction font, le premier, 9 kilomètres $\frac{1}{3}$, et le deuxième, 10 kilomètres $\frac{2}{7}$ par heure ; le premier a marché pendant 15 heures, le deuxième pendant 12 heures; à quelle distance se trouvent-ils l'un de l'autre ?

1623. Un copiste a 75 pages $\frac{1}{2}$ à transcrire; il en copie 2 pages $\frac{5}{7}$ par heure; combien en a-t-il encore à copier après 16 heures de travail ?

1624. Un convoi de *Paris à Corbeil* a mis $\frac{1}{5}$ d'heure pour aller de Paris à *Choisy*, $\frac{4}{5}$ d'heure de Choisy à *Juvisy*, $\frac{1}{6}$ d'heure de Juvisy à *Ris*; enfin il est allé de Ris à Corbeil en $\frac{3}{12}$ d'heure; combien a-t-il employé de temps pour faire ce trajet ?

1625. Quels sont en mètres carrés les $\frac{2}{7}$ de 5 hectares 25 ares 35 centiares ?

1626. Un bassin rempli d'eau a trois orifices inférieurs par lesquels il peut se vider : si le premier de ces orifices est seul ouvert, le bassin se videra en 5 heures $\frac{1}{7}$; par le second seulement, l'eau s'écoulera en 4 heures $\frac{1}{4}$; enfin, le bassin se videra par le troisième orifice en 6 heures $\frac{2}{4}$; en combien de temps se videra-t-il si l'eau s'écoule à la fois par les deux premières ouvertures, ou par la deuxième et la troisième, ou enfin par les trois ensemble ?

PROBLÈMES DIVERS

SUR LES QUATRE OPÉRATIONS FONDAMENTALES DE L'ARITHMÉTIQUE APPLIQUÉES AUX NOMBRES ENTIERS ET DÉCIMAUX, AUX FRACTIONS ET AUX NOMBRES FRACTIONNAIRES.

1627. Un étudiant a touché une somme de 850 fr., sur laquelle il a payé 173 fr. 50 c. à son tailleur, 37 fr. 25 c. à son cordonnier, 112 fr. 30 c. à sa pension ; il a remboursé 175 fr. 85 c. qu'il avait empruntés ; que lui reste-t-il ?

1628. Les 1er, 2e et 3e arrondissements de Paris contiennent ensemble une population fixe de 269 220 habitants ; les 4e, 5e et 6e en renferment 234 652 ; les 7e, 8e et 9e en comptent 211 767 ; enfin, les 10e, 11e et 12e en ont 250 281 ; quelle est la population fixe de la ville de Paris ?

1629. L'état financier de l'empire d'Autriche, pour le 3e trimestre de l'exercice 1849, était, *en recettes*, de 35 126 536 florins, et *en dépenses*, de 79 899 631 florins ; quel a été, pour ce trimestre, l'excédant des dépenses sur les recettes ?

1630. On compte, sur la ligne du chemin de fer du Centre, 123 kilomètres de *Paris* à *Orléans* ; 114 d'Orléans à *Tours* ; 108 de Tours à *Angers* ; quelles sont en kilomètres, sur cette ligne, les distances de Paris à Angers et à Tours, d'Angers à Orléans ?

1631. Une voiture-omnibus de 16 places a fait 16 voyages en un jour, et a conduit chaque fois 15 voyageurs dans son trajet ; chaque voyage a rapporté 4 fr. 50 c. ; quel est le prix des places de cette voiture ? Combien a-t-elle rapporté dans la journée ?

1632. Le total des recouvrements effectués de l'impôt direct sur le montant des rôles de 1849 était, au

31 décembre de cette année, de 390 291 000 fr.; il restait à recouvrer 47 314 000 fr.; à quelle somme s'élevait cet impôt?

1633. Un lingot d'or monnayé pèse 25 kilog. 75 décag.; combien contient-il d'or fin?

1634. La garde nationale de Paris était répartie, au 31 décembre 1849, dans les diverses légions, de la manière suivante :

1re légion,	32	compagnies :	10 731	hommes.
2e —	32	—	13 491	—
3e —	30	—	8 989	—
4e —	32	—	6 605	—
5e —	32	—	9 483	—
6e —	32	—	9 983	—
7e —	32	—	6 941	—
8e —	32	—	6 000	—
9e —	16	—	3 504	—
10e —	28	—	10 210	—
11e —	32	—	7 672	—
12e —	32	—	5 776	—

De combien de compagnies, de combien d'hommes était-elle composée?

1635. Entre la mort de Henri IV, qui arriva en 1610, et celle de Louis XVI, il s'écoula 183 ans ; de quelle année date la mort de ce dernier?

1636. On compte, de *Paris* à *Montereau*, sur le chemin de fer de Lyon, 79 kilomètres; de Montereau à *Joigny* il y en a 67, et 51 de Joigny à *Tonnerre*; quelles sont les distances de Paris à Tonnerre et à Joigny; de Tonnerre à Montereau?

1637. En 1865, il y aura 74 ans qu'on a inventé les télégraphes; de quelle année date cette importante invention?

1638. L'impôt des 45 c. voté par le gouvernement provisoire en 1848, devait produire 192 000 000 de fr.; au 31 décembre 1849, on avait recouvré sur cette somme 191'445'000 fr.; combien restait-il à recouvrer à cette époque?

1639. Un marchand de chevaux a payé pour le transport de 25 chevaux, à raison de 15 c. par cheval par kilomètre, sur le chemin de fer de Lyon, une somme de 451 fr. 75 c., y compris 1 fr. 10 c. par tête de cheval pour le chargement, le déchargement et l'enregistrement; à combien de kilomètres ces chevaux ont-ils été transportés?

1640. Un tapis a $5^M,50$ de long et 4^M de large; combien devra-t-on employer d'étoffe ayant $0^M,75$ de large pour le doubler?

1641. On compte de *Paris* à *Châlons*, sur la ligne de *Strasbourg*, 172 kilomètres; *Château-Thierry* se trouve sur cette ligne à une distance de Paris de 95 kilomètres; quelle est la distance de cette ville à Châlons?

1642. Une voiture à quatre roues a parcouru une distance de 35 kilomètres; les roues de derrière ont $4^M,50$ de circonférence, et celles de devant $2^M,45$; combien ces quatre roues ont-elles fait de tours sur elles-mêmes dans le trajet?

1643. On a payé pour le transport d'une voiture de *Paris* à *Fontainebleau*, par le chemin de fer, à raison de 64 c. par kilomètre, une somme de 39 fr. 86 c., y compris 2 fr. 10 c. de droits de chargement et d'enregistrement; quelle est en kilomètres la distance de Paris à Fontainebleau?

1644. Trois écoliers ont ensemble 102 billes; si celui qui en a le moins en avait 12 de plus, et si en même temps celui qui en a le plus en possédait 9 de moins, chacun d'eux en aurait alors autant que le 3e; combien chacun en a-t-il?

1645. Une locomotive lancée à grande vitesse parcourt dans une heure une distance de 36 kilomètres; quel est le nombre de tours fait dans une minute par une des roues de cette locomotive, la circonférence de cette roue étant de $3^{\text{m}},75$?

1646. Trois caisses d'oranges en contiennent ensemble 465 ; si de la 1${}^{\text{re}}$ caisse on en tire 45 et qu'on en mette 12 dans la 2${}^{\text{e}}$ et 33 dans la 3${}^{\text{e}}$, elles en contiendront alors autant l'une que l'autre; combien chaque caisse contient-elle d'oranges?

1647. La somme de trois nombres consécutifs est représentée par 33; quels sont ces trois nombres ?

1648. Un marchand a acheté un mille d'œufs pour 50 fr.; à combien lui revient la douzaine?

1649. *Tarquin le Superbe*, septième et dernier roi de Rome, en fut expulsé en 509, après un règne de 23 ans; en quelle année était-il monté sur le trône? De quelle année de la fondation de Rome (754 avant J.C.) date l'expulsion des rois?

1650. Un ouvrier a fait dans une semaine 75 heures de travail à raison de 0 fr. 35 c. l'heure; que doit-il toucher pour prix de son travail?

1651. Un cahier de papier à lettres coûte 45 c.; à combien revient la feuille? Quel est le prix de la rame de 80 cahiers?

1652. Un individu a fait à un ami divers emprunts : l'un de 65 fr., l'autre de 39 fr., un 3${}^{\text{e}}$ de 18 fr., enfin un 4${}^{\text{e}}$ de 45 fr.; il lui a rendu en différentes fois 40 fr., 27 fr., 50 fr. et 28 fr.; combien lui doit-il encore?

1653. *Deux* individus ont ensemble une somme de 500 fr.; si le premier avait 78 fr. de plus, ils auraient tous deux la même somme ; combien possèdent-ils l'un et l'autre?

1654. *Romulus*, fondateur et premier roi de *Rome*, régna 39 ans; *Numa Pompilius*, son successeur, en régna 44; *Tullus Hostilius* succéda à *Numa* en 671

avant J. C.; enfin, *Ancus Martius*, quatrième roi,
monta sur le trône en 640 et régna 26 ans; pendant
combien d'années régnèrent les quatre premiers rois
de Rome? A quelle époque Numa et Tullus Hostilius
montèrent-ils sur le trône? Combien de temps régna
ce dernier?

1655. Un père de famille allant de *Paris à Orléans*
par le chemin de fer, a pris 4 places de 1re et 2 places
de 3e; il a payé pour le tout 64 fr. 50 c.; le prix d'une
place de 3e est de 7 fr. 05 c.; quel est le prix d'une
place de 1re?

1656. La *bataille de Cannes*, gagnée par *Annibal*
sur les Romains, eut lieu en 217; combien d'années
après l'expulsion des rois, qui date de 509, a-t-elle été
livrée? De combien d'années a-t-elle précédé l'avénement d'*Auguste* à l'empire, qui eut lieu en 30 avant
J.C.? Quelle fut la durée de la république romaine?

1657. Depuis la fondation de Rome à l'expulsion
des rois, il s'écoula 245 années; de cette époque à la
prise de Rome par les Gaulois, il s'écoula 220 ans;
359 ans après, *Auguste* prit le titre d'empereur; enfin
l'empire romain jusqu'à la chute de l'empire d'Occident embrasse 506 ans; combien de temps s'est-il
écoulé entre la fondation de Rome et la chute de l'empire d'Occident? De quelles époques datent les divers
événements précités?

1658. On a amené dans une journée au marché
de Poissy 1 743 bœufs, 316 vaches, 610 veaux et
5561 moutons; on a vendu 1508 bœufs, 223 vaches,
410 veaux et 4 827 moutons; combien est-il resté de
têtes de bétail en tout, de chaque espèce?

1659. Deux joueurs entrent au jeu avec une somme
totale de 45 fr. : dans une première partie, l'un des
deux gagne à l'autre 10 fr., et il possède alors 2 fois
autant d'argent qu'il en reste au perdant; si, au lieu

de gagner, il eût perdu le *quart* de ce qu'il possédait, l'autre aurait eu alors 2 fois autant que lui ; que possédaient-ils l'un et l'autre ?

1660. Dans une filature du Nord qui emploie 210 ouvriers, les chefs ont établi une boulangerie et font des distributions de vins ; le kilogramme de pain se paye en moyenne dans l'établissement 0 fr. 275 ; à la taxe, chez le boulanger, le pain vaut en moyenne 0 fr. 325 ; les ouvriers consomment 1200 kilog. de pain par semaine et 120 litres de vin, qui revient dans l'établissement à 40 c. et coûte chez le marchand 60 c.; quelle économie ces ouvriers font-ils dans l'année, en prenant leur pain et leur vin dans l'établissement?

1661. Un nombre est composé de trois chiffres dont la somme est 17 ; l'excès du chiffre des unités sur celui des dizaines, augmenté de 1, représente le chiffre des centaines, dont la valeur absolue est moitié de celle du chiffre des unités ; quel est ce nombre ?

1662. La flotte active en Angleterre était, au 1er janvier 1859, composée comme il suit :

14 vaisseaux de ligne ;	17 grands vaisseaux à vapeur ;
23 frégates à voiles ;	45 bâtiments à vapeur d'une
9 frégates à vapeur ;	force moindre ;
32 sloops à voiles ;	24 stationnaires.
23 sloops à vapeur ;	

Combien comptait-elle de bâtiments en tout? Quel était l'excès des bâtiments à vapeur sur ceux à voiles?

1663. L'établissement du royaume des *Ostrogoths* en Italie par *Théodoric* date de 493, 83 années après la grande invasion des *Vandales*, des *Huns*, etc., et précéda de 139 ans la publication du *Coran* par *Abou-Beckr;* de quelles années datent l'invasion des Vandales, la publication du Coran ?

1664. Une personne interrogée sur son âge répond :

Vous aurez mon âge actuel, si du triple de cet âge vous retranchez les $\frac{2}{3}$ de celui que j'avais il y a 15 ans.

1665. Un panier de vin contient 40 bouteilles de deux prix différents; ce panier a coûté 121 fr. 50 c., et contient 23 bouteilles à 3 fr. 25 c. la bouteille; combien contient-il des autres bouteilles et quel est le prix de l'une d'elles?

1666. *Trois* spéculateurs ont mis en commun dans une entreprise une somme de 45 500 fr.; la mise du premier vaut trois fois celle du second, qui elle-même surpasse de 3450 fr. celle du troisième; quelles sont ces trois mises?

1667. La prise de *Rome* par *Genséric*, roi des *Vandales*, qui eut lieu en 455, 45 ans après le pillage de cette ville par *Alaric*, roi des *Visigoths*, précéda de 113 ans l'établissement du royaume des *Lombards* en Italie par *Alboin*; de quelles années datent ces deux derniers événements?

1668. On a acheté 2 chevaux de prix différents pour une somme de 1250 fr.; l'un d'eux a coûté les $\frac{3}{7}$ du prix de l'autre; combien chacun a-t-il coûté?

1669. La lumière du soleil emploie 8 minutes 9 secondes pour arriver jusqu'à nous; combien emploie-t-elle de secondes?

1670. On a deux sortes de monnaies telles que 6 pièces de l'une en valent 15 de l'autre; on donne en échange d'une pièce d'or de 20 fr. 7 de ces pièces, 5 de l'une et 2 de l'autre; dites la valeur de chacune de ces pièces.

1671. Les *deux* aiguilles d'une montre se trouvent ensemble sur l'heure de midi; à quelle distance de ce point se fera leur première rencontre?

1672. Un ouvrier a fait en 4 jours 320 mètres d'un travail; chaque jour, il en a fait les $\frac{2}{3}$ de ce qu'il avait fait la veille; combien en avait-il fait le premier jour?

1673. *Deux* nombres soustraits et additionnés successivement donnent pour résultat 45 et 153; quels sont-ils ?

1674. *Deux* convois de chemin de fer partent en même temps : l'un de *Paris* pour *Châlons*, qui en est éloigné de 172 kilomètres, et l'autre de Châlons pour Paris ; le 1er convoi parcourt 36 kilomètres à l'heure, tandis que le 2e n'en parcourt que 25 ; à quelle distance de Paris se rencontreront-ils?

1675. *Deux* courriers partent ensemble d'un même point : l'un fait 12 kilomètres pendant que l'autre n'en fait que 9 ; à quelle distance seront-ils l'un de l'autre, lorsque le premier aura parcouru 148 kilomètres ?

1676. Un ouvrier possédait 9 fr., lorsqu'on lui paya 5 semaines de travail ; dans la semaine suivante, il a dépensé les $\frac{2}{3}$ de son argent, et après avoir reçu le prix de son travail de la semaine, il possède 35 fr. ; que gagne-t-il par semaine?

1677. Un marchand boucher a du bœuf qu'il vend 1 fr. 30 c. le kilog., et du veau qu'il vend 1 fr. 60 c.; on lui demande 17 kilog. de l'une et de l'autre à 1 fr. 45 c. le kilog. ; combien doit-il en donner de chaque espèce pour ne pas perdre ?

1678. On a 3 nombres qui, ajoutés successivement deux à deux, donnent pour résultats, 68, 82 et 60; quels sont-ils?

1679. Le nombre 5 643 exprime le reste d'une division dont le quotient est 527, et le diviseur 35 789; quel est le dividende?

1680. Les hommes d'une garnison consommant par jour 11 hectog. de pain chacun, en ont consommé en 15 jours 33 330 kilog. ; de combien d'hommes cette garnison est-elle composée?

1681. Une quête faite pour les pauvres a produit 178 pièces de 5 fr., 10 pièces de 20 fr., 35 de 40 fr.,

345 de 2 fr., 225 de 0 fr. 50 c. et 752 de 0 fr. 25 c.; combien cette quête a-t-elle produit en tout?

1682. On a acheté dans un magasin 17 mètres de soie à 3 fr. 25 c., 45 mètres de toile à 2 fr. 15 c., et 12 mètres d'indienne à 1 fr. 45 c.; lors de la livraison, on a rendu pour 73 fr. 70 c. de toile à 3 fr. 35 c. qu'on avait prise la veille; à combien s'élevait la facture? Combien a-t-on rendu de mètres de toile? Combien a-t-on payé, déduction faite de l'échange?

1683. On a donné en payement de 150 bouteilles de vin à 2 fr. 25 c., une pièce de vin contenant 275 bouteilles et estimée à 233 fr. 75 c.; à combien revient la bouteille de ce vin? Que devra-t-on donner en argent pour égaliser l'échange?

1684. On a payé pour 245 litres de vin une somme de 20 825 fr.; combien devra-t-on vendre le litre de ce vin pour gagner sur ce marché 2450 fr.?

1685. Un vase vide pèse $4^{HG},35^{DG}$; lorsqu'il est plein d'eau, il pèse $25^{HG},32^{DG}$; le poids du bouchon est de 72^{DG}; quel est le poids du vase plein et bouché? Quel est celui de l'eau qu'il contient? Combien pèse-t-il lorsqu'il est vide et bouché?

1686. Un négociant en gros fait aux détaillants une remise en nature de 14 pour 12; ce négociant a vendu à un débitant pour 690 fr. de bougies à 2 fr. 50 c. le kilog.; combien en a-t-il livré de kilogrammes?

1687. Il est dû à trois ouvriers 1402 fr. 50 c., prix d'un travail auquel le 1er a passé 105 journées, le 2e 85, et le 3e 65; combien gagnaient-ils par jour? Que revient-il à chacun?

1688. Partagez 195 en deux parties telles que, divisant l'une d'elles par 9 et l'autre par 5, la différence entre les quotients soit 17.

1689. Un marchand de nouveautés a acheté 15 pièces de soieries de chacune 45 mètres pour 2 362 fr.

50 c.; il en a acheté ensuite 18 pièces chacune de 31 mètres à 6 fr. 25 c. l'un ; combien a-t-il payé le mètre du premier achat ? Qu'a-t-il dépensé en tout ?

1690. Une certaine somme a été partagée entre trois héritiers dont l'un a eu 3 fois autant que le second, et celui-ci a eu $\frac{3}{5}$ de moins que le troisième, qui a touché 15 000 fr. ; quelle était la somme à partager ?

1691. Un instituteur a dans son école 135 élèves payants ; ceux de la 1re classe payent 3 fr. 50 c. par mois, les 45 de la 2e classe payent mensuellement une somme de 123 fr. 75 c.; enfin les 75 élèves de la 3e classe payent chacun 1 fr. 75 c. par mois ; quel est le nombre des élèves de la 1re classe ? A combien s'élève la rétribution mensuelle touchée par l'instituteur ?

1692. Le nombre total des élèves qui suivaient à Paris les écoles primaires en 1850 était de 45 361 ; en 1830, ce nombre n'était que de 19 656 ; le nombre des enfants et des adultes susceptibles de recevoir l'instruction s'élevait alors à Paris à 84 312 ; combien ne recevaient pas l'instruction ? De combien le nombre des élèves des écoles s'était-il accru depuis 1830 ?

1693. Un nombre est formé de deux chiffres dont la somme est 13 et la différence 5 ; quel est ce nombre ?

1694. La ville de Paris dépense par année pour le service de l'instruction primaire une somme de 1 212 520 fr.; le service des salles d'asile absorbe, tous frais compris, 475 604 fr. ; ces salles, au nombre de 32, sont fréquentées par 6 610 élèves; combien la ville de Paris dépense-t-elle pour l'instruction primaire, déduction faite des salles d'asile? Combien chaque salle, en moyenne, coûte-t-elle par an ? A combien revient la dépense pour chaque enfant (1850)?

1695. Le total des sujets russes appartenant à des communions dissidentes ou à des sectes non chrétiennes est ainsi réparti :

Catholiques romains..... 2 767 641 et 2 264 églises.
— arméniens... 205 000 et 44 —
Arméniens grégoriens.... 1 354 521 et 1 017 —
Protestants............. 1 732 292 et 900 —
Mahométans........... 2 316 983 et 6 084 mosquées.
Secte du Grand Lama.... 215 939 et 292 temples.
Idolâtres............. 153 343

Quel est ce nombre total? combien ces divers sectateurs ont-ils d'établissements de prières ?

1696. Un fermier a mélangé 275 hectol. de blé à 18 fr. avec 345 hectol. à 22 fr. et 149 hectol. à 17 fr. 45 c. ; combien doit-il vendre l'hectolitre du mélange ?

1697. Un marchand de vin a mélangé trois pièces de vin contenant ensemble 725 litres; l'une des pièces avait coûté 115 fr., l'autre 178 fr. et la 3ᵉ 92 fr. ; combien devra-t-il vendre le litre du mélange pour gagner sur le tout 57 fr. 25 c. ?

1698. La charge d'un homme de force ordinaire est de 125 kilog. ; quelle serait la valeur de la somme d'argent que porterait un homme de cette force ?

1699. Un négociant commence avec un capital de 45 000 fr. ; après un premier inventaire, ce capital ne s'élève plus, tant en espèces qu'en marchandises, qu'à 37 534 fr. 55 c. ; quelle perte a-t-il faite ?

1700. La somme de 4 nombres consécutifs est 54; quels sont ces nombres ?

1701. Un litre de vin de Bordeaux pèse 9 kilog. 9945 ; combien contient de litres un tonneau de ce vin ayant, y compris le bois de la pièce, dont le poids est de 16ᴷᴳ,87ᴴᴳ, un poids de 235 kilog ?

1702. Deux règles portant, l'une 27 centimètres, l'autre 45 centimètres de longueur, sont placées l'une au bout de l'autre; quelle serait la longueur d'une 3ᵉ règle qui compléterait avec les deux premières la longueur du mètre ?

1703. Un ouvrier dépense dans l'année les $\frac{3}{4}$ de ce qu'il gagne et met chaque semaine 5 fr. à la caisse d'épargne; combien gagne-t-il par an?

1704. Une propriété est traversée par un cours d'eau; elle contient en tout 65 hectares 35 ares de terrain, dont 59 hectares 85 ares en constructions, terres et bois; combien contient-elle d'eau?

1705. La différence entre les âges du père et du fils est 27, leur somme est 43; quels sont ces âges?

1706. Une maison de commerce a fait dans une année 345000 fr. de recettes, et ses dépenses en frais généraux ont été de 48 950 fr. à déduire des bénéfices réalisés, lesquels ont été des $\frac{4}{13}$ de la vente; quel a été son bénéfice net?

1707. Une cuisinière a acheté 2 kilog $\frac{2}{3}$ de bœuf, 1 kilog. $\frac{3}{4}$ de veau et $\frac{4}{6}$ de kilog. de mouton; elle paye sa viande à raison de 1 fr. 45 c. le kilogramme; combien a-t-elle à payer?

1708. On a vendu 15 mètres $\frac{2}{3}$ de drap sur une pièce de 23 mètres $\frac{5}{6}$ pour 462 fr.; quel est le prix du mètre de drap? Combien en reste-t-il?

1709. Un voyageur a fait en 5 heures les $\frac{2}{3}$ des $\frac{4}{7}$ du chemin qu'il avait à faire; combien lui faudra-t-il encore de temps pour en faire la totalité?

1710. La terre emploie 23 jours 56 minutes 9 secondes pour tourner sur son axe, et parcourt son orbite en 365 jours 6 heures 9 minutes 11 secondes; combien met-elle de secondes à tourner sur son axe, à parcourir son orbite?

1711. Une pièce de bois a 14^M de long, 0^M,45 de large et 0^M,39 d'épaisseur; exprimer sa valeur en décistères.

1712. On a deux cubes dont l'un a 8^M de côté; le côté du second est 4^M; combien de fois ce dernier sera-t-il contenu dans le premier?

1713. Dans la fabrication des monnaies d'or en France, on tolère pour chaque pièce une erreur, soit en plus, soit en moins, de 0,002 du poids ; quel peut être dans les deux limites le poids extrême d'une de ces pièces ?

1714. Dans la fabrication des monnaies d'argent en France on tolère une erreur de 0,003 du poids pour une pièce de 5 fr., de 0,005 pour une de 2 ou de 1 fr., de 0.007 pour une de 0 fr. 50 c., enfin une de 0,01 pour une pièce de 0 fr. 25 c. ; quel peut être dans les deux limites le poids extrême pour chacune de ces pièces ?

1715. Un rouleau formé de 78 pièces d'or de 40 fr. ne représente en or qu'un poids de $1009^g,008$; quelle est sa valeur légale, eu égard à la tolérance sur le poids ($12^g,954$) d'une de ces pièces ?

1716. Un sac d'argent contenant 675 pièces de 5 fr. ne pèse (argent) que $16825^g,145$; quelle est sa valeur, eu égard à la tolérance sur le poids (25^g) de chacune de ces pièces ?

1717. La capacité d'un bassin est de 335 hectol.; quel poids d'eau distillée peut-il contenir ?

1718. On a jeté dans un bassin 175 tonneaux d'eau contenant chacun $3^{mc},45^{li}$; on n'a rempli ainsi que les $\frac{3}{7}$ des $\frac{2}{5}$ de sa capacité ; combien a-t-on jeté de mètres cubes d'eau dans ce bassin ? Combien en contiendrait-il ?

1719. On n'a pour mesurer dans un vase 35 litres de liquide qu'une mesure de la contenance de $\frac{2}{5}$ de litre ; combien de fois devra-t-on verser cette mesure dans le vase ?

1720. Un vase contient une quantité d'eau pure du poids de 25 kilog. 17 décag. ; quelle est en mètres cubes la capacité de ce vase ?

1721. Exprimer en kilogrammes le poids de l'eau distillée contenue dans un tonneau d'une capacité de 0,375 décimètres cubes.

10.

1722. La capacité d'un tonneau est de 437 décimètres cubes ; combien contiendra-t-il de décalitres de liquide ?

1723. Un tonneau rempli d'argent monnayé pèse 60^{KG},50^{DG}, le tonneau vide pèse 1 725^G ; quelle est la valeur de la somme qu'il contient ?

1724. On demande quelle est la quantité d'argent fin contenue dans une somme composée de 345 pièces de 5 fr., de 317 pièces de 2 fr., de 475 pièces de 0 fr. 50 c., et de 54 pièces de 0 fr. 25 c.

1725. Combien y a-t-il de décalitres dans 47 mètres cubes 250 décimètres cubes ?

1726. Quelle est en mètres cubes la valeur de 1 585 hectolitres ?

1727. Une cuve pesant vide 35 kilog. 78 décag. contient 185 hectol. d'eau pure ; quel est le poids de cette cuve remplie d'eau ?

1728. Un vase a une capacité de 7 décimètres cubes ; si on le remplit d'eau distillée, son poids est de 15 kilog. 78 décag. ; quel est le poids de ce vase vide ?

1729. Exprimer en hectares la superficie d'un terrain formé de 78 hectomètres carrés.

1730. La superficie d'un pays se divise en 378 hectares de prairies, 795 hectares 45 ares de bois, 48 hectares d'eau et 475 hectares de bâtiments ; quelle est en myriamètres la superficie de ce pays ?

1731. Un mètre cube de sable a coûté de charroi et d'extraction 3 fr. 75 c. ; combien payera-t-on pour le charroi et l'extraction d'un décamètre cube ?

1732. Le kilogramme de tabac coûte 8 fr. ; quel est le prix d'un hectogramme, d'un décagramme de tabac ?

1733. Le kilogramme de poudre de chasse coûte 12 fr. ; le ½ hectogramme en contient pour 42 coups de fusil ; quel est le prix de la poudre employée pour un coup de fusil ?

1734. On a payé pour 45 décastères de bois la somme de 6 750 fr.; combien a-t-on payé le stère?

1735. Trouver le nombre dont 7 représente les $\frac{2}{9}$.

1736. Un brocanteur a acheté $3^m + \frac{1}{2}$ de drap pour 17 fr. 50 c.; il a vendu cet achat à 6 fr. 30 c. le mètre; combien a-t-il gagné sur son marché?

1737. Les $\frac{4}{7}$ des $\frac{2}{9}$ du prix d'une propriété sont représentés par 34 700; combien a-t-elle coûté?

1738. On a vendu 395 000 fr. une propriété dont les bois faisaient les $\frac{2}{7}$ de la valeur, les terres arables le $\frac{1}{6}$, les prairies les $\frac{2}{5}$; quelle était la valeur des bâtiments et dépendances?

1739. Cinq ouvriers réunis pourraient faire en 6 jours une commande de cartonnage de 1 800 volumes; une autre compagnie de 8 ouvriers propose de la faire en quatre jours; en combien de jours la feront-ils s'ils l'exécutent ensemble?

1740. Un négociant a fait un bénéfice de 45 000 fr. dans une année; il a employé les $\frac{4}{5}$ des $\frac{2}{3}$ de ces bénéfices à l'achat d'une propriété; les frais d'acquisition ont absorbé les $\frac{2}{7}$ du reste; combien a coûté cette propriété? A combien se sont élevés les frais?

1741. Un litre d'air pèse à 0° de température et sous la pression de 0,76^{cm} 1^g,299; quel serait le poids de l'air contenu dans une pièce de 378 mètres cubes de capacité?

1742. On sait qu'une quantité de lumière fournie dans une heure par le gaz pour 3 c., 0 coûterait par une carcel 5 x. 8, et par la bougie de 5 à la livre 48 c. 6. On a payé 9 heures d'éclairage d'une salle de bal par des carcels 78 fr. 30 c.; combien aurait-on payé pour la même quantité de lumière, soit par le gaz, soit par la bougie?

1743. On a acheté de l'huile à 3 fr. 25 c. le kilog., de la bougie à 3 fr. 60 c., et du sucre à 2 fr. 10 c.; on a pris la même quantité de chaque espèce ; la facture est de 161 fr. 10 c. ; combien a-t-on pris de kilogrammes en tout et de chaque espèce ?

1744. Un incendie a éclaté dans un chantier de bois contenant 2550 stères, dont 155 ont été consumés ; le stère valant 16 fr. 25 c., quelle a été la perte éprouvée ? Pour combien d'argent en reste-t-il ?

1745. On a fait scier 390 stères 5 décistères de bois à brûler, et chaque ouvrier en a scié 35 stères 5 décistères ; le sciage était payé à raison de 80 c. par stère ; combien a-t-on pris d'ouvriers ? Combien a-t-on payé en tout à chacun d'eux ?

1746. Une provision de bois de 48 stères alimente 4 cheminées qui chaque jour en brûlent ensemble le *cinquième* de 11 décistères ; combien de temps durera cette provision ?

1747. Un fermier a récolté 539 hectolitres de blé qu'il veut vendre à raison de 19 fr. l'hectol. ; on lui offre du tout 9 836 fr. 75 c. ; combien lui propose-t-on de l'hectolitre ? Quelle diminution lui fait-on sur le tout ?

1748. Un père a 35 ans, et son fils en a 3 ; dans combien d'années l'âge du père sera-t-il quintuple de celui du fils ?

1749. Un ouvrier peut fabriquer 16 mètres d'étoffe en 5 jours, un second en fabrique 7 en 2 jours, enfin un troisième en fabrique 8 en 3 jours ; combien de temps leur faudra-t-il, en travaillant ensemble, pour fabriquer 843 mètres de cette étoffe ?

1750. Un marchand a du vin qu'il vend à 0 fr. 60 c. le litre ; il veut le réduire à 0 fr. 45 c., sans cependant y rien perdre ; combien doit-il y mettre d'eau ?

DEUXIÈME PARTIE

—

RÈGLES DE TROIS

22. En général, les questions traitées dans cette seconde partie peuvent être résolues au moyen des quatre règles fondamentales seulement; cependant il en est qui peuvent se résoudre aussi très-simplement à l'aide des proportions. Ces problèmes servent d'applications aux règles de trois, d'intérêts, de société, etc., dont nous allons nous occuper successivement.

23. La *règle de trois* est une opération qui se réduit toujours à déterminer un des termes d'une proportion dont on connaît les trois autres. La règle de trois est simple ou composée : lorsqu'on résout par les quatre règles seulement les questions donnant lieu à une règle de trois, cette définition est inapplicable (1).

PROBLÈMES

SUR LES RÈGLES DE TROIS.

1751. En 15 jours, un courrier a parcouru 2 220 kilomètres; combien de jours emploiera-t-il pour en parcourir 1 480 ?

---

(1) Voir notre *Petite Arithmétique décimale* in-18, nᵒˢ 259 à 271 inclus, et *Arithmétique* in-8, *approuvée pour les lycées*, nᵒˢ 301 à 308 inclus.

1re SOLUTION. Si 2 220 kilomètres ont été parcourus en 15 jours, 1 kilomètre a été parcouru en $\frac{15}{2220}$ jour ; 1 480 kilomètres le seront en $\frac{15 \times 1480}{2220}$ jours.

2e SOLUTION. Le nombre de jours cherché sera évidemment inférieur à 15 jours ; si donc on le désigne par x, on aura cette proportion : 2 220 kilomètres : 1 480 kilomètres :: 15 jours : x, d'où il résulte : $x = 10$.

Ce courrier emploiera donc 10 jours pour parcourir 1 480 kilomètres.

1752. La garnison d'une ville assiégée est de 8 000 hommes ; elle a des vivres pour 5 mois ; si on l'augmente de 2 000 hommes, combien de temps ces vivres pourront-ils alimenter toute la garnison ?

1re SOLUTION. Puisque 8 000 hommes peuvent vivre avec les provisions pendant 5 mois, 1 seul homme vivra pendant $5 \times 8\,000$ mois ; 10 000 hommes vivront donc $\frac{5 \times 8000}{10000}$ mois ou pendant 4 mois.

2e SOLUTION. Soit x le temps cherché, ce temps devant être évidemment moindre que 5 mois, puisque la deuxième quantité principale 8 000 + 2 000 hommes surpasse la première 8 000, on posera cette proportion : 10 000 hommes : 8 000 hommes :: 5 mois : x, d'où : $x = 4$.

Les 10 000 hommes vivront donc 4 mois avec ces vivres.

1753. Trois ouvriers travaillant 7 heures par jour, ont fait en 2 jours 126 mètres d'ouvrage ; combien faudrait-il d'ouvriers travaillant 5 jours et 3 heures par jour pour en faire 90 mètres ?

SOLUTION. Pour ramener cette règle de trois composée à la solution d'une règle de trois simple, on raisonne ainsi qu'il suit : les trois ouvriers ayant travaillé 7 heures par jour pendant 2 jours ont réellement travaillé 2 fois 7 heures ou 14 heures pour effectuer les 126 mètres d'ouvrage ; dans 1 heure, ils ont donc fait la quatorzième partie, c'est-à-dire $\frac{126}{14}$ ou 9 mètres. Maintenant, quel que soit le nombre des ouvriers à employer pour exécuter 90 mètres de cet ouvrage, ils devront travailler pendant 15 heures et en faire en une heure la quinzième partie ou 6 mètres.

Le problème proposé se trouve donc ramené à celui-ci :

Trois ouvriers font en 1 heure 9 mètres d'ouvrage ; combien faudra-t-il d'ouvriers de même force pour en faire 6 mètres dans le même temps ?

1re SOLUTION. Trois ouvriers faisant en 1 heure 9 mètres d'ouvrage, 1 mètre sera fait par $\frac{3}{9}$ d'ouvrier ; 6 mètres seront faits par $\frac{3 \times 6}{9}$ ouvriers.

2e SOLUTION. Le nombre des ouvriers inconnus devant être moindre que 3, si on le représente par x, on aura : $9 : 6 :: 3 : x$, d'où : $x = 2$.

Il faudra donc 2 ouvriers pour effectuer les 90 mètres dans le temps donné.

PROBLÈMES A RÉSOUDRE.

Règles de trois simples.

1754. Un ouvrier a reçu pour son travail de 15 jours une somme de 45 fr. ; combien lui était-il dû après 6 jours ?

1755. Avec 8580 kilogrammes de pain on peut nourrir, pendant 45 jours, la garnison d'un fort ; combien faudrait-il de kilogrammes pour lui maintenir la même ration pendant 60 jours ?

1756. Pour habiller 150 hommes, un tailleur a employé 265 mètres de drap. Pour une autre fourniture d'habillements pareils, il en a employé 2 650 mètres ; combien avait-il d'hommes à équiper ?

1757. *Cinq* ouvriers ont employé 3 jours pour faire 75 mètres d'un certain ouvrage ; combien 15 ouvriers de même force emploieraient-ils de jours pour faire cet ouvrage ?

1758. Un écolier a copié en *trois* heures 240 vers ; en combien d'heures copiera-t-il les 560 qu'il lui reste à faire ?

1759. La garnison d'un fort n'a de vivres que pour 9 jours ; elle ne peut en recevoir que dans 15 jours ; de combien devra-t-on réduire chaque ration pour atteindre cette époque ?

1760. On a payé, pour le transport d'un bataillon de 785 hommes de Paris à Bourges par le chemin de fer, une somme de 5 298 fr. 75 c.; combien payera-t-on pour le retour, ce bataillon ne se composant plus que de 678 hommes?

1761. On vend des poires à raison de 0 fr. 75 c. la douzaine; on en a 6 paniers qui en contiennent chacun 30; combien touchera-t-on pour tous ces paniers?

1762. Un fournisseur fait, pour toucher immédiatement le montant d'une facture de 1 700 fr., une remise de 6 fr. pour 100 fr. sur cette somme; combien devra-t-il recevoir?

1763. Un voyageur reçoit pour 12 jours de voyage une somme de 96 fr.; combien recevrait-il s'il voyageait pendant 45 jours aux mêmes conditions?

1764. On a reçu pour 275 mètres d'étoffe une somme de 605 fr.; combien devra-t-on toucher pour une livraison de 590 mètres de cette étoffe?

1765. 25 personnes réunies pour un dîner ont dépensé 300 fr.; combien 15 personnes auraient-elles dépensé dans les mêmes circonstances?

1766. On a payé à un épicier, pour 25 kilog. de bougie, 82 fr. 50 c.; combien auraient coûté 37 kilog. de cette bougie?

1767. Pour une balle de café de 52 kilog. on a rendu une caisse de bougie de 48 kilog.; combien, pour 8 kilog. de bougie, aura-t-on de kilog. de café?

1768. On a payé pour 150 fagots 37 fr. 50 c.; combien aurait-on payé pour 40 fagots?

1769. Si l'on vend 4 fr. 50 c. le mètre, 100 mètres de soieries qu'on a payées 3 fr. 75 c. le mètre, quel bénéfice réalisera-t-on?

1770. Un fermier a vendu 375 hectolitres de blé pour 6 750 fr.; combien auraient coûté 572 hectolitres?

1771. On a rempli 15 barils de poudre avec 1125 kilog. de cette matière; combien faudra-t-il de barils pour en renfermer 2475 kilog. ?

1772. Un particulier paye en espèces à son créancier 80 fr. pour 100 fr. sur 1875 fr. qu'il lui doit, à condition qu'il reçoit quittance entière de sa dette; quelle somme perd le créancier ?

1773. *Deux* pièces de toile ont l'une 43, l'autre 37 mètres de longueur; le prix de la première surpasse de 39 fr. celui de la deuxième; quelle est la valeur de chacune?

1774. Un bottier veut vendre un lot de 75 paires de bottes pour une somme de 900 fr.; l'acheteur qui se présente ne veut en prendre que 52 paires; combien aura-t-il à payer?

1775. Un négociant gagne 15 fr. sur chaque 100 mètres qu'il vend d'une certaine étoffe ; quel est son bénéfice après en avoir vendu 1780 mètres?

1776. Un commis, dans une maison de commerce, reçoit une remise de 25 fr. pour 1000 fr. de vente; il a vendu dans l'année pour une somme de 175500 fr.; combien a-t-il gagné ?

1777. Un marchand échange du vin à 0 fr. 45 c. contre 278 litres d'eau-de-vie à 3 fr. 15 c. le litre; combien doit-il donner de litres de vin ?

1778. En 12 jours, 45 ouvriers ont terminé un ouvrage ; combien aurait-il fallu d'ouvriers de même force pour faire en 4 jours le même ouvrage?

1779. Une batterie de campagne tirant 138 coups à l'heure peut avec ses munitions tirer encore pendant 52 heures ; on veut porter à 184 le nombre des coups tirés dans une heure ; pendant combien d'heures pourra-t-elle encore tirer ?

1780. On a payé 383 fr. 75 c. pour un achat de

625 litres de vin, et l'on a fait un nouvel achat de 395 litres ; combien a-t-on à payer pour ce dernier ?

1781. On a employé 790 tombereaux de terre pour combler un trou de 1580 mètres cubes ; combien eût-il fallu de tombereaux si ce trou eût été seulement de 630 mètres cubes ?

1782. Un tailleur a employé 3 mètres $\frac{4}{7}$ de drap ayant $\frac{7}{8}$ de large pour confectionner un habit ; combien devra-t-il employer de mètres de drap de $\frac{4}{7}$ de large pour en faire un pareil ?

1783. Un banquier se charge de faire toucher à Lyon, à un négociant partant de Paris, une somme de 5500 fr. qu'il lui dépose, moyennant qu'il prélèvera par chaque 100 fr. 0 fr. 75 c. de commission ; à combien s'élèvera cette commission ?

1784. On a payé 83 fr. 82 c. pour l'acquisition de 25$^\mathrm{m}$,40 d'étoffe ; combien en aurait-on eu de mètres pour 51 fr. 15 c. ?

1785. On a vendu pour 27000 fr. 9 hectares de terrain appartenant à une propriété qui contient 137$^\mathrm{HA}$76$^\mathrm{A}$; quelle est la valeur de cette propriété, estimée d'après cette vente partielle ?

1786. *Deux* ouvriers gagnent l'un 7 fr. par jour, l'autre 5 fr. 25 c. ; ils dépensent ensemble 4 fr. 75 c. par jour ; après combien de jours de travail auront-ils économisé 45 fr. 50 c.

1787. Un fort assiégé contient 4800 hommes qui ont encore pour 45 jours de vivres ; de combien faudrait-il réduire la ration ordinaire pour que ces provisions puissent durer pendant 70 jours ?

Règles de trois composées.

1788. *Quatre* écoliers ont copié en 9 heures une pièce de 2400 vers ; combien 6 écoliers, travaillant pendant 4 heures seulement, en auraient-ils copié ?

1789. *Douze* ouvriers ont fait en 8 jours, en travaillant 6 heures par jour, un certain ouvrage ; combien faudrait-il d'ouvriers qui travailleraient 7 jours et 8 heures par jour, pour faire cet ouvrage ?

1790. Un copiste, travaillant 12 heures par jour, a copié en 16 jours 480 pages d'un manuscrit ; combien aurait-il copié de pages, s'il n'eût travaillé que 8 heures par jour pendant 20 jours ?

1791. Un voyageur, marchant 10 heures par jour, a fait en 15 jours 900 kilomètres ; combien aurait-il mis de jours à parcourir cette distance s'il n'avait marché que 6 heures par jour ?

1792. On a payé 350 fr. à un voiturier pour transporter à 680 kilom. un ballot de marchandises pesant 200 kilog. ; combien lui payerait-on le transport d'un ballot pesant 300 kilog. à 170 kilom. ?

1793. On a employé, pour décorer une salle, 18 pièces d'une étoffe ayant 1^M,25 de large, chaque pièce contenant 28^M ; combien aurait-il fallu de pièces d'une étoffe large de 1^m,80, chaque pièce contenant 25^M, pour le même objet ?

1794. Une fontaine, coulant pendant 5 jours, et 12 heures par jour, a fourni 7 620 litres d'eau ; combien en fournirait-elle de litres en 8 jours, et en coulant seulement 7 heures par jour ?

1795. Pour défricher un terrain ayant 65 mètres de long sur 12 de large, 6 ouvriers ont employé 7 jours, en travaillant 8 heures par jour ; combien 4 ouvriers, travaillant 12 heures par jour, en auraient-ils employé ?

1796. Un chef d'atelier a payé à 7 ouvriers, pour 15 jours de travail, une somme de 525 fr. ; combien aurait-il eu à payer à 12 ouvriers qui auraient travaillé pendant 11 jours ?

1797. Dans une fabrique qui emploie 134 ouvriers,

on paye chaque semaine à ces ouvriers, pour 6 jours de travail, une somme de 2 814 fr. ; quelle somme économiserait-on si on employait 195 ouvriers qui travailleraient seulement pendant 5 jours?

1798. 150 tirailleurs ont brûlé, en 25 heures, 17250 cartouches ; combien aurait-il fallu de tirailleurs aussi habiles pour brûler ces cartouches en 15 heures ?

1799. Un compositeur a fait, en 12 heures, 10 pages de composition contenant chacune 48 lignes ; combien ce compositeur aurait-il fait de pages si elles n'avaient contenu que 40 lignes ?

1800. On a tiré en 15 heures, à la mécanique, 25 rames de papier ; combien en tirera-t-on de rames en 9 jours, en admettant que la mécanique marche 12 heures par jour?

1801. 15 ouvriers, en travaillant 10 heures par jour, ont fait, en 36 jours, un certain ouvrage ; combien 22 ouvriers, travaillant 8 heures par jour, en emploieront-ils pour faire ce même ouvrage ?

1802. On a payé une somme de 405 fr. pour l'acquisition de 12 caisses d'oranges en contenant chacune 225 ; combien aurait-on payé 9 caisses contenant chacune 300 oranges?

1803. On a payé à 15 ouvriers, pour 12 journées de travail de 10 heures chacune, 696 fr.; combien 17 ouvriers de même force devraient-ils travailler d'heures par jour pour gagner, en 14 jours, 1 142 fr. 40 c.

1804. Un voyageur, ayant marché pendant 35 jours, et 8 heures par jour, a fait 1 400 kilomètres ; combien d'heures devra-t-il marcher par jour pour faire en 27 jours 1 642 kilomètres ?

1805. Pour 1 200 hommes on a dépensé en 7 jours

une somme de 9 660 fr.; combien dépensera-t-on en 12 jours pour 2 500 hommes de même force?

1806. 20 ouvriers, travaillant 15 heures par jour, ont rempli en 12 jours un bassin contenant 2 500 mètres cubes d'eau; combien faudra-t-il d'autres ouvriers, dont la force est à celle des premiers :: 7 : 8, pour remplir un second bassin de 3 360 mètres cubes, en travaillant 20 jours et 8 heures par jour?

1807. Un maître de pension a dépensé en 10 jours, pour la nourriture et l'entretien de 78 élèves, une somme de 1 237 fr. 50 c.; le nombre de ses élèves s'est augmenté de 15; on demande à combien s'élèvera la dépense après 25 jours?

1808. 45 ouvriers, travaillant 8 heures par jour, ont gagné 3 000 fr. en 25 jours; combien 32 ouvriers de même force devront-ils travailler d'heures par jour pendant 40 jours pour gagner 7 680 fr.?

1809. Un fermier a retenu sur sa redevance de l'année une somme de 315 fr. pour avoir fourni, pendant 45 jours, la nourriture pour 4 chevaux du propriétaire; combien aurait-il eu à retenir s'il avait eu 6 chevaux à nourrir pendant 85 jours?

1810. Un bassin est alimenté par *trois* robinets qui le remplissent séparément, l'un en 2 heures, l'autre en 3 heures, le 3ᵉ en 4 heures; une bonde inférieure le vide entièrement en 6 heures; on demande en combien d'heures le bassin sera rempli, l'eau coulant par les quatre ouvertures à la fois?

1811. Un bloc de marbre ayant 3ᵐ,15 de long, 1ᵐ,25 de large et 0ᵐ,45 d'épaisseur, pèse 1 500 kilog.; quel serait le poids d'une tablette de ce marbre ayant 1ᵐ,05 de long, 0ᵐ,25 de large et 0ᵐ,5 d'épaisseur?

1812. 25 ouvriers, employés pendant 12 jours, ont fabriqué 1 500 mètres d'étoffe; en combien de jours 35 ouvriers de même force en feront-ils 1 800 mètres?

1813. Un fossé de 175^M de long sur 1^M,35 de large et 0^M,85 de profondeur, a été creusé en 15 jours par 30 ouvriers travaillant 6 heures par jour ; combien aurait-il fallu d'ouvriers travaillant pendant 12 jours, et 8 heures par jour, pour le creuser ?

1814. Une batterie d'artillerie peut tirer pendant 8 jours, et 12 heures par jour, 45 coups à l'heure avec ses munitions ; de combien diminuera-t-on le nombre des heures par jour si on veut qu'elles durent 10 jours ?

1815. *Trente-cinq* ouvriers ont scié en 2 jours, en travaillant 8 heures par jour, 25 madriers longs de 5^M,80 et donnant chacun 7 planches ; en combien de jours 4 ouvriers, travaillant 12 heures par jour, scieront-ils 15 madriers longs de 7^M,25, et fournissant chacun 10 planches ?

1816. Un paveur a employé pour paver une cour 350 dalles ayant 0^M,12 de large sur 0^M,25 de longueur ; combien aurait-il dû employer de dalles qui n'auraient eu que 0^M,05 de long pour paver une cour d'une surface *quadruple* ?

RÈGLES D'INTÉRÊTS

24. Les règles d'intérêts ont pour but de calculer le bénéfice qu'a produit ou que doit produire une somme d'argent placée dans des conditions déterminées ; elles sont divisées en règle d'intérêts simples et règle d'intérêts composés (1).

PROBLÈMES

SUR LES RÈGLES D'INTÉRÊTS.

1817. Déterminer l'intérêt simple d'un capital de 8 700 fr. placé pendant 2 ans 4 mois au taux de 5 p. 100.

1re Solution. 2 ans 4 mois font 840 jours, l'intérêt de 100 fr. pour 360 jours étant de 5 fr., celui de 1 fr. sera $\frac{5}{100}$ fr. ; celui de 1 fr. pour 1 jour sera $\frac{5}{36\,000}$ fr. ; celui de 8 700 fr. sera $\frac{8\,700 \times 5}{36\,000}$ fr. ; celui de 8 700 fr. pour 840 jours sera $\frac{8\,700 \times 5 \times 840}{36\,000}$ fr. ou 1 015 fr.

2e Solution. Puisque 100 fr. rapportent 5 fr. par an, il est clair qu'ils produiront 5 fr. répété 2 fois $+\frac{1}{3}$ ou 11 fr. 66 c. dans 2 ans 4 mois. Soit x l'intérêt cherché. Si on observe que les intérêts croissent en raison directe des capitaux, on a cette proportion : $100 : 8\,700 :: 11,66 : x$, d'où $x = 1\,015$ fr.

Le capital 8 700 fr. rapportera donc 1 015 fr. dans 2 ans 4 mois.

1818. On a placé pour 3 ans un certain capital au taux de 5 p. 100 ; au bout de ce temps, on touche en intérêts 1 830 fr. ; quel était ce capital ?

1re Solution. 5 fr. après 1 an venant de 100 fr., 1 fr. viendra de $\frac{100}{5}$ fr., 1 fr. après 3 ans viendra $\frac{100}{5 \times 3}$; 1 830 fr. viendront de $\frac{1\,830 \times 100}{5 \times 3}$ ou de 12 200 fr.

---

(1) Voir notre *Petite Arithmétique* in-18, n°s 274 à 294 inclus, et notre *Cours d'Arithmétique autorisé pour les lycées*, n°s 309 à 337 inclus.

2ᵉ Solution. 100 fr. rapportant 5 fr. par an, après 3 ans, ils auront rapporté 15 fr. ; on établira donc la proportion suivante : 15 : 100 :: 1 830 : x, d'où $x = 12\,200$.

Le capital cherché s'élevait donc à la somme de 12 200 fr.

1819. 30 000 fr. prêtés à 6 p. 100 ont produit 7 860 fr. d'intérêts ; pendant quel temps ont-ils été p lacés?

1ʳᵉ Solution. 100 fr. rapportant 6 fr. après 360 jours, 1 fr. rapportera 6 fr. après 36 000 jours, 1 fr. rapportera 1 fr. après $\frac{36\,000}{6}$ jours, 1 fr. rapportera 7 860 fr. après $\frac{7\,860 \times 36\,000}{6}$ jours; 30 000 fr. rapporteront 7 868 fr. après $\frac{7\,860 \times 36\,000}{6 \times 30\,000}$ jours ou après 1 572 jours.

2ᵉ Solution. Pour résoudre cette question on cherchera d'abord ce que 30 000 fr. doivent rapporter par an au moyen de la proportion : 100 : 30 000 fr. :: 6 : x, d'où $x = 1\,800$. Puis divisant 7 860 par 1 800, le quotient indique le temps pendant lequel la somme a été prêtée, c'est-à-dire 4 ans 4 mois et 12 jours.

Ce capital est donc resté placé pendant 1 572 jours.

1820. Un usurier a prêté 1 500 fr. pour 3 ans 4 mois; le débiteur alors rend 2 100 fr., tant en principal qu'en intérêts; quel était le taux de ce prêt?

1ʳᵉ Solution. 1 500 fr. ayant produit en 1 200 jours 600 fr., 1 fr. a dû produire $\frac{600}{1\,500}$ fr., 1 fr. a dû produire en un jour $\frac{600}{1\,500 \times 1\,200}$ fr., 1 fr. a dû produire en 360 jours $\frac{600 \times 360}{1\,500 \times 1\,200}$ fr.; 100 fr. rapportaient donc $\frac{600 \times 360 \times 100}{1\,500 \times 1\,200}$ fr. ou 12 fr.

2ᵉ Solution. En soustrayant la somme prêtée de 2 100 fr. il reste pour les intérêts produits 600 fr., ces 600 fr. ayant été produits en 3 ans 4 mois, l'intérêt en 1 an est de 180 fr. Il reste alors à résoudre cette simple règle de trois :

1 500 *fr. ont donné* 180 *fr. d'intérêts, combien* 100 *fr. en donnaient-ils?*

On pose alors cette proportion : 1 500 : 180 :: 100 : x, d'où $x = 12$.

Cet usurier avait donc placé son argent au taux de 12 p. 100.

1821. Un capital de 5 000 fr. reste placé pendant 3 ans à 6 p. 100 à intérêts composés; quelle somme touchera le créancier après ce temps ?

1re Solution. L'intérêt de 5 000 fr. pour un an est de $\frac{5\,000 \times 6}{100}$ ou 300 fr. Pour la deuxième année, le capital devient 5 000 + 300 ou 5 300 fr., dont l'intérêt pour 1 an est de $\frac{5\,300 \times 6}{100}$ ou 318 fr. Enfin, pour la troisième année, le capital devient 5 300 × 318 ou 5 618 fr., dont l'intérêt pour 1 an est $\frac{5\,618 \times 6}{100}$ ou 337 fr. 08 c.

2e Solution. On aura l'intérêt de 5 000 fr. pour la première année par la proportion : 100 : 5 000 :: 6 : x, d'où $x = 300$. Ajoutant cette somme au capital primitif pour former celui de la deuxième année, l'intérêt de ce nouveau capital 5 300 fr. s'obtiendra par la proportion : 100 : 5 300 :: 6 : x, d'où $x = 318$ fr. Enfin, le capital de la troisième année sera composé de 5 300 + 318, et son intérêt s'exprimera par le quatrième terme de la proportion : 100 : 5 618 :: 6 : x, d'où $x = 337$ fr. 08 c.

L'intérêt composé de ce capital sera donc 300 + 318 + 337,08, ou à 955 fr. 08 c.; le créancier recevra donc 5 955 fr. 08 c.

PROBLÈMES A RÉSOUDRE.

Intérêt simple.

1822. Un capital de 1 200 fr. a été placé pendant 5 ans au taux de 5 p. 100; quel intérêt a-t-il produit?

1823. On a placé pour 2 ans un certain capital au taux de 5 p. 100; après ce temps, on reçoit, tant en principal qu'en intérêts, une somme de 1 320 fr.; quel est ce capital?

1824. Quel sera, dans 125 jours, l'intérêt d'une somme de 1 280 fr. placée au taux de 8 p. 100?

1825. Indiquer quel serait l'intérêt produit après 3 ans par une somme de 18 000 fr. placée au taux de 5 p. 100?

1826. Une maison dans Paris rapporte chaque année 12 850 fr. à son propriétaire; quelle est la valeur de cette maison, son rapport étant de 4,50 p. 100.

1827. Une propriété de 350,000 fr. qui, en 1847,

avait rapporté 4,25 p. 100, n'a rapporté, en 1848, que 2,50; quelle perte le propriétaire a-t-il éprouvée la 2ᵉ année, sur le rapport de la précédente?

1828. Deux individus ont acheté chacun une propriété : le 1ᵉʳ a payé la sienne 180 000 fr., elle lui rapporte annuellement 7 200 fr.; l'autre a payé la sienne 165 000 fr., elle lui rapporte annuellement 4,50 p. 100; lequel a fait le meilleur placement?

1829. On a remboursé après 15 mois 1 800 fr. intérêts et capital d'une somme qu'on avait empruntée au taux de 5 p. 100; quelle était cette somme?

1830. Un ouvrier veut se faire chaque année avec ses économies une rente de 37 fr. 50 c., en plaçant son argent à 5 p. 100; combien doit-il économiser?

1831. Un père de famille veut assurer 15,000 fr. à chacun de ses deux enfants; il place pour cela chez un particulier une somme de 22 500 fr. au taux de 6 p. 100; pendant combien de temps ce capital devra-t-il rester placé?

1832. Un père donne pour dot à sa fille une somme égale au revenu de 6 ans d'une propriété de 380 000 fr. dont le rapport est de 4 fr. 75 c. p. 100; quel est le montant de cette dot?

1833. Un capital de 40,000 fr. est resté placé pendant 25 mois et a produit, après ce temps, un intérêt de 4 167 fr. 33 c.; à quel taux était-il placé?

1834. On a emprunté 1 800 fr. à 6 p. 100; combien le prêteur devra-t-il recevoir 8 mois après, époque du remboursement?

1835. A quel taux est placée une somme de 100,000 fr. qui rapporte annuellement 6 500 fr.?

1836. On a prêté pour 5 ou 6 mois 180 000 fr. au taux de 7,50 pour 100; combien l'emprunteur devra-t-il verser lors du remboursement?

1837. Un particulier veut doubler en 9 ans une

somme de 45 000 fr. qu'il prête à un commerçant; à quel taux doit-il placer cette somme?

1838. Une somme de 10 000 fr., placée à 4,50 p. 100, a rapporté un certain intérêt; quelle somme faudrait-il placer à 5 fr. 25 c. pendant le même temps, pour obtenir le même intérêt?

1839. Un ouvrier place chaque année dans une maison de commerce une somme de 760 fr. au taux de 6 p. 100; après combien d'années touchera-t-il un intérêt annuel de 1 000 fr.?

1840. Un capitaliste, prêt à s'embarquer, laisse chez son banquier un capital de 115 000 fr.; celui-ci lui paye au retour 21 250 fr. de rentes arriérées sur ce placement fait à 4,50 p. 100; combien de temps a duré l'absence du capitaliste?

1841. Un spéculateur a vendu une propriété pour une somme dont l'intérêt à 5 du 100 s'élève annuellement à 15 680 fr. Il avait payé cette propriété 280 000 fr.; quel a été son bénéfice?

1842. Un négociant accepte au taux de 8 p. 100, pour la faire valoir, une somme de 45 000 fr., et rembourse après 3 ans 6 mois, capital et intérêts; à combien s'élève la somme remboursée?

1843. Un particulier doit payer dans 9 ans une somme de 15 000 fr., qu'il voudrait toucher alors, en faisant actuellement un placement à 6 p. 100; quelle somme doit-il placer?

1844. Un capital de 15 000 fr. placé à 4,50, a produit, après un certain temps 1 800 fr. d'intérêts; pendant combien de temps est-il resté placé?

1845. Un négociant, en se retirant des affaires, réalise un capital de 175 000 fr. Il veut, au moyen de ce capital, se faire annuellement un chiffre de 10 000 fr. de rente; à quel taux doit-il placer son argent?

1846. Un certain capital placé à 6 p. 100 rapporte annuellement 15 000 fr.; si on diminue ce capital de 75 000 fr., de combien en diminuera-t-on le rapport?

Rentes sur l'État (1).

1847. La rente 4,50 p. 100 étant 95 fr. 25 c., quel est le rapport de celle d'un placement de 100?

1848. On propose à un individu qui a 100 000 fr. à placer, de prendre moitié de 4,50 p. 100 à 96 fr., et moitié de 3 p. 100 à 58 fr. 30 c.; quel sera le placement le plus avantageux?

1849. On veut acquérir 6 500 fr. de rente en 3 p. 100 lorsqu'il est à 58 fr. 60 c.; quelle somme aura-t-on à verser pour cette acquisition?

1850. Un individu a acheté pour 5 000 fr. de rente 4,50 p. 100 lorsqu'elle était à 62 fr.; aujourd'hui que la rente est à 95 fr., quel bénéfice réaliserait-il s'il vendait son coupon de 5 000 fr.?

1851. Pour une acquisition de 1 500 fr. de rente 4,50 p. 100, on a payé, déduction faite des frais, 33 585 fr.; quel était alors le cours du 4,50 p. 100?

1852. Le cours du 4,50 p. 100 est 96 fr. 75 c., quel est le cours correspondant du 3 p. 100?

1853. Le cours du 4,50 p. 100 est 108 fr. 50 c., celui du 3 p. 100 est 62 fr. On veut placer sur l'un ou l'autre de ces cours une somme de 35 000 fr.; quel sera le placement le plus avantageux?

1854. Un spéculateur a acheté 7 500 fr. de rente 3 p. 100 au cours de 57 fr.; il en vend la même quan-

---

(1) Les placements de fonds sur l'État étant à la fois les plus sûrs et les plus avantageux, nous n'avons pas cru devoir nous dispenser d'ajouter aux intérêts simples quelques questions sur les rentes sur l'État.

Quand on dit que le 4,50 p. 100 est à 95 fr. 25, cela signifie que 95 fr. 25 c. produisent 4 fr. 50 c. de rente.

tité au cours de 58 fr. 25 c.; quel bénéfice a-t-il réalisé sur cette double opération?

1855. Un individu vend un coupon de rente de 1 200 fr. 4,50 p. 100, au cours de 97 fr. 25 c.; il avait acheté ce coupon au cours de 112 fr. 95 c.; combien devra-t-il toucher? Quelle perte a-t-il faite?

1856. Le cours du 4,50 p. 100 est 109 fr. 60 c., celui du 3 p. 100 est 65 fr. 85 c.; on veut échanger du 4 p. 100, dont le cours est 87 fr., contre des rentes de l'un ou de l'autre cours; lequel devra-t-on préférer?

1857. Un particulier veut acheter pour 2 500 fr. de rente 4,50 p. 100 au cours de 95 fr. 25 c.; quel sera le montant de son coupon de rente?

1858. La rente 3 p. 100 est au cours de 65 fr.; quel est le cours correspondant du 4,50 p. 100?

Intérêts composés. — Annuités.

1859. Un particulier doit 6 500 fr. payables dans 4 ans; il destine au payement de cette dette les intérêts d'une somme placée à intérêts composés pendant ce temps et à 6 p. 100; quelle est cette somme?

1860. L'intérêt à 6 p. 100 d'une certaine somme placée pendant 3 ans et 4 mois à intérêts simples s'est élevé à 3 550 fr.; à combien se serait-il élevé si le placement avait été fait à intérêts composés?

1861. Un particulier prête à un négociant une somme de 25 000 fr., avec intérêts composés à 6 p. 100, à condition que ce dernier ne lui remboursera le tout que dans 5 ans 6 mois; quelle sera alors la somme à rembourser?

1862. Un particulier achète pour 100 000 fr. une maison qu'il doit payer en 3 payements égaux et successifs d'année en année, et en y comprenant les intérêts composés à 5 p. 100; quelle sera la quotité de chaque payement?

1863. Quel est le capital qui, placé à 4 fr. 50 c. p. 100 à intérêts composés, a rapporté, après 2 ans 5 mois, une somme de 1 775 fr.?

1864. On doit payer en *cinq* années une dette de 18 000 fr., dont on paye les intérêts composés au taux de 6 p. 100; le 1er payement doit être de 500 fr.; le 2e de 2 000 fr.; le 3e de 4 000 fr.; le 4e de 5 000 fr.; à combien devra s'élever le 5e et dernier payement?

1865. Un ouvrier a placé pendant sept années consécutives, à 5 p. 100, une somme de 800 fr. chaque année, et a laissé accumuler pendant tout ce temps les intérêts des intérêts de tous ses versements; combien a-t-on dû lui rembourser à la fin de la 7e année?

1866. Un père de famille veut, en plaçant une certaine somme à 6 p. 100 avec intérêts composés, réunir à la fin de la *cinquième* année 3 000 fr. d'intérêts pour racheter son fils de la conscription; quelle somme doit-il placer?

1867. On place à intérêts composés et à 5 p. 100, pendant 3 ans, une somme de 5 000 fr.; quelle serait la somme qui, placée pendant *un* an seulement et à 6 p. 100, produirait le même intérêt?

1868. Un ouvrier a laissé à la caisse d'épargne, pendant 3 ans et 5 mois, une somme de 4 200 fr. L'intérêt des caisses d'épargne est composé et au taux de 4 p. 100; quelle somme doit-il recevoir?

1869. Un capitaliste place dans le commerce 75 000 fr. à condition qu'on ne les lui remboursera que dans 3 ans 4 mois et qu'on lui en payera alors les intérêts composés au taux de 7 p. 100; quelle somme devra-t-il toucher à l'époque convenue?

1870. On a prêté une certaine somme, pendant 2 ans 9 mois, à intérêts composés, au taux de 5 p. 100; lors du remboursement, on a touché, en capital et intérêts, 5 009 fr. 567; quelle était cette somme?

1871. On veut s'acquitter en quatre payements égaux et annuels d'une dette de 4 500 fr. avec intérêts composés à 6 p. 100; quelle sera la quotité de l'annuité?

1872. Un employé aux appointements de 2 500 fr. en dépose chaque année le 5° à la caisse d'épargne; l'intérêt est composé et à 4 p. 100; après 8 ans, il retire ses économies; combien doit-il recevoir?

1873. Un usurier prête une somme de 1 500 fr. pour 10 mois au taux de 9 p. 100 et à condition que tous les *trois* mois les intérêts seront joints au capital pour porter intérêts; quelle somme devra-t-il recevoir après ces *dix-huit* mois?

1874. On a placé 4 000 fr. à intérêts composés pour 3 ans, au taux de 6 p. 100; quels intérêts ce placement a-t-il produit? De combien excèdent-ils la somme qu'on aurait obtenue avec l'intérêt simple?

1875. On s'est acquitté d'une dette, dont on payait la rente à 5 p. 100, en 3 versements annuels de 3 450 fr., y compris les intérêts de ce qui restait à rembourser; quel était le montant de cette dette?

RÈGLES D'ESCOMPTE ET DE CHANGE

23. Les règles d'escompte et de change ne différant en quelque sorte que par l'expression des règles d'intérêt simple, nous avons cru inutile de faire précéder de questions résolues les problèmes suivants qui s'y rapportent.

PROBLÈMES

SUR LES RÈGLES D'ESCOMPTE ET DE CHANGE.

Escompte (1).

1876. On a payé 7 fr. 50 c. pour l'escompte d'un billet à *trois* mois d'échéance, l'escompte étant à 6 p. 100 ; quel était le montant de ce billet ?

1877. Un tailleur présente un mémoire de 1 750 fr. sur lequel il fait un rabais de 12 p. 100, afin d'être payé comptant ; quel est le montant de ce rabais ?

1878. Un négociant a acheté pour 6 500 fr. de marchandises payables à 6 mois de terme. Il veut payer *moitié* comptant, *moitié* 3 mois plus tard ; quel sera le montant de l'escompte à lui faire, le taux en étant fixé par lui à 4 p. 100 ?

1879. On a reçu pour un mandat, payable à 45 jours, 1 275 fr., le taux de l'escompte étant à 6 p. 100 ; quel était le montant de ce mandat ?

1880. Sur un billet de 600 fr. un banquier a retenu 9 fr. à titre d'escompte, au taux de 6 p. 100 ; à quel temps devait être le terme de ce billet ?

---

(1) Voir notre *Arithmétique* in-18, nos 295 à 299 inclus, et notre *Cours d'Arithmétique* in-8°, *autorisé pour les lycées*, nos 341 à 344 inclus.

1881. Sur un billet de 3 500 fr., à *trois* mois d'échéance, un banquier n'a remis au porteur que 3 430 fr.; à quel taux était l'escompte?

1882. Un négociant a acheté 25 pièces de toile à raison de 340 fr. l'une, et à 6 mois de crédit; on lui offre, s'il veut payer comptant, 3 p. 100 d'escompte sur la totalité de son acquisition; combien aura-t-il à payer alors pour acquitter sa facture?

1883. Un négociant a fait, à 135 jours de terme, une acquisition s'élevant à 3 580 fr. Il remet en payement une valeur de portefeuille à 120 jours d'échéance et qui s'élève à 3 800 fr.; quelle somme devra-t-on lui rendre en faisant sur les deux valeurs un escompte de 6 p. 100 par an?

1884. Un négociant achète pour 5 300 fr. d'étoffes à *un* an de crédit, en se réservant, s'il paye avant la fin de l'année, un escompte au taux de 6 p. 100 l'an. Il se libère après 135 jours; à combien doit se réduire le billet qu'il a donné en payement?

1885. Un particulier paye à son créancier une somme de 2 500 fr. 4 mois avant l'échéance d'un billet de 2 550 fr. qu'il devait lui payer dans *un* an ; quel est le taux de l'escompte qu'il s'était réservé?

1886. On a acheté 150 stères de bois à raison de 15 fr. 50 c. l'un et à 6 mois de terme. Le vendeur offre un escompte de 5 p. 100 sur le prix pour être payé comptant; combien aura-t-on à verser?

1887. On fait à un négociant 2,50 p. 100 d'escompte sur le montant d'une facture de 1 875 fr. qu'il paye comptant; de combien est-elle réduite?

1888. Un négociant fait en fabrique pour 3 000 fr. d'acquisitions payables dans *six* mois. Il donne immédiatement contre l'acquit de sa facture 2 910 fr.; quel est le taux de l'escompte qu'on lui a accordé?

1889. On a acheté à raison de 12 fr. le mètre une

certaine quantité de drap, pour le payement duquel on a obtenu 18 mois de crédit : l'acquéreur offre de payer comptant, moyennant un escompte de 8 p. 100 par an, et paye pour solder 10 800 fr.; combien avait-il acheté de mètres de drap ?

1890. Pour un billet à 4 mois d'échéance, un banquier a pris un escompte de 50 c. p. 100 par mois, et a versé 1 840 fr.; quel était le montant du billet ?

Change.

1891. Un particulier veut faire toucher à Lyon une somme de 5 000 fr., qu'il dépose à Paris, chez un banquier, lequel demande pour le change 52 fr. 50 c.; à quel taux ce change est-il prélevé ?

1892. On veut toucher en arrivant à Londres une somme de 3 500 fr., sauf les frais de change, déposée à Paris, chez un banquier; celui-ci prélève sur cette somme un change de 2 fr. 50 c. p. 100; à quelle somme s'élève le mandat à vue qu'il remet sur son correspondant à Londres ?

1893. Un négociant remet à un banquier de Paris des traites sur la province, à 3 mois d'échéance; en échange de ces traites, sur lesquelles le banquier perçoit un change de 1 fr. 25 c. p. 100 et un escompte de 6 p. 100 par an, il reçoit 5 000 fr. en argent; quel était le total de ces traites ?

1894. On remet 15,000 fr. à un banquier de Paris pour retirer une traite payable à Marseille; le taux du change entre ces deux villes est de 1 fr. 75 p. 100; quel est le montant de cette traite ?

1895. Un voyageur a remis en partant pour Saint-Pétersbourg de l'argent chez un banquier de Paris qui le lui fera parvenir, moyennant un change de 3,40 p. 100; arrivé dans cette ville, il reçoit de Paris un mandat à vue de 7 800 fr.; combien avait-il déposé ?

1896. On veut envoyer par la poste une somme de 1.250 fr. de Lyon à Strasbourg ; combien devra-t-on déposer, sachant que, outre un change de 2 p. 100, on doit payer 35 c. de timbre et 20 c. de port ?

1897. Un voyageur quittant Marseille, remet à un banquier de cette ville un billet de 1850 fr. dont il voudrait toucher les fonds à son arrivée à Paris ; ce billet ayant 45 jours d'échéance à courir, le banquier retient un escompte de 5 p. 100 l'an, outre un change de 1 fr. 25 c. p. 100 ; quelle somme ce voyageur touchera-t-il à Paris ?

1898. Un individu demande de l'or à un changeur contre 12 000 fr. argent, et ce changeur accepte moyennant un change de 1 fr. 25 c. p. 100 ; combien les 12 000 fr. d'argent produiront-ils en or ?

1899. Le change de Paris à Moscou étant de 3 fr. 25 c. p. 100, combien devra-t-on déposer à Paris pour toucher à Moscou 5 500 fr. ?

1900. Un Anglais veut changer contre de l'argent de France 25 livres sterlings en or ; le changeur, outre la valeur réelle de la monnaie, lui donne pour la valeur de l'or, et à titre de change, 75 c. p. 100 fr. ; quelle somme reçoit-il en tout ?

1901. Pour toucher 3 000 fr. à Rome, on a déposé à Paris 3 405 fr. ; quel était le taux du change ?

1902. Que devra-t-on remettre à un banquier de Paris pour lui faire payer 10 000 fr. à Bordeaux, le change sur cette ville étant de 2 fr. 75 c. p. 100 ?

1903. Un voyageur a déposé à Berlin une somme qu'il doit toucher à Paris, sauf un change de 2,80 p. 100. Le banquier de Paris offre de lui remettre 7 000 fr., mais il préfère toucher à Londres, où il ne touche que 6 825 fr. ; quelle somme avait-il déposée à Berlin ? Quel était le change de Paris sur Londres ?

RÈGLES DE SOCIÉTÉ ET DE PARTAGE

24. On nomme règle de société ou de partage l'opération par laquelle on divise un nombre connu en parties proportionnelles à d'autres nombres aussi connus.

25. Elle est d'un fréquent usage dans le commerce pour la répartition des pertes ou des bénéfices entre associés, suivant les circonstances des quotités des mises de fonds ou du temps pendant lequel on en a fait usage. Suivant que ces diverses circonstances se présentent séparément ou en même temps, la règle de société est dite simple ou composée (1).

PROBLÈMES

SUR LES RÈGLES DE SOCIÉTÉ ET DE PARTAGE.

1904. *Trois* négociants réunis pour une entreprise y ont placé : le 1er 5 000 fr., le 2e 8 000 fr., le troisième 12 000 fr. Ils ont réalisé un bénéfice de 8 500 fr., sur lequel le 1er doit prélever 500 fr. comme ayant dirigé l'affaire ; quelle devra être la part de chacun ?

1re SOLUTION. Si on retranche les 500 fr. à prélever du bénéfice, il restera 8 000 fr. à distribuer entre les associés. Pour opérer le partage on fait la somme des mises et on dit : Si 25 000 fr. ont produit un bénéfice de 8 000 fr., 1 fr. a produit $\frac{8\,000}{25\,000}$, donc 5 000 fr. ont produit $\frac{8\,000}{25\,000} \times 5\,000$ fr., ou 1 600 fr. ; 8 000 fr. ont produit $\frac{8\,000}{25\,000} \times 8\,000$, ou 2 560 fr. ; enfin, 12 000 fr. ont produit $\frac{8\,000}{25\,000} \times 12\,000$, ou 3 840 fr.

---

(1) Voir notre *Petite Arithmétique* in-18, nos 302 à 308 inclus.

2ᵉ SOLUTION. Le gain devant être proportionnel à chaque mise, et chaque gain particulier devant être avec la mise qui lui correspond dans le même rapport que le bénéfice à partager avec la somme de toutes les mises, on a, en appelant x, y et z chacune des parts à déterminer : $25\,000 : 8\,000 :: 5\,000 : x$; $25\,000 : 8\,000 :: 8\,000 : y$; $25\,000 : 8\,000 :: 12\,000 : z$; d'où $x = 1\,600$ fr., $y = 2\,560$ fr., $z = 3\,840$ fr.

Il revient donc sur le bénéfice total au premier négociant $1\,600 + 500$ fr. ou $2\,100$ fr., au deuxième sur le bénéfice à partager également $2\,560$ fr., et au troisième $3\,840$ fr.; ces trois sommes réunies font en effet $8\,500$ fr.

1905. *Trois négociants se sont réunis pour une spéculation. Le 1ᵉʳ a placé $5\,000$ fr. pendant 2 ans ; le 2ᵉ a placé $8\,000$ fr. pendant 18 mois; le 3ᵉ a placé $6\,000$ fr. pendant les 30 mois qu'a duré la société, qui se dissout avec $15\,000$ fr. de bénéfice ; quelle doit être la part de chacun?*

SOLUTION. Chaque part dépend ici de la mise de chaque associé et du temps pendant lequel cette mise a été employée. Pour résoudre cette question, on la ramène à une règle de société simple, en rapportant toutes les mises à un même temps. Pour cela, on observe que $5\,000$ fr. employés pendant 24 mois doivent produire autant de profit que $5\,000 \times 24$ ou $120\,000$ fr. employés pendant un mois seulement : par le même motif, les $8\,000$ fr. employés pendant 18 mois, et les $6\,000$ fr. placés pendant 30 mois produiront autant que 18 fois $8\,000$ francs ou $144\,000$ fr., et 30 fois $6\,000$ fr. ou $180\,000$ fr. employés 1 mois seulement.

La question est donc ramenée à cette règle de société simple :

Trois négociants ont placé pour un mois, dans une spéculation, le premier $120\,000$ fr., le deuxième $144\,000$ fr., le troisième $180\,000$ fr., ils ont gagné $15\,000$ fr.; quelle doit être la part de chacun?

1ʳᵉ SOLUTION. La somme des mises étant $444\,000$ fr., chaque part sera représentée respectivement :

La première, par $\dfrac{15\,000}{444\,000} \times 120\,000$ ou $4\,054$ fr. 05 c. ;

La deuxième, par $\dfrac{15\,000}{444\,000} \times 144\,000$ ou $4\,864$ fr. 87 c.;

La troisième, par $\dfrac{15\,000}{444\,000} \times 180\,000$ ou $6\,081$ fr. 08 c.

2ᵉ Solution. Les mises étant représentées par x, y et z et leur somme totale par 444 000 fr., on aura :

444 000 : 15 000 :: 120 000 : x; 444 000 : 15 000 :: 144 000 : y; 444 000 : 15 000 :: 180 000 : z; d'où $x = 4054$ fr. 05 c.; $y = 4864$ fr. 87 c.; $z = 6081$ fr. 08 c.

Le premier négociant recevra donc 4 054 fr. 05 c.; le deuxième, 4 864 fr. 87 c.; le troisième, 6 081 fr. 08 c.; ces trois sommes additionnées donnent en effet pour total 15 000 fr., somme à partager.

PROBLÈMES A RÉSOUDRE.

Règles de partage et de société simples.

1906. *Trois* brocanteurs ont mis en commun pour une acquisition qu'ils ont faite, le 1ᵉʳ 380 fr., le 2ᵉ 470 fr., le 3ᵉ 500 fr.; ils ont vendu leur marché pour 2 100 fr.; combien chacun d'eux doit-il retirer pour sa part de bénéfice?

1907. *Trois* spéculateurs se réunissent pour une entreprise; l'un d'eux verse 14 000 fr, le 2ᵉ 19 000 fr., le 3ᵉ 22 000 fr.; ils réalisent un bénéfice de 25 000 fr.; combien chacun doit-il recevoir?

1908. *Deux* individus se sont associés pour diriger une maison de commerce; ils y ont placé : le 1ᵉʳ 18 000 fr., le 2ᵉ 27 000 fr. Ce dernier ayant constaté, après un an, une perte de 12 000 fr., la société s'est dissoute; quelle a été la perte de chaque associé?

1909. *Trois* individus s'étant réunis en société avec un capital de 70 000 fr., ont réalisé en un an un bénéfice de 35 000 fr. qu'ils se sont partagés proportionnellement à leurs mises : le 1ᵉʳ a reçu 12 000 fr., le 2ᵉ 11 750 fr., le 3ᵉ 11 250 fr.; quelle somme chacun avait-il apportée?

1910. *Trois* ouvriers ont gagné en travaillant ensemble 1 800 fr. : l'un d'eux a travaillé pendant 25 jours, le 2ᵉ pendant 32 jours, et l'autre pendant 38 jours; quelle somme revient à chacun?

1911. *Trois* bijoutiers ont acheté ensemble pour 25 000 fr. de diamants, sur la vente desquels ils ont gagné 7 500 fr. qu'ils se sont partagés proportionnellement à leurs mises. Le 1er a eu 500 fr. pour s'être occupé de la vente, et 2 100 fr. pour sa part de bénéfice; le 2e a eu 2 700 fr.; combien chacun avait-il avancé?

1912. *Deux* entrepreneurs se sont chargés de la construction d'une maison; le bénéfice devant être partagé en raison du nombre d'ouvriers employés par l'un et par l'autre, le 1er a reçu 8 000 fr. sur le bénéfice total, l'autre n'en a eu que 7 000; le nombre total des ouvriers employés est 165; combien chacun en a-t-il fourni?

1913. Un particulier laisse par testament une somme de 7 400 fr. à répartir entre trois bureaux de bienfaisance : l'un de ces bureaux a 1 500 pauvres, le 2e 2 650, le 3e 1 200; combien chaque bureau doit-il toucher?

1914. *Deux* ouvriers associés pour un travail ont gagné, l'un 275 fr., l'autre 210 fr.; le nombre des journées employées à ce travail a été de 97; combien chacun d'eux avait-il consacré de journées?

1915. *Deux* associés ont perdu une somme de 12 000 fr.; l'un d'eux avait mis dans la société 15 000 fr., l'autre en avait placé 20 000; ils se séparent après ce résultat; quelle est la perte de chacun?

1916. *Deux* spéculateurs ont gagné 740 fr. dans une affaire où ils avaient mis en commun une somme de 1 500 fr.; l'un d'eux a eu pour sa part du bénéfice 330 fr.; quelles étaient les mises de chacun?

1917. *Deux* associés ont réalisé une perte de 3 500 fr. et veulent se séparer : l'un d'eux a apporté dans la mise sociale de 25 000 fr. une somme de 10 000 fr.; quelle doit être la perte de chacun?

1918. *Deux* joueurs sont réunis pour jouer une certaine somme, et ils se retirent avec un gain de 1 345 fr.; la part du 1er, qui avait donné 500 fr., est de 815 fr.; quelle somme le 2e avait-il engagée?

1919. Un oncle fait en faveur de ses neveux un testament portant qu'il leur lègue 45 000 fr. qu'ils se partageront en proportion inverse de leur âge, c'est-à-dire de manière à ce que le plus jeune ait la plus forte somme; le 1er a 24 ans, le 2e 21 ans et le 3e 18 ans; quelle sera la part de chacun?

1920. *Trois* héritiers doivent se partager une somme de 130 000 fr. en raison directe de leur âge; l'un a 25 ans et reçoit 50 000 fr., le 3e a 19 ans et reçoit 38 000 fr.; quel est l'âge du 2e?

1921. *Trois* écoliers ont réuni toutes leurs billes pour jouer en commun; lorsqu'ils veulent partager leur gain proportionnellement au nombre des billes que chacun a données, le 1er en gagne 35, le 2e 25 et le 3e 15; ils avaient en tout avant de jouer 120 billes; combien chacun d'eux en avait-il donné?

1922. *Trois* ouvriers ont gagné ensemble 750 fr.; l'un d'eux a employé 25 jours de travail, le 2e 31 et le 3e 19; combien chacun doit-il toucher?

1923. On a fait dans *trois* ateliers différents une commande de chapeaux pour la transportation; la fourniture est faite pour une somme de 8 640 fr. et se compose de 120 douzaines de chapeaux. L'un des ateliers en a fourni 45 douzaines, le 2e en a fourni 37; combien chaque chef d'atelier doit-il toucher?

1924. *Deux* ouvriers, après un certain nombre de journées de travail, ont gagné 150 fr.; le 1er, pour 15 journées, a touché 82 fr. 50 c.; combien l'autre a-t-il employé de journées?

1925. *Quatre* ouvriers ont gagné, en 45 jours de travail répartis entre eux tous, une somme de 168 fr. 75 c. L'un a travaillé pendant 9 jours, le 2e pendant

13 jours ; le 3ᵉ a touché 41 fr. 25 c., le 4ᵉ n'a touché que 30 fr. ; combien le 1ᵉʳ et le 2ᵉ ont-ils reçu ? Combien le 3ᵉ et le 4ᵉ ont-ils employé de jours ?

1926. *Trois* associés, voulant liquider leur société, s'adressent à un banquier ; celui-ci leur prend pour 175 000 fr. de valeurs de portefeuille dont il leur compte le montant en espèces, en retenant sur la totalité un escompte de 20 p. 100, destiné à le couvrir des non-valeurs et des frais de recouvrement. Ces associés avaient apporté : l'un 25 000 fr., le 2ᵉ 30 000 fr., le 3ᵉ 40 000 fr. ; quelle part chacun doit-il retirer de la somme remise par le banquier ?

1927. Un particulier laisse en mourant à ses domestiques une somme de 25 000 fr. qu'ils doivent se partager d'après le nombre d'années qu'ils ont passées à son service : l'un y est resté 10 ans, l'autre 16, le 3ᵉ 14 ans ; quelle doit être la part de chacun ?

1928. *Trois* personnes ont mis en commun une somme de 200 000 fr. pour l'acquisition d'une ferme, dont le revenu annuel est de 7 500 fr. ; l'une de ces personnes touche sur ce revenu 1 780 fr., une 2ᵉ touche 2 050 fr. ; quelle somme chaque associé a-t-il fournie pour cette acquisition ?

1929. Le revenu foncier d'une commune s'élève à 234 567 fr. 89 c. ; l'État doit percevoir dans cette commune, sur ce revenu, un impôt de 10 234 fr. 56 c. ; combien aura à payer un propriétaire dont le revenu est de 3 450 fr. 75 c. ?

1930. L'État doit percevoir un impôt foncier de 10 234 fr. 56 c. sur les contribuables d'une commune dont le revenu foncier s'élève à la somme de 234 567 fr. 89 c. ; quel est le revenu foncier d'un propriétaire qui, pour sa part, a payé 58 fr. 77 c. ?

1931. L'État devant percevoir un impôt foncier sur les propriétaires d'une commune dont le revenu foncier s'élève à 234 567 fr. 89 c., l'un des propriétaires ayant un revenu foncier de 3 895 fr. 35 c., a payé 169 fr. 96 c.; quel est le montant de l'impôt à percevoir.

1932. Sur la totalité du revenu foncier d'une commune, l'État doit prélever un impôt de 10 234 fr. 56 c. L'un des contribuables, dont le revenu s'élève a 4 749 fr. 78 c., a payé pour sa part 76 fr. 34 c.; quel est le revenu foncier de cette commune ?

1933. La liquidation d'une faillite donne pour couvrir un passif de 54 600 fr. un actif s'élevant, tous frais payés, à 26 820 fr. 85 c.; quelle part aura dans cette faillite un créancier qui produit pour 7 978 fr.?

1934. La liquidation d'une faillite donne pour couvrir un passif de 35 000 fr. un actif net de 17 000 fr.; quelle est la perte qu'on éprouvera pour une créance de 100 fr.?

1935. Dans une faillite dont le passif s'élevant à 54 600 fr. n'est couvert que par un actif de 26 820 fr. 85 c., un des créanciers a touché pour sa part 2 250 fr. 50 c.; pour quelle somme avait-il produit ?

1936. Un créancier ayant produit dans une faillite dont l'actif se réduisait à 26 820 fr. 85 c. une créance de 2 500 fr., a reçu pour sa part 1 720 fr. 56 c.; à combien s'élève le passif?

1937. La liquidation d'une faillite admet au passif pour 54 600 fr. de créances; l'un des créanciers ayant produit une créance de 1 250 fr., a touché pour sa part 614 fr. 48 c.; à combien se réduisait l'actif de cette faillite ?

1938. *Quatre* jeunes conscrits ont fait un fonds commun pour se libérer; les fonds qu'ils ont placés depuis 5 ans ont rapporté 1 000 fr. qu'ils doivent se partager, aucun d'eux n'étant tombé au sort, d'après les mises de chacun. L'un a touché 275 fr., le 2e 262 fr.

50 c. ; le 3e 237 fr. 50 c. ; quelles étaient les mises de chacun ?

1939. *Trois* voyageurs ont réuni une somme de 20.000 fr. qu'ils ont placée dans une maison de commerce, à 7 p. 100 ; après 3 ans 6 mois, ils retirent cette somme et se partagent l'intérêt qu'elle a produit proportionnellement à leurs mises, qui sont pour l'un 6500 fr., pour le 2e 7 600 fr. ; combien chacun recevra-t-il pour sa part d'intérêts?

1940. *Trois* spéculateurs ont acheté des terres qui ont produit 3 500 bottes de fourrage, 150 hectolitres de blé et 380 hectolitres d'avoines ; un fermier leur offre, pour les débarrasser du tout, de leur payer le fourrage 30 fr. les 100 bottes, le blé 17 fr. et l'avoine 9 fr. l'hectolitre ; combien chacun d'eux devra-t-il recevoir, l'un ayant avancé 75 000 fr., le 2e 85 000 et le 3e 65 000 fr. ?

1941. *Trois* communes possèdent : la 1re 18 000 fr. de revenu foncier, la 2e 3 900 fr., la 3e 36 000 fr. ; on doit prélever sur ces trois communes un impôt foncier de 3 600 fr. ; combien chacune devra-t-elle payer ?

Règles de société composées.

1942. *Deux* associés ont, après 15 mois, perdu 12 000 fr. et se séparent : l'un avait mis 15 000 fr. 9 mois seulement avant la liquidation, et l'autre avait apporté immédiatement 8 000 fr. ; quelle doit être la perte de chacun ?

1943. *Deux* particuliers se sont associés pour une entreprise commerciale : l'un d'eux apporte d'abord 5 000 fr. ; 6 mois après, il ajoute 3 000 fr. ; enfin, 4 mois plus tard, il complète sa mise de 12 000 fr. Le 2e, qui d'abord avait versé 7 000 fr., fait, 10 mois après, un nouveau versement de 2 500 fr., et 8 mois plus tard, il ajoute 2 500 fr. La société se dissout après trois ans, avec un bénéfice de 15 000 fr.; combien chacun doit-il toucher?

1944. *Deux* individus ont fait en commun une acquisition qu'ils ont payée à des époques différentes : celui qui a payé le 1ᵉʳ a versé une somme de 890 fr., le 2ᵉ a payé 6 mois plus tard 1 060 fr.; ils ont vendu 15 mois après le premier payement et ont réalisé un bénéfice de 800 fr.; combien chacun doit-il toucher, eu égard à sa mise et au temps pendant lequel elle a été employée?

1945. *Trois* individus ont acheté un fonds de magasin : l'un d'eux y a placé 3 400 fr., qui sont restés 15 mois dans l'affaire; un 2ᵉ y a employé 4 200 fr., qui y sont restés 12 mois; enfin le 3ᵉ y a mis 5 000 fr. pour 10 mois. Ils ont gagné sur la vente 7 500 fr.; quel doit être le gain de chacun?

1946. *Deux* brocanteurs ont mis 15 000 fr. en commun pour diverses acquisitions; après 2 ans d'association, ils partagent leurs bénéfices : le 1ᵉʳ, qui avait fourni 6 500 fr., touche en outre 1 625 fr.; quelle sera la part du 2ᵉ, dont les fonds n'ont été employés que 18 mois dans la société?

1947. *Trois* ouvriers se sont associés pour un travail qu'ils doivent livrer pour 1 780 fr. : le 1ᵉʳ a employé 25 journées de 12 h. chacune; le 2ᵉ, 34 journées de 10 h.; le 3ᵉ a travaillé 8 h. par jour pendant 37 jours; quelle sera la part de chacun?

1948. *Quatre* négociants se sont associés et ont apporté : le 1ᵉʳ, 1 200 fr. pour 15 mois; le 2ᵉ, 1 500 fr. pour 12 mois; le 3ᵉ, 1 800 fr. pour 9 mois; le 4ᵉ, 2 100 fr. pour 6 mois. Ils ont gagné 3 540 fr.; quelle doit être la part de chacun dans ce bénéfice?

1949. Un individu commence une entreprise avec 30 000 fr.; 15 mois après, il y intéresse quelqu'un qui y place 50 000 fr,; 18 mois après, il y a un bénéfice de 28 000 fr.; quelle sera la part de chacun ?

1950. *Trois* voituriers se sont engagés à transporter des marchandises en différents lieux pour 2 800 fr.; ils en ont transporté, le 1ᵉʳ, 550 kilog. à 65 kilom.; le 2ᵉ, 700 kilog. à 75 kilom.; le 3ᵉ, 840 kilog. à 55 kilom.; quelle somme chacun devra-t-il toucher ?

1951. Un voiturier a trois relais sur la route qu'il parcourt; il a payé en divers voyages à ces trois relais une somme de 878 fr. 50 c. Le 1ᵉʳ relais avait fourni 12 chevaux pendant 8 jours, le 2ᵉ en avait fourni 8 pendant 10 jours, le 3ᵉ en avait fourni 5 pendant 15 jours; combien a-t-il payé à chaque relais ?

1952. *Deux* associés ont mis dans une entreprise : le 1ᵉʳ, 15 000 fr. pendant 18 mois; le 2ᵉ 22 000 fr. pendant 10 mois. Ils ont gagné 15 000 fr.; combien chacun doit-il recevoir pour sa part des bénéfices ?

1953. Un individu laisse par testament 16 000 fr. à répartir entre trois bureaux de bienfaisance, sous la condition que les vieillards infirmes recevront 3 fois plus que les autres : le 1ᵉʳ bureau a 500 pauvres dont les $\frac{2}{5}$ sont infirmes; le 2ᵉ en a 630 dont les $\frac{2}{7}$ sont également infirmes; enfin, le 3ᵉ bureau en a 600 dont *un quart* d'infirmes; combien chaque bureau devra-t-il toucher ?

RÈGLE DE MÉLANGE OU D'ALLIAGE

26. La règle d'alliage ou de mélange a pour but de déterminer la valeur moyenne de plusieurs espèces de choses, connaissant le nombre et le prix particulier de chaque espèce, ou de prendre un résultat moyen entre différents résultats donnés sur un même objet par l'expérience ou l'observation. Elle comprend aussi les questions où il s'agit de trouver les quantités de chaque sorte de choses qui doivent entrer dans un mélange ou un alliage, connaissant la valeur de chacune et le prix moyen de l'unité du mélange (1).

PROBLÈMES.

SUR LA RÈGLE DE MÉLANGE OU D'ALLIAGE.

1954. On a mélangé ensemble 45 bouteilles de vin à 1 fr. 25 c., 70 à 0 fr. 75 c. et 85 à 0 fr. 50 c.; on demande ce que vaut la bouteille du mélange.

SOLUTION. Cette question se réduit à chercher le prix total du mélange, le nombre des bouteilles mélangées, puis à diviser le premier de ces résultats par le second :

Or, 45 bouteilles à 1 fr. 25 c. valent 56 fr. 25 c.
     70   —   0   75   —   52   50
     85   —   0   50   —   42   50

Donc les 200 bouteilles valent.......... 151 fr. 25 c.

Divisant 151,25 par 200, on trouve pour le prix de chaque bouteille du mélange 0 fr. 75 625, c'est-à-dire 0 fr. 76 c.

1955. On a fondu ensemble 10 décag. d'argent à

(1) Voir notre *Cours d'Arithmétique* in-8º, *approuvé pour les lycées*, nos 386 et 387.

0,785 *de fin* (1); 12 décag. à 0,540 et 8 décag. à 0,615; quel est le titre de l'alliage de ces trois lingots?

SOLUTION. Un lingot d'argent à 785 *millièmes de fin* contient sur 1 décagramme $\frac{785}{1000}$ d'argent pur. Cela posé, il est évident que

10 décag. à 785 mill. contiennent 0,785 × 10 ou 7 850 mill.
12 — 540 — 0,540 × 12 ou 6 480 —
8 — 615 — 0,615 × 8 ou 4 920 —

donc 30 décag. alliés ensemble contiennent...... 19 250 mill. d'argent pur; le titre du nouveau lingot sera par conséquent exprimé par $\frac{19\,250}{30}$ ou $\frac{1\,925}{3}$; c'est-à-dire qu'il est à 6 416 dix-millièmes, ou à 642 millièmes de fin.

1956. Un épicier a du café de deux qualités : l'un à 2 fr. 40 c. le kilog., l'autre à 2 fr. 75 c.; il veut en faire un lot de 280 kilog. qu'il vendra 2 fr. 55 c.; combien doit-il en mélanger de chaque sorte?

SOLUTION. Le prix moyen 2 fr. 55 c., comparé aux deux autres, indique que chaque kilogramme de café à 2 fr. 40 c. apporte une diminution de 15 c., tandis que chaque kilogramme de café à 2 fr. 75 c. procure une augmentation de 20 c.; mais puisque le produit de 15 × 20 est le même que celui de 20 × 15, il s'ensuit évidemment que la différence ou diminution de 15 c., répétée 20 fois, équivaudra à l'augmentation de 20 c. répétée 15 fois; il faudra donc prendre 20 kilog. de café à 2 fr. 40 c., et 15 kilog. à 2 fr. 75 c. pour que le mélange de ces deux cafés puisse être vendu 2 fr 55 c.

Pour former un nombre de 280 kilog. de ce mélange, on trouve qu'il faudra 160 kilog. à 2 fr. 40 c., et 120 kilog. à 2 fr. 75 c.

---

(1) Dans la bijouterie, l'argent ou l'or est toujours combiné avec d'autres métaux, tels que le cuivre; on appelle *titre* ou *degré de fin* de ces deux métaux le rapport d'un poids déterminé d'argent ou d'or pur à un même poids de son alliage; ainsi, lorsque sur 10 grammes d'un alliage, il y en a 9 d'or fin ou d'argent pur, on dit que l'un ou l'autre est *au titre de* $\frac{9}{10}$ ou à $\frac{9}{10}$ de fin.

PROBLÈMES A RÉSOUDRE.

Mélanges.

1957. Une caisse de savon coûte 127 fr. 65 c., et en renferme de trois prix différents : 1° à 1 fr. 10 c. le kilog.; 2° à 1 fr. 05 c.; 3° à 0 fr. 90 c.; combien renferme-t-elle de kilog. de chaque prix?

1958. On a mélangé des vins à 1 fr., à 0 fr. 90 c., à 0 fr. 80 c. et à 0 fr. 70 c. le litre; on en a mis la même quantité de chacun; que vaut le litre du mélange?

1959. On paye dans un jour 150 ouvriers à 3 fr. 25; 75 à 4 fr. 50; 37 à 2 fr. 60 et 66 à 2 fr. 20 c.; quel est le prix moyen de la journée d'un ouvrier?

1960. On a de l'eau-de-vie à 1 fr. 15 c. et à 1 fr. 65 c.; on veut en faire un mélange de 100 litres à 1 fr. 40 c.; combien devra-t-on mêler de l'une et de l'autre?

1961. Un fermier a des blés à 20 fr. l'hectol., à 18 fr. et à 24 fr.; dans quelle proportion devra-t-il faire le mélange pour le vendre 21 fr. l'hectol.?

1962. Pendant *trois* années consécutives, une propriété a rapporté : 1° 11 780 fr., 2° 8 765 fr., 3° enfin 5 800 fr.; quel en a été le revenu moyen annuel?

1963. En essayant un fusil, on a trouvé pour 5 coups les portées suivantes : 270^M, 315^M, 345^M, 392^M et 438^M; quelle est la portée moyenne de ce fusil?

1964. Avec des vins à 60 c., à 75 c., à 1 fr. 20 c. le litre, on veut faire un mélange qu'on vendra 90 c.; combien y mettra-t-on de litres de chaque espèce?

1965. Un volume de 590 litres de l'air que nous respirons contient 125^L,2 d'*oxygène* et 466^L,9 d'*azote*; dans quelle proportion en volume ces gaz sont-ils mélangés pour la composition de l'air?

1966. Pour déterminer la portée d'une pièce de canon, on a tiré 5 coups de suite : la 1re fois, le résultat a été de 612M, la 2e, la 3e, la 4e et la 5e fois, on a obtenu successivement 635, 628, 647 et 638M; quelle est la portée moyenne de cette pièce?

1967. On a fait un payement de 210 fr. avec un nombre égal de pièces de 2 fr. et de 5 fr.; combien en a-t-on donné de chaque espèce?

1968. Dans quelle proportion doit-on mélanger des avoines à 12 et 15 fr. l'hectolitre, pour que l'hectolitre du mélange se vende 13 fr.?

1969. On a mélangé 85 hectol. d'orge à 13 fr. avec 122 hectol. de froment à 17 fr. 50 c., et 33 hectol. de seigle à 11 fr.; combien vaut l'hectolitre du mélange?

1970. Trois pièces de vin contenant l'une 230 litres à 60 c., la 2e 215 litres à 45 c., la 3e 175 litres à 90 c., on mélange tous ces vins avec 75 litres d'eau; à combien reviendra le litre du mélange?

1971. On a du vin à 75 c., on veut mettre à 60 c. le litre les 180 litres restants et gagner 15 fr. sur ce prix; quelle quantité d'eau doit-on y ajouter?

1972. Un kilog. d'air est composé de 77 décag. d'*azote* et 23 décag. d'*oxygène*; quelles sont en poids les parties d'oxygène et d'azote mélangées dans 345 kilog. d'air?

1973. On paye 302 fr. 50 c. avec un nombre égal de pièces de 20 fr., de 5 fr., de 2 fr. et de 0 fr. 50 c.; combien en a-t-on donné de chaque espèce?

1974. On a mélangé 116 hectol. de vins à 25 et à 33 fr. l'hect. : le mélange vaut 31 fr. l'hectol.; combien contient-il d'hectol. de chaque espèce?

1975. On a mélangé parties égales de diverses qualités de riz : l'une à 0 fr. 70 c., l'autre à 0 fr. 60 c., la 3e à 0 fr. 50 c., la 4e à 0 fr. 40 c. le kilog.; combien vaudra le kilog. du mélange?

1976. Avec 45 litres d'eau-de-vie à 1 fr. 15 c. et 45 kilog. de cerises à 35 c. le kilog., on a fait 90 litres de cerises à l'eau-de-vie ; combien devra-t-on vendre le litre pour gagner 72 fr. ?

1977. On a mélangé 100 kilog. de riz à 0,45 et à 0,60 c., et fixé le prix du mélange à 0,50 c. ; combien en a-t-on mélangé de chaque espèce ?

1978. Un ouvrier a gagné en *cinq* jours : 1° 10 fr. 50 c. ; 2°, 8 fr. 25 c. ; 3°, 9 fr. 15 c. ; 4°, 11 fr. 25 c. ; 5°, enfin, 12 fr. ; combien en moyenne a-t-il gagné par jour ?

1979. On a composé 45 décal. de lentilles avec 15 décal. à 3 fr. 50, 12 décal. à 4 fr. et 18 décal. à 3 fr. 15 ; on veut gagner sur ce mélange 75 c. par décal. ; combien doit-on vendre le décalitre du mélange ?

1980. Un marchand veut vendre 75 c. le litre 500 litres de vins provenant d'un mélange de vins à 55 c., à 65 c., et à 90 c. le litre ; de quelle quantité de chaque sorte de vin est composé ce mélange ?

1981. On a acheté chez un épicier 15 kilog. de sucre et 12 kilog. de bougie pour 64 fr. 80 c. ; une autre fois, on a acheté 9 kilog. de sucre et 5 de bougies de même qualité, pour 32 fr 85 c. ; quels sont les prix du kilog. de sucre, du kilog. de bougie ?

1982. Un fermier a du blé à 35, à 30 et à 26 fr. l'hectol. ; un acquéreur en prend 150 hectol. pour 4 500 fr. ; combien d'hectol. de chaque prix a-t-il choisi.

1983. On a payé 1 785 fr. une caisse de thé en contenant 135 kilog. à 15 fr. et 12 fr. le kilog. ; combien contient-elle de kilog. de chaque prix ?

Alliages.

1984. On fait fondre ensemble deux lingots d'argent du poids de 25 kilog. ; l'un est à 0,7 de fin, l'autre à 0,85 ; quel sera le titre de l'alliage, le 1er lingot pesant 15 kilog. ?

1985. Les plombiers emploient, pour souder, un alliage contenant 2 parties de *plomb* et 1 partie d'*étain* : combien entre-t-il de chacun de ces métaux dans un barreau de soudure du poids de 735 grammes ?

1986. Un alliage est composé de 7 hectog. d'*or* à 3 fr. le gramme, de 12 hectog. d'*argent* à 1 fr. 50 c. le décag., et de 4 hectog. de *cuivre* à 35 c. l'hectog. ; quelle est la valeur du décag. d'alliage ?

1987. Un faux monnayeur a employé pour sa monnaie un alliage de *cuivre* d'argent, de *plomb* et d'*étain* ; le lingot de cet alliage contient 0,345 décag. d'argent fin, 135 de cuivre, 652 de plomb et 128 d'étain ; quel est le titre de l'argent de ce lingot ?

1988. Le métal de cloche est formé d'un alliage de 3,5 parties de *cuivre* contre 1 partie d'*étain* ; quelle est la quantité de chacun de ces métaux contenue dans une cloche de 1 200 kilog. ?

1989. Le *maillechort*, alliage de *cuivre*, de *zinc* et de *nickel*, contient 2 parties de cuivre, 1 de nickel et 1 de zinc ; combien un lingot de 152 kilog. de cet alliage contient-il de chacun de ces métaux ?

1990. On emploie pour clicher les médailles un alliage composé de 8 parties de *bismuth*, de 5 de *plomb* et de 3 d'*étain* ; combien un lingot de 320 décag. de cet alliage contient-il de chacun de ces trois métaux ?

1991. L'*airain* ou *bronze* est un alliage de 10 parties de *cuivre* et de 1 partie d'*étain* ; combien faudra-t-il employer de l'un et de l'autre de ces métaux pour couler une pièce de canon du poids de 550 kilog. ?

1992. Un bijoutier a de l'or aux titres de 0,920 millièmes et à 760 ; il lui en faut 75 grammes 0,840 millièmes ; combien doit-il fondre de l'une et de l'autre de ces deux qualités ?

1993. On a employé pour une médaille 345 décag. d'alliage (V. probl. 1971); le *bismuth* coûte 7 fr. 50. le kilog., le *plomb* 0 fr. 75 c. et l'*étain* 2 fr. 40 c.; quel est le prix de l'alliage employé?

Échanges.

1994. On veut donner un certain nombre de kilog. de chocolat à 4 fr. 75 c. le kilog. contre 35 kilog. de dragées à 8 fr. 50 c. le kilog.; combien devra-t-on donner de kilog. de chocolat?

1995. Un épicier a cédé à l'un de ses confrères du sucre à 1 fr. 80 c. le kilog. contre 75 kilog. de café à 2 fr. 25 c.; combien a-t-il donné de sucre?

1996. Un marchand de drap veut échanger 25 mètres de drap à 22 fr. le mètre contre de la toile 7 fr. 50. c.; combien devra-t-on lui donner de mètres de toile?

1997. Un négociant a donné 150 mètres de calicot à 75 c. en échange de 32 mètres de toile à 2 fr. 75 c.; combien a-t-il gagné ou perdu à cet échange?

1998. Un individu veut échanger une propriété évaluée 17 500 fr. contre une autre de 12 000 fr. dont on a augmenté la valeur de 1 200 fr. en vue de cet échange; de combien doit-il augmenter la valeur de la sienne pour ne pas perdre à l'échange?

1999. Deux particuliers font un échange de vin: l'un offre 60 bouteilles de *bordeaux* à 2 fr. 50 c. la bouteille contre du *chambertin* à 3 fr. 75 c.; combien devra-t-on lui donner de chambertin?

2000. Un marchand de vin échange une pièce de vin de la contenance de 230 litres contre une autre pièce de vin qui ne contient que 180 litres et qui vaut comme la première 220 fr.; combien coûte le litre de chaque qualité de vin? Quel est l'excès du prix de l'un sur celui de l'autre?

RÉCAPITULATION GÉNÉRALE [1]

2001. Un jardinier doit arroser, un à un, 60 pieds d'arbres plantés en ligne droite, distants l'un de l'autre de 4 mètres, et la source où il faut puiser l'eau se trouve à 10 mètres du 1er arbre. On demande combien il a de mètres à parcourir pour faire son ouvrage.

SOLUTION. Il est clair que, pour arroser le 1er arbre, il doit parcourir 2 fois la distance qui le sépare du lieu où il puise l'eau, c'est-à-dire $10^m \times 2$ ou 20^m; que pour arroser le 2e, il parcourra ces 20^m et 2 fois la distance qui sépare les arbres, ou $20 + 8 = 28^m$; pour le 3e, $28 + 8 = 36^m$, et qu'après les avoir arrosés tous, il aura parcouru un nombre de mètres exprimé par la somme des termes d'une progression arithmétique ayant 20 pour premier terme et pour dernier $20 + 8 \times 59 = 20 + 472 = 492$, dont le rang est désigné par 60. Cette somme est $(20 + 492) \times 30 = 512 \times 30 = 15\,360$; ainsi le jardinier parcourra $15\,360^m$ pour exécuter son ouvrage.

2002. Un peintre possède 8 tableaux qu'il veut vendre à raison de 150 fr. pièce; on lui offre de les prendre tous en payant 5 fr. le moins beau, 10 fr. le suivant, et en doublant ainsi le prix de chacun des autres jusqu'au dernier; quelle est la vente qui lui serait la plus avantageuse?

SOLUTION. D'abord, il est clair que le peintre veut avoir 150 fr. $\times$ 8 ou 1 200 fr. de ses 8 tableaux. Maintenant il s'agit de savoir combien il en retirerait d'après l'offre qui lui est faite. Or, pour cela, il suffit de calculer la somme des termes d'une progression par quotient, dont le nombre des termes égale 8, le premier 5, et la raison 2. Or, cette somme égale $5\, \dfrac{5 \times 2^8 - 5}{2 - 1} = 5 \times 256 - 5$

---

(1) La plus grande partie des problèmes qui vont suivre pouvant être résolus, soit par les méthodes ordinaires, soit à l'aide des logarithmes, nous engageons les élèves à employer l'un et l'autre moyen.

= 1 275. Il en résulte que le peintre gagnerait 75 fr. dans le second cas : l'offre lui est donc plus avantageuse que le prix qu'il en exige.

2003. Lorsque Sissa eut inventé le jeu des échecs, Sirham, roi des Indes, en fut si satisfait, qu'il lui offrit pour récompense tout ce qu'il pourrait désirer. Le philosophe ingénieux demanda seulement 1 grain de blé pour la 1re case de l'échiquier, 2 grains pour la seconde, 4 pour la 3e, et ainsi de suite, en doublant toujours jusqu'à la 64e et dernière case. Le roi, d'abord scandalisé d'une demande qui lui semblait si peu digne de sa munificence, gratifia autrement Sissa, quand il connut la solution de ce problème. On propose donc de découvrir combien de grains de blé il aurait fallu lui donner.

SOLUTION. Le nombre des grains de blé est évidemment la somme des termes d'une progression géométrique dans laquelle le premier terme est 1, la raison 2, et le nombre des termes 64. Or, cette somme égale $\frac{2^{64}-1}{2-1} = 2^{64} - 1 = 18446744073709551615$.

On voit que toute l'opération consiste à retrancher 1 de la 64e puissance de 2. Pour arriver plus promptement à cette puissance de 2, on peut calculer d'abord sa 8e puissance, puis former encore la 8e puissance du résultat obtenu, ce qui donnera la 64e puissance de 2.

2004. Une personne a placé 8 000 fr. pour 6 ans; le taux annuel est convenu à 5 p. 100, intérêt composé; on demande ce qu'elle touchera, tant en principal qu'en intérêts, lors du remboursement.

SOLUTION. Il est clair qu'à ce taux, un capital de 100 fr., augmenté de ses intérêts, s'élèvera à 105 fr. ou 100. (1,05) après un an. Maintenant, pour connaître la somme due à la fin de la 2e année, on fera la proportion 100 : 100. (1,05) :: 100. (1,05) : x; ce 4e terme, qui égale 100. (1,05)², est le capital de la 3e année, on trouverait de même que la somme due à la fin de cette 3e année égale 100. (1,05)³; et qu'au bout de 6 ans, elle s'élève à 100. (1,05)⁶.

Mais 8 000 fr. sont 80 fois plus grands que 100 fr.; la somme x, qu'on doit retirer après 6 ans, équivaut donc à $80 . 100 . (1,05)^6 = 8\,000 . (1,05)^6$.

Opérant par logarithmes, on trouve log. $x =$ log $8\,000 + 6$ log. $1,05 = 3,90\,809 + 0,12\,714 = 4,03\,203$, et enfin $x = 10\,720$ fr.

Remarque. Si au lieu de 6 ans la somme était restée 6 ans 7 mois, alors on aurait eu pour ce temps $x = 8\,000 . (1,05)^{6 + \frac{7}{12}}$ ou $x = 8\,000 . (1,05)^{6,58}$; d'où log. $x =$ log. $8\,000 + (6 + \frac{7}{12}$ log. $1,05 = 3,90\,309 + 0,13\,950 = 4,4\,259$, et enfin $x = 11\,038$ fr.

2605. D'un baril contenant 100 litres de vin on tire tous les jours un litre qu'on remplace par un litre d'eau; combien de fois faudra-t-il répéter cette opération pour que le vin soit réduit à un quart?

Solution. Le vin diminuant d'un centième chaque fois, les nombres qui expriment les quantités de vin qui restent successivement dans le tonneau, forment une progression géométrique décroissante, dont le premier terme est 100, le second 99, le dernier $\frac{1}{4}$ de 100^{L} ou 25^{L}, et la raison $\frac{100}{99}$.

Or, les 25 litres de vin qui doivent rester dans le baril après la dernière opération étant précisément la valeur du dernier terme de cette progression, dont le nombre des termes surpasse évidemment d'une unité celui des opérations à effectuer avant de l'obtenir, en désignant ce dernier nombre par x, on aura pour le déterminer $100 : (\frac{100}{99})^x = 25$, ou $25 \times (\frac{100}{99})^x = 100$ (1), ou $25 . (1,0\,101)^x = 100$. De là, log. $25 + x$ log. $1,0\,101 =$ log. 100, ou x log. $1,0\,101 =$ log. $100 - 25$, et, divisant par log. $1,0\,101$,

$$x = \frac{\log . 100 - \log . 25}{\log . 1\,0101} = \frac{0,60\,206}{0,00\,436} = 138,08.$$ Ce qui apprend qu'il faudra tirer environ 138 fois.

2606. Un particulier emprunte 6 000 fr. à 5 p. 100, intérêts composés, et s'engage a les rembourser en payant chaque année une somme de 1 000 fr.; pen-

---

(1) Cette seconde expression s'obtient en multipliant la première par la division $(\frac{100}{99})^2$. On fait ce changement afin d'éviter la division de deux logarithmes négatifs, qui conduirait à la vérité au même résultat, mais dont la démonstration appartient à l'algèbre.

dant combien de temps payera-t-il cette annuité pour éteindre à la fois le capital et les intérêts?

Solution. Soit x le temps qu'il mettra à s'acquitter, et cherchons, d'une part, à combien s'élèvera sa dette après ce temps; de l'autre, quelle sera la valeur des payements effectués, y compris les intérêts.

D'abord le capital 6'000 fr., avec les intérêts composés à 5 p. 100 calculés pour x années, s'élèvera à $6\,000.(1,05)^x$; c'est toute la dette du débiteur.

En second lieu, les premiers 1 000 fr. versés un an après l'emprunt, ou $x - 1$ ans avant l'échéance du dernier payement, doivent valoir des intérêts au débiteur pendant ces $x - 1$ années, et conséquemment élever le capital remboursé à $1\,000.(1,05)^{x-1}$; de même son 2ᵉ versement doit lui compter pour $1\,000.(1,05)^{x-2}$; son 3ᵉ, pour $1\,000.(105)^{x-3}$, et ainsi des autres jusqu'au dernier, qui ne vaut que 1 000 fr. Toutes ces valeurs $1\,000.(1,05^{x-1}$, $1\,000.(1,05)^{x-2}$, $1\,000.(1,05)^{x-3}$......, $1\,000.(1,05)^2$, $1\,000.(1,05)$ et 1 000 considérées dans un ordre rétrograde, forment visiblement entre elles une progression croissante par quotient, dont le premier terme est 1 000, la raison 1,05, le nombre des termes x, et dont la somme des termes qui s'exprime par $\dfrac{1\,000.(1\,05)^x - 1\,000}{1,05 - 1}$.

ou $\dfrac{1\,000.(1,05)^x - 1\,000}{0,05}$, ou $\dfrac{(0,5)^x - 1}{0,00\,005}$, représente la totalité des capitaux et des intérêts qu'il a versés.

Or, cette somme doit nécessairement égaler la dette que l'on vient de calculer, sans quoi elle ne l'éteindrait pas; il faut donc qu'on ait $\dfrac{(1,05)^x - 1}{0,00\,005} = 6\,000.(1,05)x$. Cette expression étant multipliée par $0,00\,005$, se change en $(1,05)^x - 1 = 03.(1,05^x$; puis, en ôtant de chaque côté $0,3.(1,05)^x$, et y ajoutant 1, elle devient $0,7.(1,05)^x = 1$.

Alors, prenant les logarithmes pour avoir x, il en résulte $\log\ 0,7 + x \log. 1,05 = \log. 1$; d'où $x \log. 1,05 = \log. 1 - \log. 0,7 = \log. 0,7$, et enfin $x = \dfrac{-\log. 0.7}{\log. 1,05} = \dfrac{-(-0,15,490)}{0,02\,119} = \dfrac{0,15\,490}{0,02\,119} = 7^{ans}\ 3^m\ 21^j$. Ainsi, l'emprunteur devra payer l'annuité pendant 7 ans 3 mois et 21 jours.

2607. Un négociant a acheté 1 500 litres de vin à

0 fr. 35 c., il a revendu le tout pour 750 fr. ; combien a-t-il vendu le litre, qu'a-t-il gagné sur le tout ?

2008. La somme de *trois* nombres consécutifs est 378 ; quels sont ces *trois* nombres ?

2009. Un tapissier a vendu 12 chaises à 36 fr. l'une, 8 fauteuils pour 480 fr., 5 glaces pour 1 400 fr. et 15 paires de rideaux à 35 fr. l'une ; quels ont été le montant de sa vente, le prix d'une glace, d'un fauteuil ?

2010. Un marchand de chevaux a fourni pour une remonte 1 925 chevaux d'artillerie au prix de 480 fr., 2 190 chevaux de grosse cavalerie pour 1 095 000 fr. ; il a gagné sur cette fourniture 123 450 fr. ; quel était le prix d'un cheval de cavalerie ; combien a-t-il gagné par tête de cheval ?

2011. Un commis dans un magasin a une remise de 1 fr. 50 c. p. 100 sur la vente d'étoffes dont on veut se débarrasser ; il a vendu dans une journée 136 mètres de l'une à 1 fr. 75 c., 760 mètres d'une autre pour 1 900 fr. ; combien a-t-il vendu le mètre de cette dernière étoffe ? Qu'a-t-il gagné ?

2012. Un négociant a acheté 45 pièces de velours de 16 mètres chacune pour 7 200 fr. ; il a revendu ce velours à raison de 12 fr. le mètre ; pour combien a-t-il acheté et vendu, quel a été son bénéfice total, par mètre ?

2013. On a acheté pour 175 000 fr. une propriété qui produit un revenu net de 7 437 fr. 50 c. ; à quel taux l'acquéreur a-t-il placé son argent ?

2014. Un joueur entre au jeu avec 280 fr. en pièces de 20 fr., 8 pièces de 5 fr., 15 de 0,25 ; il en sort avec 17 pièces de 50 c., 12 de 5 fr. et 360 fr. en or ; combien avait-il de pièces d'or en entrant au jeu, en le quittant ? Qu'a-t-il gagné ?

2015. Un négociant a acheté 75 balles de café de

52 kilog. chacune à 2 fr. 75 c. le kilog. : le lendemain, il en achète encore 55 balles de même qualité qu'il paye 8294 fr. ; combien a-t-il perdu à ne pas avoir acheté tout le même jour ? Que gagnera-t-il en revendant le tout à 3 fr. 20 c. le kilog. ?

2016. Un convoi de Paris à Corbeil contient pour cette ville 78 voyageurs de 1re classe payant chacun 3 fr., 145 de 2e classe payant chacun 2 fr. 40 c.; enfin ceux des 3es, au nombre de 251, ont versé en tout 401 fr. 60 c.; combien ce convoi a-t-il rapporté ? Quel est le prix d'une place de 3e ?

2017. 25 chasseurs, allant de Paris à Étampes par le chemin de fer, ont payé 108 fr. 75 c. pour leurs places dans les 2es; quel est le prix d'une place de 2e de Paris à Étampes ?

2018. Un marchand de bœufs, conduisant par le chemin de fer d'*Orléans* à *Paris* 115 bœufs, a payé 718 fr. 75 c. ; combien a-t-il payé pour un seul ?

2019. Un marchand conduisant des chevaux de *Paris* à *Bourges*, par le chemin de fer, a payé pour leur transport, à raison de 50 fr. 40 c. par tête, 4260 fr. ; combien en avait-il ?

2020. Un certain nombre de voyageurs partant ensemble de *Paris* pour *Amiens*, et payant pour tous à raison de 47 fr. 10 c. par place, aller et retour, 4026 fr.; combien étaient-ils ?

2021. On a distribué à 4500 soldats 30 000 cartouches ; combien chacun en a-t-il reçu ? ils en ont brûlé les $\frac{3}{4}$; combien en reste-t-il à chacun ?

2022. Chaque volume d'une bibliothèque évaluée à 16 250 fr. est estimé 6 fr. 50 c.; quel est le nombre de ces volumes ?

2023. 125 ouvriers doivent se partager une gratification de 4875 fr.; combien chacun recevra-t-il ?

2024. On a acheté 1285 litres d'eau-de-vie à

1 fr. 15 c. le litre; combien doit-on la vendre le litre pour gagner sur le tout 449 fr. 75 c. ?

2025. Deux négociants font un échange : le 1er donne au 2e 2 050 litres de vin à 80 c. et 260 fr. argent; celui-ci lui rend 1 200 litres de liqueurs; quel était le prix du litre de liqueur?

2026. La somme des trois angles d'un triangle est de 180 degrés; l'un de ces angles est de 48°45′39″, un 2e est de 46°58′35″; quel est le 3e?

2027. On a acheté 100 litres de vin à 12 fr. le décal.; on a revendu le tout pour 145 fr.; combien a-t-on gagné?

2028. On a distribué entre plusieurs enfants un panier de 225 oranges; chacun d'eux en a reçu 9; s'ils avaient été 20 de plus, combien chacun en aurait-il reçu?

2029. *Trois* copistes ont copié 72 pages d'un manuscrit en 8 heures; combien 7 copistes en auraient-ils copié de pages en 6 heures?

2030. On emploie pour tapisser une chambre 7 rouleaux de papier gris ayant 0m70 de largeur; le papier peint n'en a que 0m60; combien en emploiera-t-on de rouleaux?

2031. Un négociant a acheté 1 500 bouteilles de champagne à 1 fr. 40 c.; il veut gagner sur cet achat 20 p. 100; combien devra-t-il vendre la bouteille?

2032. *Cinq* douzaines de mouchoirs ont coûté 55 fr.; combien auraient coûté 12 douzaines de ces mouchoirs?

2033. On propose de partager 72 fr. entre *deux* personnes, de manière que l'une reçoive 5 fois autant que l'autre.

2034. Partager 30 000 fr. entre *trois* personnes avec cette condition que la 2e en aura *quatre fois* autant que la 1re, la 3e devant recevoir autant que les 2 autres.

2035. Un père de famille laisse à ses *trois* fils une somme de 15 000 fr. qu'ils doivent se partager proportionnellement au nombre des enfants de chacun d'eux : l'un deux en a 5, le 2e en a 3, le 3e en a 2; combien chacun devra-t-il en recevoir?

2036. Un père a 35 ans, et son fils le *cinquième* de son âge; quand en aura-t-il la *moitié?*

2037. On veut changer une pièce de 40 fr. contre 15 pièces de monnaie de 5 fr., de 2 fr. et de 1 fr.; combien en recevra-t-on de chaque espèce?

2038. Un négociant avait acheté une partie de 850 mètres de toile à 3 fr. 25 c., et une partie de 1 200 mètres d'indienne à 1 fr. 15 c. le mètre; il a revendu le tout pour la somme de 4 500 fr.; quel a été son bénéfice?

2039. Un négociant vend à 15 p. 100 de perte sur le prix de revient 1 500 mètres de soieries lui coûtant 3 fr. 75 c. le mètre, et 12 pièces de drap chacune de 25 mètres achetées 15 fr. le mètre? quelle perte a-t-il faite sur cette vente?

2040. Dans une division, on a pour dividende 53 602, pour quotient 435 et pour dernier reste 97; quel est le diviseur?

2041. On a embarqué à bord d'un navire pour 50 000 fr. de marchandises, lesquelles ont été assurées moyennant une prime de 15 p. 100; le navire étant arrivé sans avaries, combien l'assureur doit-il toucher pour sa prime d'assurance?

2042. Un particulier veut, pour payer une certaine somme, la demander à plusieurs de ses débiteurs; s'il réclame à chacun d'eux 300 fr., il aura 150 fr. de moins qu'il ne lui faut; s'il demande 50 fr. de plus à chacun, il aura alors 150 fr. de trop; à combien de

débiteurs a-t-il recours? Quelle somme lui faut-il ?
Que doit-il demander à chacun ?

2043. Un père de famille a 12 ans de plus que sa
femme, qui elle-même a 5 fois l'âge actuel de son
fils, dont l'âge est exactement le 7ᵉ de celui du père ;
quels sont ces *trois* âges?

2044. Un écolier pose à un autre cette question :
Si je multiplie par 5 l'âge de mon frère, que je divise
par 3 ce produit et que j'augmente de 5 le quotient,
j'aurai deux fois cet âge ; quel est-il ?

2045. Un joueur interrogé sur son gain de la soirée,
répond : Divisez ce gain par 14, ajoutez 15 au quotient et multipliez le résultat par 5, vous aurez pour
produit les $\frac{4}{7}$ de la somme cherchée ; quelle est cette
somme?

2046. *Deux* voyageurs suivant la même direction
sont partis du même lieu à 9 jours de distance : le premier parti fait en 3 jours 5 kilomètres de moins que le
second, qui en fait 12 par jour ; à quelle distance du
point de départ se rejoindront-ils?

2047. On fait partir un courrier faisant 12 kilomètres à l'heure pour porter une dépêche ; 3 heures
après son départ, on expédie un autre courrier faisant 15 kilomètres à l'heure vers le même lieu, avec
une dépêche modifiée : ce courrier arrive à 15 kilomètres de la destination commune en même temps
que le 1ᵉʳ ; combien d'heures a-t-il marché? Quelle distance ces courriers avaient-ils à parcourir ?

2048. *Trois* fontaines fournissent, l'une 3 litres
d'eau en 5 minutes, la 2ᵉ 15 litres en 7 minutes, et
la 3ᵉ 9 litres en 3 minutes ; combien fournissent-elles
d'hectolitres par heure, en coulant toutes ensemble ?

2049. La somme de *trois* nombres est 1 005 ; les
différences du plus grand avec chacun des *deux* autres
sont 118 et 182 ; quels sont ces *trois* nombres?

2050. De *deux* nombres dont la somme est 66, l'un est 10 fois plus grand que l'autre; quels sont-ils?

2051. *Deux* courriers partent, l'un de *Paris* pour *Besançon*, l'autre de cette ville pour Paris; le 1ᵉʳ fait 16 kilomètres à l'heure, le 2ᵉ n'en fait que 14; à quelle distance de Paris aura lieu leur rencontre? (Paris est à 400 kilom. de Besançon.)

2052. Une maîtresse de pension veut acheter un certain nombre de couronnes pour sa distribution de prix : elle en choisit de plusieurs espèces; si elle en prend 12 de chaque espèce, elle en aura 3 de trop; combien lui faut-il de couronnes? Combien devra-t-elle en prendre de chaque espèce?

2053. Une laitière apporte au marché 75 litres de lait qu'elle doit vendre 25 c. le litre; mais un accident lui en fait verser 15 litres en route; combien doit-elle vendre le litre de ce qui lui reste pour ne rien perdre?

2054. Un marchand d'œufs en apporte au marché 25 douzaines, qu'il doit vendre au prix de 75 c. l'une. Dans son trajet, il casse 18 œufs; combien doit-il vendre la douzaine de ce qui lui reste pour ne rien perdre?

2055. Un nombre divisé par 5 donne pour reste 4 : si on l'augmente de 44 il devient exactement divisible par 12, le quotient est 5; quel est ce nombre?

2056. Un écolier, interrogé en *juin* sur la date actuelle du mois, répond : Si au nombre de jours déjà écoulés vous ajoutez le *quart* des jours qui doivent s'écouler encore, vous obtiendrez un nombre *triple* de la date cherchée; quelle est-elle?

2057. Un nombre est composé de deux chiffres; le produit des dizaines par les unités est 24, et celui des dizaines excède l'autre de 5; quel est ce nombre?

2058. L'entretien de 75 élèves dans un pensionnat coûte, pour 15 jours, 1275 fr.; à combien montera cette dépense en 45 jours, le nombre des élèves étant diminué de 15?

2059. Le reste d'une division est de 154, le quotient est 357, et le diviseur 222; quel en est le dividende?

2060. Une rame de papier de 8 kilog. s'est vendue 12 fr.; à combien revient le kilog. de ce papier?

2061. Un nombre diminué de 35 et divisé par 27 donne 42 pour quotient; quel est-il?

2062. Un joueur ayant gagné une certaine somme, en donne *un cinquième* pour une œuvre de bienfaisance; il lui reste 232 fr.; quelle somme a-t-il gagnée?

2063. On a payé une somme de 120 fr. avec un nombre égal de pièces de 5 fr., de 2 fr. et de 1 fr.; combien en a-t-on donné, en tout, de chaque espèce?

2064. Un ouvrage de 15 volumes coûte 112 fr. 50 c., l'éditeur accorde à l'acheteur une remise de 37 fr. 50 c.; à combien lui revient le volume? Quel en devait être le prix sans remise?

2065. On a acheté 135 mètres de toile pour 405 fr.; combien auraient coûté 500 mètres de cette toile?

2066. 15 ouvriers ont fait en 10 jours 378 mètres de toile; en combien de jours 7 ouvriers les auraient-ils confectionnés?

2067. La valeur du *florin de Hollande* est de 2 fr. 10 c.; quelle est celle de 275 florins?

2068. Un marchand de vin en a acheté 15 pièces à 78 fr. l'une : il en a cédé 6 pour 440 fr.; combien doit-il vendre chacune des autres pièces pour ne pas perdre sur son achat?

2069. La nourriture de 5 chevaux coûte par jour 11 fr. 25 c.; à combien reviendrait, pour 15 jours, celle de 35 chevaux?

2070. Si les élèves d'un instituteur lui donnaient 2 fr. 25 c. par mois, son traitement annuel serait plus fort qu'il ne l'est de 150 fr.; si, au contraire, ils ne lui donnaient que 1 fr. 75, il serait moins fort de 150 fr.; quels sont le traitement de cet instituteur, le nombre de ses élèves?

2071. Dans une réunion militaire composée de 1 209 personnes, il y a trois fois autant de fantassins que de cavaliers et trois fois autant de ceux-ci que de tirailleurs; combien y a-t-il d'hommes de chaque arme?

2072. Quelle quantité de cuivre devra-t-on extraire d'un lingot formé de 5 kilog. d'argent pur et de 3 kilog. de cuivre pour que l'alliage soit à 9 *dixièmes de fin ?*

2073. On veut convertir en or monnayé une fonte de bijoux contenant 0,75 d'or et pesant 2 kilog. 35; combien devra-t-on y ajouter d'or fin?

2074. 25 *ducats de Hongrie* valent 297 fr. 50 c.; 32 fr. représentent 8 *roubles de Russie;* 130 roubles de Russie valent 25 *frédérics de Prusse;* combien recevra-t-on de frédérics pour 1 560 ducats?

2075. Un marchand a du drap qu'il vend 25 fr. le mètre; il veut en échanger contre de la toile à 2 fr. 25 c., mais le marchand de toile n'estime le drap qu'à 23 fr. 25 c. le mètre; quelle dépréciation faut-il faire subir à la toile avant l'échange?

2076. Un négociant a prêté plusieurs sommes pour des temps inégaux, savoir: 1 200 fr. pour 90 jours, 800 fr. pour 45 jours, et 1 500 fr. pour 25 jours, le tout à 6 p. 100; combien retirera-t-il d'intérêts de ces différents prêts?

2077. Un banquier a fait à une maison de commerce les avances suivantes au taux de 6 p. 100 :

Le 15 octobre	1854,	il a remis	3 000 fr.
Le 9 décembre	*id.*	—	2 350
Le 14 janvier	1855,	—	1 200
Le 12 avril	*id.*	—	4 000

Combien cette maison devait-elle au banquier au 30 septembre 1855, tant en capital qu'en intérêts?

2078. Au 10 janvier 1855, un banquier a avancé 15 000 fr. à un négociant; celui-ci a remboursé, 3 mois après, 3 750 fr., puis, 2 250 fr. au 15 juillet suivant, et enfin 3 000 fr. au 20 octobre; combien doit-il encore le 1er janvier suivant, époque fixée pour le remboursement?

2079. Déterminer au 31 décembre 1855, la position relative de deux maisons de commerce dont la première aurait avancé successivement à la seconde 2 500 fr. au 15 janvier, 1 200 fr. au 10 août et 3 600 fr. au 25 octobre de cette année; celle-ci lui ayant à son tour fait les remises suivantes : 1 800 fr. le 10 mars, 4 500 fr. le 20 juin, 800 fr. le 15 septembre, et 1 500 fr. le 5 décembre de la même année.

2080. Dans une faillite dont le passif s'élève à 48 000 fr., l'actif n'est que de 22 350 fr. ; combien recevra-t-on pour 100 fr.?

2081. Un négociant déclaré en faillite est parvenu, après avoir abandonné tout son avoir, à donner à ses créanciers, dont les créances s'élevaient à 1 275 000 fr., 80 fr. p. 100; à combien s'élevait son actif?

2082. *Trois* chefs de contrebandiers doivent se partager un bénéfice de 175 500 fr. proportionnellement aux hommes employés par chacun d'eux : le 1er avait avec lui 15 hommes, le 2e 22, le 3e 28; quelle doit être la part de chacun?

2083. Dans une faillite dans laquelle on a donné 75 p. 100, un créancier a touché 3 425 fr.; pour quelle somme figurait-il dans la faillite?

2084. Un père laisse en mourant 224 000 fr. à ses *trois* enfants, sous condition que la part du plus jeune sera à celle de l'aîné :: 15 : 12, et à celle du

second :: 18 : 6; quelle somme chaque enfant devra-
t-il toucher?

2085. Un oncle en mourant laisse à sa nièce qui
est enceinte une somme de 170.000 fr., à condition
que si elle accouche d'un garçon elle gardera pour elle
les $\frac{2}{3}$ de la somme; si elle accouche d'une fille, elle
n'en gardera que les $\frac{2}{5}$. Elle met au monde un garçon
et une fille; comment devra-t-on partager la somme
pour satisfaire à ces conditions?

2086. *Deux* joueurs ont ensemble 147 fr. : l'un
d'eux perd le *cinquième* de ce qu'il possède; l'autre en
perd les $\frac{2}{3}$; ils ont perdu en tout 35 fr.; combien chacun avait-il?

2087. On a partagé entre *quatre* personnes une
somme de 1.800 fr. : l'une d'elles a eu les $\frac{2}{5}$ de ce qu'a
reçu la 1re; celle-ci a touché les $\frac{3}{4}$ de la 3e, la 4e a reçu
le *tiers* de ce qu'ont eu les *trois* autres; quelle a été la
part de chacune?

2088. Une règle a une longueur de 1^{m}269 : on
veut couvrir cette longueur avec 39 pièces de monnaie de 20 fr., de 40 fr. et de 5 fr.; combien devra-
t-on employer de chacune de ces pièces, leurs diamè-
tres respectifs étant 0^{m},021, 0^{m},026 et 0^{m},037?

2089. En multipliant par lui-même le cube d'un
nombre, on obtient 4.096 pour résultat; quel est ce
nombre?

2090. Un père interrogé sur l'âge de ses *trois* fils
répond : Les *deux* aînés ont le même âge; le produit
du carré de cet âge par celui du plus jeune est 147; la
somme des trois réunis est 17; quel est l'âge de
chacun?

2091. Le nombre des oranges partagées entre
plusieurs enfants est 36; chacun d'eux en a reçu autant qu'ils sont d'enfants; combien chacun en a-t-il
reçu?

2092. La différence entre deux nombres est 15 ; le produit de ces deux nombres est 544 ; quels sont ces nombres ?

2093. Un père de famille, interrogé sur son âge, répond : Le carré de mes années est égal à la somme des carrés des âges de mon fils et de ma femme diminuée de l'âge qu'avait cette dernière il y a *huit* ans. La somme de leurs âges est 47, leur différence est 17 ; quel était l'âge du père ?

2094. *Deux* nombres sont tels que la somme et la différence de leurs carrés sont respectivement 225 et 93 ; quels sont-ils ?

2095. *Deux* joueurs, en entrant au jeu, ont, le premier 2 fois autant de pièces d'or que le second en a de fois 6. En multipliant entre eux les nombres qui représentent ces pièces, on a pour produit 648 ; combien chaque joueur a-t-il de pièces ?

2096. Un mathématicien, interrogé sur son âge, répond : Augmentez et diminuez successivement mon âge actuel de 73 ; le produit de ces deux résultats sera 3 565 ; quel était cet âge ?

2097. Les côtés d'un terrain rectangulaire sont 18 mètres et 8 mètres ; quel serait le côté d'un terrain carré de la même surface ?

2098. Quel serait le côté du carré dont la surface serait exprimée par le quotient de la division des nombres 1 575 et 7 ?

2099. Un négociant a vendu dans une journée un nombre de mètres d'étoffe dont le carré est exprimé par le produit des nombres 49 et 36 ; combien en a-t-il vendu ?

2100. La surface d'un cercle est représentée en mètres carrés par le nombre 282, 4 696 ; quel est son rayon ?

2101. Déterminez le diamètre d'une sphère dont

la surface convexe est exprimée en mètres carrés par le nombre 314,16.

2102. La somme de *deux* nombres est 24. Si l'on divise cette somme par l'un des *deux* nombres, le quotient augmenté de 5 est la *moitié* de l'autre; quels sont ces nombres?

2103. La somme de *deux* nombres est 36; le quotient de la division de ces nombres est 2; quels sont ces *deux* nombres?

2104. Quel est le nombre qui, multiplié par lui-même, a donné 2 809 pour produit?

2105. Déterminer le nombre qui, multiplié 2 fois par lui-même, a donné pour produit 35 937.

2106. Le carré d'un nombre multiplié par lui-même donne pour produit 104 976; quel est ce nombre?

2107. On a des caisses d'oranges contenant chacune le même nombre de ces fruits, dont chacun coûte un nombre de centimes égal au nombre des caisses, qui toutes ensemble reviennent à 1 663 fr. 75 c,; quel est le prix d'une orange? Combien y en a-t-il dans une caisse? Combien y en a-t-il de caisses?

2108. Pendant un nombre de jours égal au nombre de francs que coûte un mètre de drap, on a vendu chaque jour un nombre de mètres égal à celui des jours de vente. Cette vente a produit une somme de 29 791 fr.; quels sont le prix du mètre de drap, le nombre des jours de vente, celui des mètres vendus?

2109. On a *deux* nombres, dont l'un est 35; la somme des cubes de ces nombres est 47 778; quel est le second?

2110. La différence de *deux* nombres est 35; la somme de ces nombres élevée au cube a donné pour résultat 226 981; quels sont-ils?

2111. Un réservoir de forme cubique contient

27 mètres cubes d'eau ; quelles sont ses dimensions ?

2112. La solidité d'une sphère est de 143 mètres cubes 097 600; quelle est la longueur de son rayon?

2113. Le volume d'un cône tronqué est de 157 mètres cubes 921; quel serait le rayon de la sphère d'un volume équivalent?

2114. Un bloc de marbre équarri a 2 mètres de haut, 4 de large et 8 de long ; quel serait le côté d'un bloc de même volume et de forme cubique ?

2115. On propose de partager le nombre 75 en deux parties telles que la différence de leurs cubes soit 81 871.

2116. Trouver une moyenne proportionnelle entre les nombres 4 et 36.

2117. Partager le nombre 24 en *deux* parties telles que la somme de leurs cubes soit 1 728, et celle de leurs carrés 225.

2118. Un père donne à son fils 1 fr. 25. pour avoir obtenu la 1re place et lui promet d'augmenter successivement cette somme de 25 c. chaque fois qu'il obtiendra cette place. L'élève l'a obtenue 22 fois dans l'année; combien a-t-il reçu?

2119. Un chasseur a tué une première fois 22 pièces de gibier; chaque fois qu'il est allé chasser, il a tué deux pièces de moins que la fois précédente, en sorte qu'à la fermeture de la chasse il avait tué en tout 126 pièces de gibier; combien de fois était-il allé chasser?

2120. Un père, interrogé sur la somme dépensée pour l'éducation de son fils, depuis l'âge de 10 ans jusqu'à l'âge de 20 ans, répond : La pension de mon fils m'a coûté pour la 1re année, tous frais compris, 750 fr.; chaque année, depuis, j'ai dû augmenter de 115 fr. le prix de la précédente; combien avait-il payé en tout après 10 ans?

2121. Un créancier accepte de son débiteur 15 fr. par mois pour l'acquittement de 260 fr.; à condition que chaque mois il augmentera le versement précédent d'une somme invariable, de manière à ce qu'il puisse s'acquitter en 8 payements mensuels; de combien doit-il augmenter chaque payement successif?

2122. Insérer 8 moyens arithmétiques entre les deux nombres 8 et 64.

2123. Un ouvrier met de côté la 1re semaine 1 fr. 50 c., et économise chaque semaine 15 c. de plus que la semaine précédente; combien aura-t-il économisé après 52 semaines?

2124. Un domestique est entré dans une maison à 200 fr. par an, à condition que son gage augmenterait chaque année de 75 fr.; il s'élève actuellement à 725 fr.; depuis combien d'années est-il au service dans cette maison?

2125. Un jardinier pour arroser, un à un, un certain nombre de pieds d'arbres plantés en ligne droite et distants l'un de l'autre de 4 mètres (la source où il revient puiser l'eau pour chaque arbre se trouvant à 10 mètres du 1er arbre), a été obligé de parcourir une distance de 15 360 mètres; combien avait-il d'arbres à arroser?

2126. Un marchand de chevaux veut en vendre 8 à raison de 480 fr. l'un : quelqu'un s'offre à les lui prendre tous en payant 15 fr. le 1er, 30 fr. le 2e, et en doublant ainsi le prix du suivant jusqu'au dernier; combien lui en offre-t-on de moins qu'il ne demande?

2127. Un horloger propose de vendre 12 montres, dont la 1re lui sera payée 5 fr.; ce prix devant être doublé pour la 2e, et ainsi de suite jusqu'à la 12e; combien veut-il les vendre?

2128. Insérer quatre moyens proportionnels entre les nombres 6 et 192.

2129. Un voiturier chargé de conduire à destination un baril de vin contenant 50 litres, en a tiré, le jour de son départ, 1 litre, qu'il a remplacé par 1 litre d'eau ; il a agi de même pendant chacun des 12 jours qu'a duré son voyage. Convaincu de fraude, on lui retient à son arrivée le vin qu'il a ainsi détourné à raison de 2 fr. 75 c. par litre ; combien lui a-t-on retenu ?

2130. Un débiteur propose d'acquitter sa dette en 10 mois, en donnant 10 fr. le 1er mois et en doublant à la fin de chacun des mois suivants ; le dernier payement effectué, à combien s'élève cette dette ?

2131. Une dame de charité a distribué à des pauvres 23 fr. 25 c. : elle a donné au 1er 12 fr. et a diminué successivement de moitié ce qu'elle a donné au précédent ; le dernier n'a reçu que 0 fr. 75. ; quel était le nombre de ces pauvres ?

2132. On sait que 50 *livres sterling* (monnaie anglaise) valent 1260 fr. 50 c. et que 80 fr. valent 20 *roubles de Russie;* combien 20 livres sterling valent-elles de roubles ?

2133. Calculer à moins d'un *centième* la racine cubique de la 5e puissance de $\frac{4}{7}$.

2134. On a placé 12000 fr. pour 5 ans, au taux de 6 p. 100, à intérêts composés ; quelle somme devra-t-on toucher, tant en principal qu'en intérêts, lors du remboursement ?

2135. Pendant combien d'années devra-t-on laisser 8000 fr. placés à intérêts composés, au taux de 5 p. 100, pour arriver à solder une dette de 12000 fr. ?

2136. On a emprunté 15000 fr. à intérêts composés et au taux de 5 p. 100; on veut les rembourser en payant chaque année 2500 fr.; pendant combien d'années durera le remboursement ?

2137. Une personne âgée de 55 ans veut placer

en rentes viagères une somme de 20 000 fr. ; quelle doit être la valeur de cette rente (cette personne, d'après la loi de mortalité, pouvant vivre encore 14 ans)?

2138. Une maison de commerce possède un avoir de 140 000 fr., qui, chaque année, s'accroît de un *dixième;* en combien de temps cet avoir sera-t-il doublé?

2139. Quelle somme faudra-t-il placer à intérêts composés et à 5 p. 100 pour toucher 15 000 fr. dans 5 ans, tant en capital qu'en intérêts?

2140. On doit 12 000 fr. que l'on convient de payer avec intérêts à 5 p. 100 en 4 payements égaux et annuels; quelle sera la quantité d'une annuité?

PARIS. — ÉDOUARD BLOT, IMPRIMEUR, RUE TURENNE, 66.

www.ingramcontent.com/pod-product-compliance
Lightning Source LLC
Chambersburg PA
CBHW061445060726
47597CB00002B/469